普通高等教育“十二五”规划教材

水政概论

主　编　孔　达
副主编　王少飞　李学军　仲兆伟

中国水利水电出版社
www.waterpub.com.cn

内 容 提 要

本书共分十章，主要内容包括：绪论，水法与水行政管理，水资源规划、开发利用与配置，水资源管理，河道管理，防汛抗洪，水利工程建设与管理，水土保持，水行政执法，水事纠纷调处及水事法律责任等。

本书可供水利类高等院校水政概论课程教学使用，也可供水利行业相关管理人员阅读参考。

图书在版编目（CIP）数据

水政概论 / 孔达主编. -- 北京 : 中国水利水电出版社, 2013.4(2024.1重印)
普通高等教育“十二五”规划教材
ISBN 978-7-5170-0778-4

Ⅰ. ①水… Ⅱ. ①孔… Ⅲ. ①水资源管理－行政管理－中国－高等学校－教材 Ⅳ. ①TV213.4

中国版本图书馆CIP数据核字(2013)第077772号

书　　名	普通高等教育“十二五”规划教材 **水政概论**
作　　者	主编　孔达
出版发行	中国水利水电出版社 （北京市海淀区玉渊潭南路1号D座　100038） 网址：www.waterpub.com.cn E-mail：sales@mwr.gov.cn 电话：(010) 68545888（营销中心）
经　　售	北京科水图书销售有限公司 电话：(010) 68545874、63202643 全国各地新华书店和相关出版物销售网点
排　　版	中国水利水电出版社微机排版中心
印　　刷	清淞永业（天津）印刷有限公司
规　　格	184mm×260mm　16开本　14.5印张　344千字
版　　次	2013年4月第1版　2024年1月第4次印刷
定　　价	**46.00**元

凡购买我社图书，如有缺页、倒页、脱页的，本社营销中心负责调换

前 言

水是生命的源泉，是人类生活和生产不可缺少的基本物质，是人类社会生存和发展不可缺少、不可替代的自然资源。当今世界面临的人口、粮食、能源和环境四大问题，都与水密切相关。水资源已是整个国民经济的命脉，必须加强对水资源的管理。

1988年，第一部《水法》颁布实施，随后，国家先后制定了《水土保持法》、《防洪法》、《水污染防治法》等法律，国务院相继颁布了《河道管理条例》、《防汛条例》、《取水许可和水资源费征收管理条例》、《水文条例》、《抗旱条例》等水行政法规，标志着我国已初步建立了较为完善的水法规体系。为应对水事活动所面临的新情况、新问题和新任务，2002年8月29日，第九届全国人民代表大会常务委员会第二十九次会议通过了《中华人民共和国水法》修订案。修订后的水法已于2002年10月1日正式实施，这标志着我国从传统水利向现代水利和可持续发展水利转变，也为我们合理开发、利用、节约和保护水资源，防治水害，建设节水防污型社会，实现水资源的可持续利用，保障经济社会可持续发展，提供了法律依据。

为了适应现代水利发展的需要，现在不少水利类院校开设了水政概论选修课，已出版的这类书籍由于侧重点的不同，适合水政概论教学使用的参考书尚少。为了满足教学需要，本书在编写中参阅了已出版的相关书籍及文献资料，力求内容丰富，通俗易懂，适合教学。书中所引用的文献均列于书后，特此致谢。

本书第一章、第七章、第九章及附录由孔达编写；第三章由王少飞编写；第十章由李学军编写；第四章、第六章由仲兆伟编写；第五章、第八章由褚丽丽编写；第二章由韩莉编写；魏天宇编写了各章的思考题与习题；此外，史长莹、刘莹也参加了本书的编写工作。全书由孔达担任主编并统稿，王少飞、李学军、仲兆伟担任副主编，孙晓明教授担任主审。

本书受到黑龙江大学“十二五”规划教材立项资助。

编者水平有限，对书中存在的疏误和不足，敬请读者和专家批评指正。

编　者

2013年2月

目录

第一章　绪　　论

第一节　我国水法的发展史

我国的水法大体始于西周。周文王伐崇侯时，在《伐崇令》中明令禁止填水井，违令者斩。据《孟子·告子》记载，公元前651年（桓公三十五年）葵丘会盟之盟约规定“无曲防”，不准曲为堤防，壅泉激水修建危害他国的水利工程。可惜条约的细节早已失传。公元前213年（秦始皇三十四年），在丞相李斯的主持下“名法度、定律令”，水利法规包括在《田律》之中。《水令》是西汉时的灌溉管理法规，虽具体内容已散失，但从《汉忆·儿宽传》中可看出，在关中六辅渠后，曾经“定水令，以广溉田”。

唐代封建法制达到了鼎盛时期，形成了比较完整的封建法律体系。律、令、格、式是唐代四种基本的法律形式。《唐六典》指出：“凡律以正刑定罪，令以设范立制，格以禁违止邪，式以规物程式”，凡是违犯令、格、式者“一断以律”（《新唐书·刑法志》）。虽然水法规多是分散在一些法典的条文中，但仍可看出中央集权十分重视运用法律武器来调整各种水事社会关系，以实现其水行政管理的政府职能。比较集中的水法规主要有：水行政管理方面的《水部式》和水工程建设方面的《营缮令》。而这部著名的《水部式》是现存见于文字记载的由中央政府作为法律颁布的最早的一部专门的水利法典。这一珍贵文献抄本1899年发现于甘肃省敦煌鸣沙山第288号石窟，1908年被法国人盗走，民国初年被影印回国，现存于北京图书馆，而原本则藏在法国的巴黎图书馆。《水部式》敦煌残卷共29个自然段2600余字。其中有些原则一直沿用至今，而且也影响到国外。

北宋王安石时期制定了《农田利害条约》，又称《农田水利约束》。其主要内容有：一是兴复水利以便灌溉，二是奖励副业以增生产，三是耕种废田以居贫民。公元1068年遣使察农田水利。于是，司农寺“请立法发行之开封”。

金代的金泰和二年，即公元1202年修订颁布的《河防令》，是目前见到的最早成文的专门防洪法令。《防洪令》共11条，主要是关于黄河和海河水系各流域的河防修筑的内容。

到了清代，荆江大堤的防洪制度和法律规定更加具体和详细，《大清律》中有“河防”四条。当时不但有全国性的律文，而且还有地方性法规，清道光十年（1830年）在湖北任职的林则徐主持制定了专用于防洪的《修筑堤工章程》等水利法规。

民国时期，近代水利工程技术和西方法学传入中国。1929年，当时的国民政府的建设委员会主管水利，“凡百措施均感无所凭藉”，又鉴于凡重视水利的国家，都有水利法规。于是便着手翻译各国水利法规，起草水利法。于1942年明令公布水利法，从开始起草到公布经历14年，这是将西方近代法学理论与中国水利实践相结合的第一部水利法。这部水利法可以概括为5个要点和14项基本原则，在当时是比较全面、实用的。但是由于当时政局动荡、战争频繁等原因，这项法律未能贯彻实行。

1949年新中国成立以来，国家在水利方面颁布了大量的具有行政法规效力的规范性文件。

1961年，中央批转了农业部、水利电力部《关于加强水利管理工作的十条意见》。其主要内容包括：水利工程实行分级管理；实行专管机构与群众民主管理相结合；充实和加强水利管理机构；建立工程维修和检查制度；水利设施管理养护经费和劳力负担政策；水费征收的原则规定；制定工程运用计划和用水计划；利用水土资源开展综合经营；建立规章制度；加强领导等。

在水利基本建设方面，针对出现的问题，规定了严格的基本建设审批程序，以加强前期工作。

为了解决在江河开发中对水资源综合利用注意得不够，造成碍航、碍木等问题。1960年、1964年国家建设委员会、水利电力部、交通部、林业部先后发出解决碍船、碍木问题的联合通知，并对已经造成的碍航闸坝，分期分批采取补救措施，恢复航行、放木条件。

在工程管理方面，建立了一批规章制度，从1963年到1964年，水电部先后颁布水库、闸坝、堤防工程管理通则。1965年国务院批准水电部制定了《水利工程水费征收使用和管理试行办法》。

在解决水事纠纷方面，1962年3月中共中央批准水利电力部《关于五省一市平原地区水利问题处理原则的报告》，同年11月中央、国务院发出《关于继续解决边界水利问题的通知》。

1982年颁布了《水土保持工作条例》。

在规划、计划、建设、管理、农田水利、农村水电、水土保持、防洪、治涝等各个方面，都制定了一系列的规范性文件。

1985年水利电力部政策研究室编印的《水利电力法规汇编》中已编列水利方面的法规54件。

1987年9月25日国务院常务会议审议并原则通过《中华人民共和国水法（草案）》时认为："水是人类生活和一切生产活动都离不开的重要自然资源和构成环境的基本要素。随着我国国民经济的发展和人民生活水平的提高，水资源的管理已经成为经济和社会发展的极为重要的问题。因此，尽快制定《水法》，依法治水，是十分必要和重要的。"这是对制定《水法》的重要意义的高度概括。经六届全国人大常委会第二十四次会议于1988年1月21日审议通过《中华人民共和国水法》（以下简称《水法》），以中华人民共和国主席令第61号颁布，从1988年7月1日起施行（简称原《水法》）。我国现行《水法》于2002年8月29日，由全国人大常委会第二十九次会议通过了修改，10月1日正式实施（以后所提《水法》如不加说明，均指现行《水法》）。

第二节　水法、水政和水管理概述

一、水法的概念

水法的解释有广义、狭义之分。

（一）广

广义的水法是律规范和行政法规的总称，其内容包括四方面。

（1）宪法、刑法、民律中有关调整水事关系的条文。如《宪法》第九条关于水资源属国家所有，》第八十三条关于在不动产的相邻地方截水、排水等问题的规定，《环境保护的规定，《刑法》中关于“决水罪”的规定等。

（2）有关水方面的专项法律。如《中华人《中华人民共和国防洪法》、《中华人民共和国水污染防治法》、《中华人民共和国》等。

（3）由国务院颁布的有关水管理的行政法规。如《和国河道管理条例》、《中华人民共和国航道管理条例》、《水土保持法实施条例》等。

（4）有关水管理的地方性法规。如《黑龙江省水利工程水费标理办法》、《甘肃省实施水法办法》等。

（二）狭义的水法

狭义的水法专指《中华人民共和国水法》，是我国的水利法典。它用水事法律调整开发、利用、节约、保护水资源和防治水害的各项水事关系，规定了管水、治水、用水的重大原则，是制定与水有关的各种专项法律法规和地方性法规的依据。

二、水法规体系和水法制体系

水法规体系，也称水法律体系、水法体系，实质上是指水事立法体系，是由国家制定或认可并以国家强制力保证实施的，用于调整水事活动中社会经济关系，是由各类水事法律、法规、规章和规范性文件等外在形式构成的整体，是水法制体系的主要内容。

水法制体系包括水行政立法、水行政执法、水行政司法和水行政保障等方面内容。

1988年，第一部《水法》颁布实施，标志着我国对水事活动的管理由过去主要依靠政策导向和行政手段，进入了依法治水、依法管水的崭新阶段。随后，我国又颁布了《中华人民共和国水土保持法》、《中华人民共和国防洪法》（以下分别简称《水土保持法》、《防洪法》）等一批水事法规。为应对水事活动所面临的新情况、新问题和新任务，经修订后的《水法》又于2002年10月1日施行。随着水法制体系的逐步建立和完善，为巩固和发展水利基础产业提供了重要保障，也为我们合理开发、利用、节约和保护水资源，防治水害，实现水资源的可持续利用，适应国民经济和社会发展的需要，提供了法律依据。

三、水政的概念

水政的概念有广义与狭义之分。

广义的水政就是国家对与水有关的活动实施的行政管理，是水行政管理的同义词。水政在我国有着悠久的历史，各个朝代都有专管水事的机关，但不同时期水政机关的组织形式和管理内容有所不同。1988年《水法》颁布后，明确水利部是国务院的水行政主管部门，水政问题作为一个重要问题列入各级领导的议事日程，并将加强水政作为水利部门职能转变的重要措施。

狭义的水政，从政府法制的角度讲，是指水行政主管机关的法制工作，包括行政立法、行政执法、行政司法和行政保障四个方面；从政府施政角度讲，是指施加于社会水事活动的水行政管理行为，与林政、渔政、路政等一样，是政府对社会实施行政管理的特殊活动，具有法定的权威性和强制力。水政[illegible]影响相对人的权利和义务，处理水事案件，规范水事秩序。如无特[illegible]狭义的水政，而广义的水政称为水行政。

四、水管理的概念

水管理有广义和狭义之分。

广义的水管理是指对水[illegible]关联的物和行为的管理。所谓物，主要是指水（水量、水质）、水域（江河[illegible]下水、行洪区等）和水工程。所谓行为，是指防治水害、开发利用水资源、水土保持及其他影响水体的人类活动。

广义的水管理[illegible]如下分类。

（1）按管理[illegible]：水资源管理、水政管理、水域管理、水土保持管理、农村水利管理、防汛抗[illegible]等。

（2）按管理范围分：行业管理、流域管理、区域管理等。

（3）按管理性质分：权属管理、监督管理、经营管理、技术管理等。

（4）按管理手段分：行政管理、经济管理、法制管理、纪律管理等。

狭义水管理中的“水”，仅仅是指水或水资源。这种意义下的水管理包括水的保护、分配、调度和取水许可。

第三节　我国水法的内容及水法规体系分类

一、现行《水法》的主要内容

我国现行《水法》共八章82条，具体内容可参阅本书附录。

（一）总则部分

《水法》的总则部分从第一条到第十三条，主要规范了以下内容：

（1）《水法》的立法目的、立法依据和适用范围。

（2）我国水资源的国家所有权，开发利用水资源的总原则，以及水资源的基本管理

[illegible]约用水，建立节水型社会。

[illegible]和保护生态环境。

[illegible]及各级水行政

（四）水资源、水域和水工程的保护

水资源、水域和水工程的保护为《水法》第四章的内容，从第三十条到第四十三条共有14条，规定了水资源的主管部门、水质净化、防止水污染和防止水源枯竭、保护水环境以及水功能区划分、地下水的保护、江河湖等水域的保护、水工程及其设施的保护等。

（五）水资源配置和节约使用

在《水法》中水资源的配置和节约使用，从第四十四条到第五十五条共有12条，规定了不同级别水资源规划的制定机关、制定程序和原则，规定了水量分配方案的制定程序，规定了取水许可制度和水资源的有偿使用、节水措施和水费的缴纳等。

（六）水事纠纷处理与执法监督检查

《水法》的第五十六条到第六十三条共8条，系统地规定了水事纠纷的调处方法和程序，水利执法人员在执法时的责任、职权和原则等。

（七）法律责任

法律责任在《水法》中从第六十四条到第七十七条有14条之多，规定了违反《水法》应受到的处罚；根据不同的违法行为，规定了详细的处罚方式和罚款额度，并规定对严重违法者应受治安管理处罚和刑法处罚。

（八）附则

第七十八条到第八十二条是《水法》的附则部分，规定了涉外水事活动的处理和海水的开发利用问题，以及《水法》的生效日期等。

二、水法规体系分类

由于各类水事法律规范调整的范围和内容各不相同，其他位或效力也不相同，故有必要对各类水事法律规范进行分类，分类的方法有以下两种。

1．纵向分类

纵向分类即按各类水事法律规范的法律地位和效力划分，详见第二章第一节。

2．横向分类

横向分类即按水事法律规范的内容来进行分类，从水资源的开发、利用、节约、保护和防治水害的各个方面按不同的专项罗列如下：

（1）水污染防治方面。《中华人民共和国水污染防治法》[以下简称《水污染防治法》，1984年5月11日第六届全国人民代表大会常务委员会第五次会议通过，根据1996年5月15日第八届全国人民代表大会常务委员会第十九次会议《关于修改（中华人民共和国水污染防治法）的决定》修正]、《中华人民共和国水污染防治法实施细则》、各地方制定的有关水污染防治方面的法规和规章。

（2）防汛抗洪方面。《中华人民共和国防洪法》（以下简称《防洪法》，1997年8月29日第八届全国人民代表大会常务委员会第27次会议通过，1997年8月29日中华人民共和国主席令第88号公布，1998年1月1日施行）、《中华人民共和国防汛条例》（1991年7月9日国务院发布）、《防洪预案编制要点（试行）》、《蓄滞洪区安全与建设指导纲要》（国务院1988.10.27）、《蓄滞洪区运用补偿暂行办法》（国务院2000.5.27）、《省级行、滞洪区若干问题规定》、部分省制定的《实施〈中华人民共和国防洪法〉办法》和《实施防汛条例细则》等。

(3) 水域和水工程保护方面。《中华人民共和国河道管理条例》(1988年6月3日国务院第七次常务会议通过，1988年6月10日中华人民共和国国务院令第3号发布施行)、《水利水电工程管理条例》(1983年4月20日水利电力部发布)、《河道管理范围内建设项目管理有关规定》、《河道采砂收费管理办法》、《水库大坝安全管理条例》(1991年3月23日国务院发布)、《长江河道采砂管理条例》(2001年10月10日国务院第45次常务会议通过，2001年10月25日中华人民共和国国务院令第320号发布，自2002年1月1日起施行)；各地方制定的有关水保护方面的法规和规章，如广东省《河道堤防管理条例》、山东省《河道工程维护管理费征收使用管理办法》、河南省《〈水库大坝安全管理条例〉实施细则》、河南省《〈河道管理条例〉实施办法》等。

(4) 水资源管理方面。《取水许可制度实施办法》、《取水许可申请审批程序规定》(1994年6月9日水利部令第4号)、《取水许可监督管理办法》(1996年7月29日水利部令第6号)；各地方制定的有关水资源管理方面的法规和规章，如《河南省取水许可制度和水资源费征收管理办法》等。

(5) 水土保持方面。《中华人民共和国水土保持法》(以下简称《水土保持法》)、《中华人民共和国水土保持法实施条例》以及各地方制定的有关水土保持方面的法规和规章。

(6) 水行政执法方面。《水行政处罚实施办法》(1997年12月26日水利部令第8号发布)、《水政监察工作章程》(2000年5月17日水利部第13号令)；水政监察证件、标志管理办法及各地方制定的水利执法规章，如河南省水政监察规定、福建省水政监察条例等。

(7) 水行政司法方面。《中华人民共和国行政复议法》，水行政复议是按照《行政复议法》的规定进行的。

(8) 水利经济方面。水利产业政策，水利产业政策实施细则以及各地方制定的有关水利经济、水利产业和水利经营方面的规章等。应该说明的是，水利经济方面的发展是今后我国水利事业的发展方向，是我国水资源管理向企业化转变的象征，目前我国已经成立了大量的水务机构，它强调水资源的服务性和商品特点，更有利于我国水利事业的发展。

三、水法规与水利政策

水利政策，是指在国家总政策的指导下，开发、利用、节约、保护水资源，以及防治水害等活动的行业政策。它是在一定的历史时期内，国家为实现水资源的合理开发和综合利用，加强水资源的节约和保护，有效防治水害而规定的各方面的活动准则。水利政策包括国家基本政策、水利行业政策、水利各项事业政策、地方的水利政策等。

水法是一门具有宏观性、综合性、科学技术性的法律规范，对一切有关水的立法和执法活动都具有普遍的指导和制约作用。由此可见，水法与水利政策是两个不同的概念，但是，无论从内容上，还是从程序上，二者既有区别又有联系，它们从不同的阶段和层次上对水事活动发挥着不同的作用。

(一) 水法规与水利政策的相同性

水法规与水利政策在调整水事关系过程中，有许多共同性，这些共同性归纳起来主要体现在如下几个方面。

1. 水法规与水利政策的调整对象的基本内容相同

因为水利政策中的“水利”是个广义的概念，它包括了有关“兴水利、除水害”活动的全部内容。所以，水法规与水利政策所要调整的基本内容，都是在水的开发、利用、节约、保护和防治水害活动中所发生的各种社会关系。

2. 水法规与水利政策的任务相同

各项水利政策一旦用法律的形式固定下来，就成了水法的一部分，从这一特点可以看出，水法规与水利政策有着不可分割的内在联系。这种政策与法之间的内在联系，有普遍性的客观规律。当然，不是说所有水利政策都可以成为水法规的内容，任务相同的水利政策也不一定都可通过立法程序成为水法规的内容，只有经过实践证明已经成熟并为水利事业发展长期需要的政策，而且是调整一定社会关系的政策，方可上升为法律。一些技术政策、产业政策，某些具体内容尚不完备的政策，就不能全部纳入水法规。

3. 水法规与水利政策制定的依据相同

水法规与水利政策制定的依据相同，主要体现在两个方面。第一，水法规与水利政策的制定都必须依据国家的根本大法，即又称母法的宪法而制定，不能同宪法或其他有关法律相违背。宪法是由国家最高权力机关制定，用以调整国家生活中最为重要的社会关系的根本法，具有最高的权威性，在国家管辖范围内，任何党派、机关、团体和个人都必须以宪法为其行为准则。所以，宪法不仅是水法规的母法，也是制定水利政策的依据，无论是水法规还是水利政策，都不得与宪法相矛盾。第二，水法规与水利政策都是依据我国水利事业发展经验、现状和未来需要制定的，都以我国水事活动的实践为基础，不能脱离水利事业发展的客观规律和水事活动的实际需要。

（二）水法规与水利政策的区别

水法规与水利政策有着明显的区别，这主要表现在以下几个方面。

1. 水法规与水利政策制定的机关不同

水法由国家最高权力机关或其常设机构通过颁布、修改或废止，水的行政法规应由国务院根据宪法和法律而制定；国家水行政主管部门制定的具有法律意义的水管理规章，具有法律效力。结合地区情况需要制定的水的地方性法规，只能由省一级的地方人民代表大会和它的常设机构，在不同宪法、法律和行政法规相抵触的前提下制定。水利政策的制定机关是不特定的，它可以是国家和地方政府机关，也可以是国家的领导人或兼而有之。

例如，水工程移民工作中实行的开发性移民政策，受到各级机关、领导和社会各方面的普遍重视和肯定，并在全国范围内组织调查、研究、试验和推广，但很难确切地说这个政策是由哪个特定的机关制定的。当然，在绝大多数情况下，水利政策的制定机关是明确的，不过与水法规的制定机关决然不同。

2. 水法规与水利政策的制定程序不同

水法规的制定、修改和废止，必须依照法定程序进行。而水利政策的制定程序是不确定的，最常见的有颁发文件、开会、领导讲话、党的机关报社论或宣传报道等多种形式。

3. 水法规与水利政策的表现形式不同

水法规的表现形式较规范化、条文化，无论从法律体系，还是从法律条文的结构，都有一整套严格、科学的要求，已经达到一定完备和概括程度。相比较而言，水利政策没有固定的表现形式，一般比较原则和概括，尤其是那些在新形势要求下刚开始实施的新政策，往往缺乏具体内容，只对水事活动具有宏观上的指导意义。

4. 水法规与水利政策实施的效力不同

水法规同其他法律一样具有国家强制性和效力的普遍性。国家强制性，即依靠国家的强制力保证执行；效力的普遍性，即指水法规生效后，任何单位和个人都必须遵行，不允许任何单位和个人凌驾于水法规之上。如违反水法规，就构成违法行为，违法者将视情况承担相应的法律责任，包括承担民事责任、行政责任，对于情节严重构成犯罪的，还要追究其刑事责任。而水利政策在一般情况下，由有关单位和个人按照工作职责和纪律自觉执行，对违反水利政策的行为，通常也只给以党纪或政纪处分。

5. 水法规与水利政策的稳定程度不同

水利政策主要是按照国家对各地的水利事业和政治、经济形势的要求制定的，随着国家形势和水利事业的不断发展，水利政策自然也要针对新情况、新问题作出相应的调整。由于水利政策表现形式和制定程序都没有特定的要求，所以具有较大的灵活性和针对性，能够经常地变化以便与水利事业和国民经济发展相适应。而水法规则不同，水法规是由国家权力机关和有立法权的政府机关，在总结、修正、完善现行水利政策的基础上，按照严格的法定程序制定的。无论从其内容要求上，还是从其制定、修改和废止的程序上，水法规都具有相对的稳定性。但是，水利政策的制定，也应具有一定的预见性，以保持政策的相对稳定性。无论是水法规的稳定性还是水利政策的灵活性都是相对的。

（三）水利政策是水法规的实践根据和立法依据

水利政策是水法规的实践根据和立法依据之一，对水法规具有指导作用，这种指导作用不仅体现在水法规的制定、修改和补充过程中，也体现在水法规的执行过程中。实质上，水法规的制定、颁布、实施和不断完善，正是水利政策得以贯彻的一种最有效的方式和法律上的保障。

在水的行政管理活动中，通常根据不同时期的客观条件、实践经验和形势要求，先制定一些较为原则的水利政策，来指导水事活动。这些水利政策在经过一定时期的实践验证，并不断修改、完善，基本成熟之后，就成为水立法的基本依据。比如，在我国制定防洪保险法时，虽然在防洪工作中加强水工程措施是防洪政策的一部分，但防洪保险还处在探索和试验的阶段，尚不能形成一个完备、成熟的可以普遍适用的政策，所以制定防洪保险法规还缺乏必要的根据和指导，因而防洪保险法就难以产生。另外，在水法规的执行过程中也需要水利政策的指导，其一，我国的水法规体系还不完善，与《水法》相配套的一系列必要的专门法律和行政法规、规章还在制定中，鉴于此，有些水事活动只能依照水利政策的指导来完成。其二，水法规作为法律规范具有普遍的意义，水法规在很多规定上弹性较大，而其本身又具有一定的稳定性，但对于每一个具体的水事活动而言，因时间、地点、条件等实际情况，往往存在较大的差异性。因此，为了准确地运用水法规，水利政策的指导作用是十分必要的，它能根据具体情况，在不违反水法规的前提下，对水法规某些规定作出必要的补充。其三，并非所有的水利政策都能够上升为法律，但在执法过程中常常要考虑到这些没有在法律上加以规定的水利政策的需要，并以此为指导。

总之，水利政策对水法规的执行也具有重要的指导作用。政策是立法的依据，政策不能与法律相冲突。

第四节　国际水法简介

一、国际水法的概念与渊源

国际水法是国际法中的一门重要的分支学科，也是联合国国际法委员会编纂国际法典的重点。国际河流、国际湖泊、多国河流、界河、跨界含水层等跨界共享水资源跨越了国家的领土边界，一国在使用这些水资源过程中往往会对他国造成影响，产生境外效应。自古至今，随着人类对水资源利用方式的转变与使用能力的提升，国际社会出现了几种重要的水权理论，形成了几项国际水法的基本原则，达成了若干国际涉水公约、条约、协定、其他法律文件，初步形成了一些相关的习惯国际法。作为国际法的一个分支，国际水法的内容从主要保障国际河流的通航自由，转变为确保跨界水资源的公平合理使用、环境保护及可持续的利用和发展。

近代以来，各国逐渐在对这些跨界水资源进行航行和非航行的利用过程中形成了一些习惯法规则，达成各种成文法规，有关国际组织和机构还编纂了某些具体或抽象的行为守则。现代意义上的国际水法，从狭义上讲就是协调国家和国际、地区、区域组织在开发、利用、保护和管理国际河流、湖泊、多国河流、跨界含水层等跨界水资源上所产生的各种法律关系的总称。

《国际法院规约》第 38 条明确了国际法院的判案依据，也被视为国际法渊源的权威列举。根据该条的精神，国际水法的渊源可归纳为以下五个方面：①联合国（包括国际联盟）及其相关组织制定的涉及国际河流和跨界含水层的各类国际公约等法律文件，如 1997 年的《联合国国际水道非航行使用法公约》；②世界各国、区域化组织签署的涉及跨界水资源的双边或多边条约，如南非共同体成员国 2000 年达成的《关于共享水道的修订议定书》等；③各国在国家实践中形成的习惯；④国际司法和仲裁机构裁判的相关案例，如国际常设法院于 1937 年判决的年默兹河分流案等；⑤相关的软法，如联合国、国际组织通过的各类决议、会议等法律文件，国际法学团体等非官方机构制定的各种规则或决议，如国际法协会于 1966 年通过的《赫尔辛基规则》等。

二、国际水法的主要特点

现代国际水法是在国际河流法的基础上发展起来的，20 世纪中期以来，国际水域进入了全面开发和综合利用的阶段，促进了国际水法的不断完善和规范化。国际水法在其形成过程中通常表现出以下特点。

1. 差异性

国际水法的调整对象是各国在国际水系统中的各种关系。尽管国际水系统是包括分布于全球的数百条国际河流、湖泊和地下水系统在内的一个不可分割的整体，但由于国界线穿插其间，各处的地质构造也不同，水域固有的自然特征和所处社会环境的千差万别，使得具体指向某个国际水域的各种条约所规定的法律制度有很大差异。在相当长的时间里，国际社会还不可能对整个国际水系统进行全面规划或是建立某种统一的法律制度。因此，现代国际水法实际上是各个国际水域的法律制度的总汇。

2. 并存性

建立国际水域的法律制度、必然存在国家主权与水域国际化相互对立的矛盾。在国际河流或湖泊的开放方面，可能同时存在着完全开放、只向沿岸国开放、在一定条件下有限度开放等几种国际水域的法律制度形式，每种制度所规定的开放程度原则上由沿岸国的共同意志所决定，并且都有法律理论和国际条约作依据。因此，在界河划线和水益分配等方面，可同时采用具有同等法律效力的几种不同原则。

3. 协调性

国际水域的利用直接关系到沿岸国近期和远期的利益，形成既有一致又有对立的利害关系。因此，国际水法的主要作用之一是协调沿岸国之间以及同其他国家的关系，其基本任务是协调和保证各国的合法权益。在诸多国家参与国际水域开发的客观形势下，国际水法的协调作用将显得更加重要，国际条约中关于协调的原则、程序和机制亦将更加完善。

4. 区域性

由于各个地区的国际水域有着不同的历史背景和政治、经济、社会与地理条件，但就同一区域范围来说，国际关系和对待国际水域的原则又都有相似之处，从而形成一定程度的区域性。区域性的法律制度的形成，对国际水法的建设无疑起着强大的推动作用。

5. 分散性

由于国际水法在很大程度上受到政治条件的影响，其内容无法统一，因而国际水法的条文大多散见于国际条约中。

三、国际水法的主体

目前，国际水法的主体基本上分为两类，即国家和国际组织。

（一）国家

主权国家是国际法的基本主体，也是国际水法的基本主体。在国际水法和国际实践中，存在以下两种国家的概念。

1. 沿岸国与非沿岸国

由于国际河流原则上是各沿岸国领土的组成部分，因而沿岸国对其所属河段享有完全的主权，非沿岸国在法律上对国际河流不能主张任何权利。历史上，有些国际条约规定若干国际河流向一切国家开放，不论沿岸国与非沿岸国，都享受同等待遇，如自由航行等，有的非沿岸国还可以直接参加对国际河流的管理等，但都只是国际条约规定的一种特殊的国际河流法律制度，而沿岸国有修改或重新制订新的制度的权利，因此并没有改变沿岸国与非沿岸国在权利和义务方面的基本区别。

随着对国际河流、湖泊经济开发的开始，参与开发的非沿岸国对该水域产生了新的权益关系，通常由条约或契约所规定。根据国际法的原则，在任何情况下非沿岸国都不得采取损害沿岸国主权的行为。因此，尽管非沿岸国因其参与开发而同被开发的水域发生了直接关系，其利益应受到保护，但性质上属于契约关系，并不因此而对该水域享有任何特殊权利。

国际水道的沿岸国家之间的关系是一个非常复杂的问题，历来上、下游国家之间经常发生矛盾和纠纷。从18世纪以后，沿岸国享有平等航行权以及对国际河流的利用不得损害其他沿岸国利益等原则已为国际社会所承认，但在实践中则还有许多具体问题并未完全解决。

2.“流域国”

“流域国”是国际河流或湖泊流域范围内所有国家的统称，包括沿岸国以及一切与该流域有某种关联的非沿岸国。这个概念现在已为一些国家所接受，并写入国际条约中，国际法学界和国际组织尤其积极主张采用此概念。但是，这个概念在实践方面存在很多难以解决的复杂问题，特别是确定流域国的依据及其权益。沿岸国和流域国的权益划分，在理论上和实践上都是一个十分复杂的问题。此外，还有一个有争议的法律问题，就是非沿岸国是否有权签订国际河流条约。这个问题在此不作详述。

（二）国际组织

国际水法范畴内的国际组织基本上可分为两类。一类是同开发国际水域有业务关系的国际组织，如联合国的一些专门机构（世界银行、世界粮农组织等）以及区域性经济委员会、区域性开发银行（如亚洲开发银行）等，其业务范围包括国际水域的保护、开发和利用。这类国际组织有承担国际责任和参与国际事务的能力，并在调整国际水域关系方面发挥了积极的作用。另一类是直接管理国际河流或湖泊的政府间的常设机构，通称国际河流委员会，其职能、体制、职权范围和法律地位均由相应的条约予以规定。目前，这类机构已有一百多个。凡属条约确定其为国际机构或具有国际法人资格者，即获得国际水法的主体资格。

原则上，国际组织取得国际水法主体资格的要件是：①具有独立参加国际关系的能力，包括谈判和处理与其职能有关的国际问题，调解有关的国际争议；②国际组织本身只受建立本组织条约的规定的管束而不受任何国家权力的管辖；③在其专门领域具有同国家或其他国际机构订立协定的能力。需要指出的是，确定国际河流机构的法律地位（即是否具有国际水法的主体资格），不仅要以条约为依据，而且还要考虑它是否具有必要的实际行为能力。也就是说，有些国际河流委员会即使没有条约为依据而成立，但它实际上是政府间的国际组织，并经有关国家的政府授权，而可以同其他国家或国际组织举行谈判、签约以及调解国际争议，因而也具有国际水法的主体资格；相反，有些国际河流委员会虽然有条约为依据而成立，但它不具备直接参与国际关系等必要的实际行为能力，故不具有国际水法的主体资格。

总之，国际委员会虽有一定的独立自主性和履行其职责的权力，但仅限于若干专门领域，因而作为国际水法的主体，其法律地位和管辖权都低于国家的。

四、国际水法的调整对象

现代国际水法的调整对象分以下几类。

1. 国际河流

传统意义上的国际河流包括多国河流和界河，即：流经两个以上国家的多国河流（也称跨国河流）和分隔两个国家的界河。二者具有不同的性质和法律地位：多国河流的沿岸国对其境内的河段行使领土意义的完全的排它管辖权；界河则具有国界的性质和地位，属相邻两国共有，按分界线划定各自的管辖范围。广义上的国际河流，是指包括国际河流的干流和流入干流的各级支流以及流域内的地下暗流、湖泊、沼泽、分支运河、地下含水层等各种水体构成的一个脉络相通的水域。

国际河流是国际水法最主要的调整对象，各国为开发国际河流签订的许多条约、协定所确定的一些重要的法律原则与规则，构成了现代国际水法的基本内容。

2. 国际湖泊

国际湖泊是指被两个以上的国家所包围的湖泊，包括跨国湖泊和界湖两类。

早期的国际河流法中包括国际湖泊，虽与国际河流并列，但居于从属地位。由于国际湖泊在水文地质结构方面有其自有的特点，同时在国际法律制度方面亦自成一体，故逐渐成为国际水法一个独立的调整对象和重要的专门领域，有关国际湖泊的条约和法规在数量上也仅次于国际河流。

3. 国际运河

国际运河是指人工修筑的连接海洋的国际水道，它包括两类。其一，全段位于一国境内但又是极其重要的国际通道的国际运河。这类运河虽属国内水域范畴，但其从开凿到管理都由国际条约所规定，并建立了专门的法律制度。当然，这类运河在收归国有以后，其法律地位也随之发生了根本的改变，著名的巴拿马运河和苏伊士运河即属此类运河。其二，由运河所在国在其境内自己开凿的通洋运河。这类运河在一般情况下不承担特殊的国际义务。

4. 国际海峡

国际海峡通常指连接公海或专属经济区和内海或是连接两个公海或专属经济区的海峡。国际海峡的法律地位，不论其是否属于世界性海洋通道，应由沿岸国签约予以规定。目前，国际海峡的法律地位正在发生重大变化，特别是各国领海宽度普遍扩大以后，直接影响到海峡的性质及其水域的划分，这已成为国际水法的一个新课题。

5. 跨国地下水系统

地下水系统成为国际水法的调整对象是从20世纪中叶开始的。1966年，国际法协会拟订的国际水道规则即《赫尔辛基规则》中，将地下水正式列入国际水道范围内予以调整，并将跨国地下水系统的保护和利用列为专门研究课题。跨国地下水系统正在成为国际水法的一个独立的专门领域。

五、国际水法的基本原则

1. 航行自由原则

航行自由原则的实际含义包括两个方面：一是沿岸国在相应国际河流上享有平等的自由航行的权利；二是国际河流向一切国家的船只开放。界河历来只能由其沿岸国的船只自由航行，或由条约宣布，或由沿岸国的国内法加以规定，早已成为国际惯例。至于跨国河流，其沿岸国原则上应有自由航行的权利。如今，沿岸国的自由航行权已成为国际社会公认的原则，除非存在正当理由或特殊原因，任何一个沿岸国都不能向其他沿岸国封锁国际河流在其境内的河段或其出海部分，否则即为妨碍正常国际航行和侵犯其他沿岸国航行权的行为，国际法原则和国际实践都不承认沿岸国有单方面在国际水道上禁止其他沿岸国船只航行的权利，旨在保护其他沿岸国的平等的航行权。

19世纪确立的航行自由原则，经过一百多年到现在，其性质、意义和适用范围都已发生了重大变化。需要指出的是：航行自由是国际河流制度的一个原则，但从来不是国际社会普遍承认的国际法原则或国际惯例，是否采用该原则，应由沿岸国家共同一致作出决定，即航行自由原则是以尊重沿岸国家的主权利益为前提的。

2．公平分配水益原则

国际水域条约对用水都订有专门条款，强调公平分配原则，采用按地域、按用水量、按收益分成或按沿岸线长度等分配办法在沿岸国间尽量均分水源。但是，由于沿岸各国经济发展和实际需求的不同，平分原则虽在形式上是公平的，在实质上却往往是既不公平也不合理。因此，近年来开始强调合理分配用水的原则，使公平分配水益的原则有了新的发展。鉴于合理的标准很难确定，也难划一，由此而进一步提出了在水益分配方面实行最高效益原则、按实际需要分配用水的原则和对受益少或不受益的国家给予补偿的原则。在实践中，条约中只原则上规定实行公平合理分配水益的原则，而由常设的水域机构进行研究并提出具体方案予以执行。总之，合理分配原则正在取代平均分配的原则。

3．无害使用原则

国际水域的无害使用，过去主要是指一沿岸国的水利工程设施的运用不得损害其他沿岸国的利益或是一种使用不得妨碍另一种使用。国际法学会在 1961 年的决议中重申国家有责任不得非法损害他国利益的基本原则，指出任何国家都有权利用流经其领土的水流，但必须遵守国际法所规定的限制，并不得妨碍其他沿岸国的使用权，很多国际条约中亦明确规定了这个原则。在水污染日益严重和水源不足的情况下，有害使用范围的扩展，使无害使用原则的内容和适用范围都有进一步的发展。目前，实行无害使用原则的目标在于建立使世界水系统的宏观控制同每个国际水域的微观控制相结合的具体保护制度，并逐步制订统一的法律原则和规则，从而从根本上解决有害使用的问题。

4．国际合作开发水域原则

现代国际法原则确认每个国家对其自然资源享有永久主权，包括一切水域和一切水资源。而国际水域及其资源是所有沿岸国的共同财富，因此开发国际水域既是沿岸国家发展的需要，又是其应承担的一种国际责任。

六、国际水法的发展趋势

国际水法的发展是随着人类对跨界水资源的认知水平和科学技术的进步而不断深化的。早期的国际水法主要关注于勘界和可航水道的通航权利自由问题。随着世界人口的增长，灌溉农业及工业化发展，区域性水资源短缺的矛盾凸显，国际水法开始关注跨界水资源的分配问题。跨界水资源污染问题出现以后，水污染的预防则成为国际水法关注的焦点，如多瑙河水污染问题导致了《多瑙河保护与可持续利用合作公约》签署。随着人们对跨界水资源环境问题的日益关注，国际社会达成了《关于特别是作为水禽栖息地的国际重要湿地公约》。

自 20 世纪下半叶以来，特别是 20 世纪的后 20 年，水污染、生态问题和水资源危机得到了国际组织和世界各国的高度关注，国际水法也因此得到了迅猛发展并渐成体系。国际水法的原则日益丰富，跨界影响、突发事件、损害赔偿的相关研究和立法不断完善，主张不造成重大损害、污染者付费、不损害境外环境、经营者严格责任等原则。对于跨界影响和突发事件，2001 年联合国国际法委员会通过了《关于预防危险活动的越境损害的条款草案》，规定了有关国家的预防、通报、应对及合作义务。在损害赔偿责任方面，2006 年联合国国际法委员会通过了《关于危险活动造成的跨界损害案件中损失分配的原则草案》及其评注，确立了经营者严格责任原则，并规定了起源国应分担损失。

概括起来，国际水法的发展从早期单纯关注跨界水资源的开发利用，逐步转变到利用和保护并重，立法范围也从地表水延伸到地下水及其他相关水体，如国际法协会《关于跨界地下水的汉城规则》和《关于水资源法的柏林规则》，联合国国际法委员会通过了《跨界含水层法（草案）》。开展跨界水资源方面的合作，实现水资源的可持续利用和发展则是今后国际水法发展的主要方向。

思考题与习题

1. 我国现行《水法》是从什么时间正式实施的？
2. 现行《水法》包括哪些内容？
3. 解释水法、水政、水管理的概念。
4. 水法规体系按横向分类包括哪些？
5. 解释《国际水法》的概念。主要特点有哪些？
6.《国际水法》的基本原则有哪些？

第二章 水法与水行政管理

第一节 水法的渊源

一、法的渊源

对于法的渊源，有两种理解：一是法的起源；另一种是法的来源。

法的起源即法的产生原因和法的本质。原始社会没有阶级，没有国家，也没有法。随着奴隶主阶级和奴隶阶级两大对抗阶级的产生，奴隶主为了建立维护自己所需要的社会秩序和体现其阶级的意志和利益的行为规则，把已经形成的不平等的剥削社会关系，规定为人人必须遵守的行为规则，强迫奴隶遵守，法由此产生。随着法律的产生，就必须产生出以维护法律为职责的机关，即国家。或者说，法是在私有制、阶级和国家出现之后才产生的，它是用于维护统治阶级利益，巩固其阶级统治的工具。

法的来源指法的创制及表现形式，即法由何种国家机关创制和表现为何种法律文件形式。法必须通过一定的国家机关制定为具体形式的法律规范，并由国家强制力保证其实施，方能强制全体社会成员遵守，显示出法律的效力。

本章所述法的渊源是指法的来源。1949 年新中国成立后，以成文法为主要渊源。但长期以来，在一些领域内（如经济管理），法律未规定的事项，国家出台的政策在一定程度上也可视为法律渊源的补充。《中华人民共和国民法通则》（以下简称《民法通则》）第 6 条规定："民事活动必须遵守法律，法律没有规定的，应当遵守国家政策"。我国新中国成立以来颁布和制定的法律、法规、规章，覆盖面遍及国家管理和社会生活的各个领域。由于我国幅员辽阔，不同地区的社会经济发展状况差异较大，许多法律、法规对行为规范和法律责任只作出原则性规定，授权省、自治区、直辖市及地（市）、县级国家机关结合实际，制定实施办法、实施细则、管理规定等。如 1993 年 12 月施行的黑龙江省实施《中华人民共和国水土保持法》办法，又如 2010 年 2 月施行的《黑龙江省农田水利条例》等，这些办法、细则、规定的内容，涉及行政管理的方方面面，是法律的具体化。

二、我国水法的渊源

社会经济发展和人民生活都离不开水，都会与水发生直接或间接的关系，即权利与义务的关系。国家为了调整水事方面错综复杂的社会关系，在《中华人民共和国宪法》（以下简称《宪法》）和《民法通则》、《中华人民共和国刑法》（以下简称《刑法》）中作出了原则规定，2002 年又重新修订了统揽水事活动全局的修订后的《水法》。此外，在众多的资源法规和行政管理法规中设立了与水资源相关联的行为规范，形成了具有中国特色的、以宪法的有关规范为根本，以民事、刑事等基本法律的有关规范为依据，以《水法》为中心，以相关法律、法规、规章和众多规范性文件的有关内容作补充的水法规体系，这就是不同的社会关系经过不同的法律规范调整，从而形成不同的法律关系，如民事法律关系、刑事法律关系、诉讼法律关系等。水事法律关系是由水事法律规范调整而形成的，有别于其他法律部门调整的其他社会关系。当然，如在水事活动中触犯了《刑法》，那就得追究刑事责任，由刑事法律规范调整形成刑事法律关系。

三、水行政法律关系和水民事法律关系

因为水事活动中的各种社会经济关系错综复杂，或者是存在于国家与法人、公民之间，政府与社会成员之间，上级政府与下级政府之间，或者是存在于公民与公民之间、同级政府之间等。所以，水事法律关系由两类法律关系所组成：水行政法律关系和水民事法律关系。

1. 水行政法律关系

水行政法律关系是指依《水法》对水行政主管部门行使行政职权过程中所产生的各种社会关系进行调整，所形成的法律上的权利和义务关系，它是水事法律关系中占主导地位的法律关系。水行政法律关系又可分为水行政管理法律关系和水行政监督法律关系。

（1）水行政监督法律关系。水行政监督法律关系是指作为被监督对象的水行政主管部门及其国家工作人员因行使水行政职权而接受法律监督，与作为监督者的国家权力机关、司法机关、行政机关、纪律检查部门、公民和社会组织等所形成的关系。

（2）水行政管理法律关系。水行政管理法律关系是指水行政主管部门行使职权进行水行政管理活动，与被管理者的公民、法人和其他组织之间所形成的关系。其主体分别是水行政主管部门（即水行政主体）和水行政相对人。

调整这种关系的立足点是水资源属于国家所有，即全民所有。调整这种关系的指导原则是全面规划、统筹兼顾、标本兼治、综合利用、讲求效益，发挥水资源的多种功能，协调好生活、生产经营和生态环境用水。调整这种关系在法律上都体现为水管理方面的基本制度和基本法律规范。在调整这种关系时，水行政主体处于领导者和指挥者的地位，并以自己的意志规定水行政相对人的行为。

2. 水民事法律关系

水民事法律关系是指在法律上的平等主体之间的水事权益关系。调整这种关系适用于《民法》的原则，即遵循自愿、公平、等价有偿和诚实信用的原则。公民之间、公民与法人之间以及法人之间，因水事活动产生的水事纠纷属民事纠纷，应通过民事协商调解或民事诉讼的方式解决。

在水事法律关系中，水行政法律关系是主要的，水民事法律关系则是从属。

四、水行政法律关系的要素

水行政法律关系是由水行政法律关系主体、客体和内容三要素所构成。

1. 水行政法律关系的主体

水行政法律关系主体，也称水行政法律关系当事人，是指水事法律关系中权利的享有者和义务的承担者，可以是公民、法人或其他组织，包括水行政主体和水行政相对人。

水行政主体是代表国家享有并行使水管理职权的组织，包括各级人民政府中的水行政主管部门、国家设立的流域管理机构以及法律法规授权的其他组织。它是水行政法律关系中最重要的主体，往往起着主导作用。

水行政相对人同样是水事法律规范中权利的享有者和义务的承担者，是水行政法律关系中不可缺少的另一方当事人。无论是其他国家机关，还是公民、法人或其他组织，都可以成为水行政法律关系的相对人。

如两个县发生水事纠纷，这两个县的政府及其水行政主管部门就成为纠纷当事人，是这项水行政法律关系的主体。又如发电与航运发生纠纷，水电主管部门与交通主管部门就成为这项水行政法律关系的主体。

2. 水行政法律关系的客体

水行政法律关系的客体是指水行政法律关系当事人权利和义务所指向的对象，一般有物、行为和精神财富。

(1) 物。即水、水域和水工程等，必须能够为人类支配、利用和影响。

(2) 行为。如防汛抢险、河道清障、征收和缴纳水资源费、计划用水与节约用水等，包括作为和不作为。

(3) 精神财富。主要指表现为一定形式的智力成果，如科研成果、水文地质资料等。

水作为水行政法律关系的客体，具有局限性。只有在人们能够加以控制和利用的那部分水资源，才能形成法律关系，所以水作为水行政法律关系的客体仅是其中一部分。洪水不能作为法律关系的客体，只有防洪排涝抢险的行为才能作为水行政法律关系的客体。

3. 水行政法律关系的内容

水行政法律关系的内容是指水行政法律关系主体在水事法律关系中所享有的权利和应当履行的义务。这种权利和义务是由水事法律规范所确认并加以保护的权利和义务，而且大都是与水事管理职权紧密联系的，离开了水事管理职权当然也就无所谓水行政法律上的权利和义务。

水行政法律关系主体的权利是指由水行政法律规范所赋予的，要求水行政法律关系主体在具体的水行政法律关系中为一定行为的权利或者要求相对方为一定行为或不为一定行为的权利。如《防洪法》中所确立的规划同意书制度，该制度赋予了水行政主体审查相对人的行为是否符合防洪规划要求并作出是否同意的权利，同样赋予了相对人请求水行政主体审查批准申请报告的权利。

水行政法律关系主体的义务是指由水事法律规范所规定的，要求水行政法律关系主体在具体的水行政法律关系中必须为一定的行为或不为一定的行为。如前述的规划书同意制度，在该制度中，水行政主体必须审查相对人提交的申请报告是否符合防洪规划内容，是一项法定的义务，而相对人同样必须按照《防洪法》规定向水行政主体报送其申请报告，以供水行政主体审查。

由于水行政主体存在着级别差异，因此其享有的水行政法律规范上的权利，应当履行的义务也各异，具体体现在不同的水事行为中。

值得注意的是，在提及水行政法律关系的内容时，不能只强调水行政主体所享有的权利，而忽视其应当履行的义务；也不能只强调相应方所应当履行的水事法律规范上的义务，而忽视或否定其应当享有的权利。应当改变传统观念，即认为“水行政主体与相对人之间是一种权力与服从的关系”，实际上，水行政主体与相对人之间是一种权利义务关系。

水行政法律关系的内容是非常复杂的。如建设一个水电站，建设单位就必须与上级主行政区域行使水资源管理的职能部门。

五、水行政区域管理体系及特点

（一）水行政区域管理体系

行政区域管理是我国水资源复合管理体制的一种重要管理层面与方式。根据《水法》和其他水事法律规范的规定，我国水资源行政区域管理主要由三级构成，即国家级、省级和县级。当然，不同的管理级别享有不同的管理权限，相应地，形成了三种不同的管理层次，即水资源宏观管理、微观管理和介于二者之间的管理。其中，国家级水行政部门对水资源的管理通常是宏观管理，县级管理通常是微观管理，而省级水行政部门则介于宏观管理与微观管理之间，不但从事宏观管理工作，而且从事大量的微观管理工作。但是，这几种不同的管理层次并不是截然分开的。

（二）水行政区域管理的特点

1. 统一管理与分部门管理相结合

水作为一种自然资源，通常以空中水、地表水和地下水等不同的形式存在于自然界中，彼此之间还可以互相转化，具有动态性、流域（区域）性、多功能性等特点，是一种综合性很强的生产、生活要素。这决定了国家应当设立一个统一的行政主管部门来对全国范围内的、不同存在形式的水资源加以管理。因此，新中国成立后，即在当时的政务院设立水利部，负责全国的水资源管理工作。其间虽然又经历合并、撤销，但是随着时间的推移，政府对水资源作为自然资源、环境要素以及国民经济与社会生产生活要素等特性有了进一步的认识，于是在1988年机构调整时又重新设立水利部（以前是与电力部合在一起的）。独立的国家水行政主管部门的设立对于加强全国水资源的管理，保护好水资源，实现国民经济和社会的可持续发展都有重要的作用。新中国成立以来的水资源管理实践已经证明了这一点，目前我国“多龙治水”的局面有了一定程度的改善。在地方各级人民政府中，都设有水利（厅）局，作为本行政区域范围内的水行政主管部门，负责本行政区域范围内水资源的管理工作。

由于水资源涉及国民经济与社会生活的各个方面，如江河、湖泊水具有航运、灌溉功能，水行政机关在管理水资源的过程中，需要其他的管理部门（如交通、农业、城建等）的协助，同时这些部门在其职责范围内负责相关的水管理工作。

2. 中央与地方分级管理相结合

国家水行政主管部门代表国家对全国水资源进行宏观管理，省级人民政府的水行政主管部门对本行政区域范围内的水资源进行宏观与微观双重管理，县级水行政主管部门对该行政区域范围内的水资源进行微观管理，这样就形成了一个垂直纵向的水资源管理体制，即中央与地方分级管理相结合的体制。

中央与地方分级管理相结合的体制有其宪法、组织法依据，《宪法》第三条规定：中央和地方的国家机构职权的划分，遵循在中央的统一领导下，充分发挥地方的主动性、积极性的原则。《地方各级人民代表大会和地方各级人民政府组织法》第五十五条规定，全国地方各级人民政府都是国务院统一领导下的国家行政机关，都服从国务院；第六十六条又规定，省、自治区、直辖市的人民政府的各工作部门受人民政府统一领导，并且受国务院主管部门的领导或者业务指导。

六、水行政机关的职责和权限

我国各级水行政机关在国家水资源管理体系中居于不同的地位，担负着不同的管理职能。为了协调好水资源管理中各方面的关系，提高水资源的管理水平与效率，我国水事法律规范对其职责和权限作了相应的划分。

（一）国家级

水利部作为国务院水行政主管部门，对全国的水资源包括空中水、地表水和地下水实施统一管理。概括起来，其主要职责和权限包括以下内容：

（1）拟定水利工作的方针政策、发展战略和中长期规划，组织起草有关法律、法规并监督实施。

（2）统一管理水资源（含空中水、地表水和地下水）。组织拟定全国和跨省（自治区、直辖市）水长期供求计划、水量分配方案并监督实施，组织有关国民经济总体规划、城市规划及重大建设项目的水资源和防洪的论证工作，组织实施取水许可制度和水资源费征收制度，发布国家水资源公报，指一导全国水文工作。

（3）拟定节约用水政策，编制节约用水规划，制定有关标准，组织、指导和监督节约用水工作。

（4）按照国家资源与环境保护的有关法律、法规和标准，制定水资源保护规划；组织水功能区的划分和向饮水区等水域排污的控制；监测江河湖库的水量、水质，审定水域纳污能力；提出限制排污总量的意见。

（5）组织、指导水政监察和水行政执法，协调并仲裁部门间和省（自治区、直辖市）间的水事纠纷。

（6）拟定水利行业的经济调节措施，对水利资金的使用进行宏观调节，指导水利行业的供水、发电及多种经营工作，研究提出有关水利的价格、税收、信贷、财务等经济调节意见。

（7）编制、审查大中型水利基建项目建议书和可行性报告，组织重大水利科学研究和技术推广，组织拟定水利行业技术质量标准和水利工程的规程、规范并监督实施。

（8）组织、指导水利设施、水域及其岸线的管理与保护，组织指导大江、大河、大湖及河口、海岸滩涂的治理和开发，办理国际河流的涉外事务，组织建设和管理具有控制性的或跨省（自治区、直辖市）的重要水利工程，组织、指导水库、水电站大坝的安全监督。

（9）指导农村水利工作，组织协调农田水利基本建设、农村水电电气化和乡镇供水工作。

（10）组织全国水土保持工作。研究制定水土保持的工程措施规划，组织水土流失的监测和综合防治。

（11）负责水利方面的科技和外事工作，指导全国水利队伍建设。

（12）承担国家防讯抗旱总指挥部的日常工作，组织、协调、监督、指导全国防洪工作，对大江大河和重要水利工程实施防汛抗旱调度。

（13）承办国务院交办的其他事项。

（二）省级

各省（自治区、直辖市）的水利厅（局）是该省（自治区、直辖市）人民政府对本行政辖区内的水资源实施统一管理的行政主管部门，也是行政区域管理中以宏观管理为主、兼有部分微观管理的管理层次。根据水事法律规范和组织法的规定，其主要职责和权限是：

（1）监督、检查国家水事法律、法规、规章与方针政策和本辖区内地方性水事法规、地方人民政府规章、自治条例、单行条例在本辖区的贯彻落实情况。

（2）组织拟定本辖区内地方性水事法规、地方人民政府规章。

（3）组织制定本辖区的水长期供求计划，参与拟定涉及本辖区的水长期供求计划、水量分配方案，组织实施本辖区的取水许可工作，组织实施本辖区的水文行业管理。

（4）组织、指导本辖区的水利设施、水域及其岸线的管理与保护，组织、指导本辖区的水库、水电站大坝的安全监督。

（5）审查、批准本辖区内重要的基本建设项目涉及水资源管理的规划或可行性报告。

（6）指导、监督本辖区的城乡供用水管理工作，组织、指导、监督本辖区的节约用水工作。

（7）组织、指导本辖区的水政监察和水行政执法工作，参与协调涉及本辖区的水事纠纷，组织协调并仲裁本辖区部门之间、本辖区内跨行政区域的水事纠纷。

（8）组织拟定国家尚未统一制定的水资源管理专业技术规范并监督实施。

（9）组织、监督本辖区的水土保持工作，组织实施本辖区水土流失的监测和综合防治。

（10）组织、监督本辖区的水利队伍建设。

（11）组织实施木辖区的水事法律规范的宣传教育工作，普及水事法律规范知识，并表彰先进集体与个人。

（12）组织、指导本辖区有关水资源管理的国内外交流与合作。

（13）承担本辖区防讯抗旱指挥机构的日常工作，组织、协调、监督、指导本辖区的防洪工作，并组织实施本辖区内大江大河和重要水利工程的防汛抗旱调度。

（14）承办本级人民政府和水利部交办的其他事宜。

（三）县级

县级水行政机关是县级人民政府对本行政区域的水资源实施统一管理、监督的主管部门，在我国行政区域管理体制中，属于微观管理层次。根据水事法律规范的规定，其职责和权限主要是：

（1）监督国家水事法律、法规、规章与方针政策和木辖区内地方性水事法规、地方人民政府规章、自治条例、单行条例在本辖区的贯彻落实情况。

（2）参与拟定涉及本辖区的水长期供求计划、水量分配方案。

（3）监督经审查、批准的在本辖区内重要的基本建设项目涉及水资源的内容的贯彻实施。

（4）组织本辖区的水文、水土保持、水污染防治等工作。

（5）组织本辖区的水利队伍的建设工作。

（6）组织、指导、监督本辖区的节约用水工作。

（7）组织本辖区的水政监察和水行政执法工作；参与协调涉及本辖区的水事纠纷，组织协调并仲裁本辖区部门之间、本辖区内跨行政区域的水事纠纷。

（8）承担本辖区防汛抗旱指挥机构的日常工作，组织、协调、监督、指导本辖区的防洪工作，并组织实施本辖区内大江大河和重要水利工程的防讯抗旱调度。

（9）组织本辖区的水事法律规范的宣传教育工作，并表彰先进集体和个人。

（10）承办本级人民政府和上级水行政机关交办的其他事宜。

第四节 水行政行为概述

一、水行政行为的概念

水行政行为是指水行政主体在实施水行政管理活动，行使水管理职权过程中所作出的，具有水事法律意义的行为，具体应从以下方面正确理解：

（1）水行政行为是水行政主体所作出的行为，这是水行政行为成立的主体要素，否则便是违法行政。至于是水行政主体直接作出，还是由水行政主体的工作人员或者依法委托的其他社会组织或个人作出，均不影响其作为水行政行为的性质。

（2）水行政行为是水行政主体实施水行政管理活动，行使水管理职权的一种行为，这是水行政行为成立的内容要素。为了实现国家对水资源及相关内容的有效管理，水行政主体要根据水资源的不同情况实施不同管理行为，这同时也是代表国家行使水管理职权。但水行政主体如购买办公用品、租赁房屋，则不是水行政行为。

（3）水行政行为是具有水事法律意义的行为，这是水行政行为成为法律概念的法律要素。水行政行为具有水事法律意义并产生相应的法律后果，即水行政主体要对自己所作出的水管理行为承担相应的法律责任。至于水行政行为是否合法，并不影响其存在。

二、水行政行为的特点

水行政行为作为一种行政行为，具有以下法律特点。

1. 服务性

水资源是一种公益性的，属于全民所有的资源。水行政机关代表着公共利益，是服务机关，水行政行为是用于保障国家和个人利益的。因此，水行政主体与水行政相对人关系在状态上是一种利益一致的关系，在行为上是服务与合作的关系，在观念上是一种相互信任的关系。水行政行为是水行政主体和水行政相对人合作下的公共服务行为。要求水行政主体改变高高在上的作风，弱化行政行为的强制性，增强水行政主体服务意识。

2. 单方意志性

水行政行为是水行政主体代表国家行使水行政管理职权，在实施过程中，只要是在法律法规规定的职权范围内，即可自行决定、实施，无需与水行政相对人协商或取得水行政相对人的同意。这实际上体现了水行政法律关系中水行政主体和水行政相对人之间的不对等关系。任何水行政行为对水行政相对人都有拘束力。

3. 效力先定性

效力先定性是指任何水行政行为一经作出，就事先假定其符合水事法律规范，在没有被国家有权机关宣布为违法无效前，对水行政主体和相对人都具有拘束力，其他任何组织和个人都应当遵守和服从。水行政主体的水行政行为并不一定绝对合法，不可否定，只是只有国家有权机关才能对其合法性予以审查。

4. 强制性

水行政行为是水行政主体代表国家、以国家名义实施的，并以国家强制力作为实施的保障。水行政主体在行使水管理职权的过程中如果遇到障碍，在没有其他有效途径克服障碍时，可以行使法律法规赋予的行政权力和手段，或者依法借助于其他有权的国家机关如公安机关、人民法院消除障碍，确保水行政行为的实现。

5. 自由裁量性

水事法律是相对稳定的，一经制定就不能随便修改，水事法律对于在实施过程中出现的新情况、新问题只能作出原则性、预见性的规定，至于如何处理只能交由水行政主体根据实际情况自由裁量。但是，水行政主体的自由裁量权并不是没有限制的，而应在水事法律法规所规定的范围内，充分发挥主观能动性，准确把握立法目的，制定相关规章和其他规范性文件，积极灵活地适用水事法律规范，实现依法行政的目的。

三、水行政行为的内容

水行政行为的内容是指某一水行政行为对水行政相对人水事权利、义务内容所产生的影响，换句话说，对相对人的权利、义务作出的某种处理、决定。水事法律规范通过赋予水行政主体作出不同内容水行政行为的权力来实现国家对水资源的有效管理。水行政行为的主要内容有以下几项。

1. 赋予权益或科以义务

即水行政主体赋予水行政相对人一定的权益或科以一定的义务，事实上是为相对人设定了新的法律地位，使水行政主体与相对人之间以及相对人与他人之间形成了一种新的法律关系。

赋予权益具体表现为赋予水行政相对人一种水事法律上的权利、利益。科以义务是指水行政主体通过一定的水行政行为要求水行政相对人为一定的行为或不为一定的行为。如取水许可、采砂许可、征收水资源费等。

2. 剥夺权益或免除义务

剥夺权益或免除义务是指人为终止某种法律关系。剥夺权益是通过水行政主体作出的水行政行为使水行政相对人原来享有的水事法律上权利和利益的丧失、不复存在，如吊销水行政相对人的取水许可证或河道采砂许可证，就是剥夺了相对人继续合法取水或采砂的权利。免除义务则是通过水行政主体作出的水行政行为而使水行政相对人原来承担的水事法律上义务的解除，不再要求其履行义务，如免除相对人应当缴纳的全部或部分水资源费。

3. 变更法律地位

变更法律地位是指水行政主体通过水行政行为，使双方原来存在的法律地位不复存在或为新的法律地位所取代。赋予权益或科以义务和剥夺权益或免除义务，一般都会引起双方法律地位的变化。

4. 确认法律事实与法律地位

确认法律事实是指水行政主体对影响某一水事法律关系的事实是否存在而依法加以确认的行为。如在某河段发生一起用水纠纷，水行政主体即对该纠纷存在的事实予以确认，以便明确双方承担的法律责任。

确认法律地位是指水行政主体对影响某一水事法律关系的事实是否存在及其内容而依法加以确认的行为。如对申请人河道内建设项目的批准，就是确认了在河道内建设项目管理法律关系中申请人处于被管理者的地位，即相对人，其内容就是对河道内建设项目实施管理。

四、水行政行为分类

根据不同的分类标准，可以将水行政行为分为以下四种行为。

1. 内部水行政行为和外部水行政行为

根据水行政行为适用的对象、作用的范围并以此为标准，可以将水行政行为分为内部水行政行为和外部水行政行为。

内部水行政行为是指水行政主体在其内部组织管理过程中所作出的，仅对其内部职能部门、工作人员或上下级之间产生法律效力的水行政行为。如水行政主体对其工作人员的行政处分、上级水行政主体对下级水行政主体所下达的行政命令等。

外部水行政行为是指水行政主体在实施水管理过程中针对公民、法人或其他组织等社会上不特定对象所作出的水事管理行为。如实施取水许可、河道内建设项目许可、水行政处罚等。

2. 抽象水行政行为和具体水行政行为

根据水行政行为是否针对特定的对象并以此为标准，可以将其分为抽象水行政行为和具体水行政行为。

抽象水行政行为是指水行政主体以不特定的人或事作为管理对象，制定具有普遍约束力的规范性文件的行为。如水利部制定并发布《水行政处罚实施办法》就是属于抽象水行政行为。抽象水行政行为的核心在于水行政主体行为对象的不特定性，或者说对象的普遍性。换句话说，行为对象具有抽象性、不确定性，而且能够反复使用。抽象水行政行为包括：制定、发布水事管理法规、规章和规范性文件的行为；解释水事管理法规和规章的行为；发布水利行业管理标准的行为。

具体水行政行为是指水行政主体在水事管理活动中，以特定的人或事作为管理对象而采取的某种具体的行为，其法律后果直接及于该特定的人或事。具体水行政行为最大的特征在于其行为对象的特定化，即是针对特定的公民、法人或其他组织而实施的水事管理内容。如在取水许可管理活动中，水行政主体是针对申请人的取水活动而实施的管理行为，不是别的人和其他的活动。在水事管理活动中，水行政主体的具体水行政行为居多。具体水行政行为包括：水行政许可、水行政确认、水行政指导、水行政处罚、水行政征收、水行政合同等。

3. 作为的水行政行为和不作为的水行政行为

以水行政主体的水行政行为是否以作为方式表现出来为划分标准，可以将其划分为作为的水行政行为和不作为的水行政行为。

作为的水行政行为是指水行政主体以积极作为的方式表现出来的水管理行为。如水行政处罚行为、强制行为等。

不作为的水行政行为是指水行政主体以消极不作为的方式表现出来的水管理行为。如在实施取水许可制度中，规定水行政主体收到申请人的取水许可申请应当在60日内作出是否许可的决定，否则视为许可。

4. 水行政立法行为、水行政执法行为和水行政司法行为

以水行政主体行使水管理职权、实施水行政行为所形成的法律关系为标准，可以将水行政行为划分为水行政立法行为、水行政执法行为和水行政司法行为。

水行政立法行为是指水行政主体按照法定职权和程序制定带有普遍约束力的水事管理规范性文件的行为。它所形成的法律关系是以水行政主体为一方，以不确定的水行政相对人为另一方。

水行政执法行为是指水行政主体依法实施的直接涉及相对人权利义务的行为。它所形成的法律关系是以水行政主体为一方，以被采取措施的相对人为另一方。

水行政司法行为是指水行政主体作为争议双方之外的第三人，按照司法程序对特定的水事纠纷进行审理并加以裁决的行为。它所形成的法律关系是以水行政主体为一方，以发生水事争议的双方当事人各为一方的三方法律关系。

五、水行政行为的合法要件

1. 水行政行为主体合法

(1) 行为主体应具备行政主体资格。如果实施水行政行为的组织不是依法成立，或虽然依法成立但不具备水行政主体资格，那么其所为的水事管理行为无效。《水法》规定，地方县级以上人民政府水行政主管部门和流域管理机构是水行政主体，而其他水利工程管理单位和乡（镇）水利管理站如无法律法规授权就不能以自己名义直接实施水行政行为。

(2) 实施水行政行为的人员有公职人员身份（包括通过授权或委托取得实施水行政执法行为的资格的人员)，即必须具有合法的公职人员身份。同时，在水行政执法行为中担任公职。

2. 水行政行为权限合法

水行政行为必须是在水行政主体法定权限内所作的行为。水行政主体必须在自己的事物管辖权、地域管辖权和级别管辖权的范围内作出水行政行为，被委托或授权的组织必须在委托或授权的范围内作出水行政行为，水行政主体在水行政行为实施时受地域、时间、管理方式和适用条件方面的限制。

3. 水行政行为内容合法

水行政主体作出的水行政执法行为必须有事实依据，内容明确、具体，且符合客观实际。水行政主体应当考虑水行政相对人承受能力，考虑客观实际情况，不能主观臆断，不能强人所难，要求水行政相对人从事力所不能及的活动的水行政行为，违反了水行政合理性原则，不具有约束力和执行力。同时，水行政执法行为应当符合法律规定，不违背国家、社会公共利益，必须在规定的幅度、范围内作出。水行政主体在行使水行政处罚时，要做到罚与事相当，处罚应与违法行为的情节、后果适度。水行政执法行为必须公正、合理，正确使用合理裁量权。

4. 水行政行为程序合法

任何水行政行为都要按照法律规定的步骤作出，不允许有违反规定而任意作出的水行政执法行为。水利部颁布的《水行政处罚办法》规定了水行政处罚的简易程序和一般程

序。对一般程序规定了立案、调查取证、告知和听证、执行、结案步骤。

5. 水行政行为形式合法

水行政行为可以分为要式水行政行为和非要式水行政行为。前者是指必须具备某种书面文字或具有特定意义符号的水行政行为；后者是指没有要求必须具备某种书面文字或具有特定意义符号的水行政行为。

以上是任何水行政行为成为合法行为的全部要件，这些要件必须同时存在，才能生效。

六、水行政行为的生效

水行政行为的生效是指在时间上的生效，有以下几种情况。

1. 即时生效

水行政行为一经作出即具有法律效力，对水行政相对人和水行政主体都有约束力。一般在抽象水行政行为未明确规定生效时间时，视为自公布之时起生效。具体水行政行为则通常在告知后立即生效。

2. 受领生效

水行政主体所作出的行为必须为相对人受领才开始生效。受领，是水行政相对人对水行政行为的接受、知悉和领会。

3. 附条件生效

水行政行为的生效附有一定的时间期限或一定的条件，只有在所附期限届满或条件成熟时，水行政行为才开始生效。水行政行为可因行为被宣告无效、撤销、废止等而丧失法律效力。水行政行为自生效之时起至失效之时止，具有持续的法律效力。

思 考 题 与 习 题

1. 简述我国水法的渊源。
2. 什么是水事法律关系？其组成类型有哪些？
3. 水行政法律关系的构成要素包括哪些？
4. 水行政管理的特性是什么？
5. 水行政行为的概念及特点是什么？
6. 水行政行为的内容、分类及合法要件包括哪些？

第三章　水资源规划、开发利用与配置

第一节　概　　述

一、水资源的含义

水资源通常指的是淡水水源，地球表面三分之二被水所覆盖着，地球的总水量约为1385984.61万亿 m^3，但是其中96.53%的水存在于海洋中，淡水只占全球总水量的2.53%。而淡水中又有将近70%的水是以南极、北极和高山上永久冰川的形式存在。能够为人类所利用的淡水，只占地球总水量以及淡水量的很少部分。

目前对于水资源有不同的理解，相应也存在水资源的多种不同定义。在一般意义上，水资源是指一个区域中能够逐年恢复和更新的，并能够为人类经济社会所利用的淡水。

对于水资源的含义可有以下认识。

（1）水资源是指淡水资源，不包括海水、苦咸水等。

（2）水资源是指可以被利用的淡水资源。有些淡水，如永久冰川和冻土中的固态水、大气中的气态水和云雾、土壤中的水，因不能被直接利用，所以都不计人区域水资源的数量。

（3）自然界中的水不断运动，在一个区域中，大气降水、地表水、地下水不断相互转化。水资源既包括地表水，又包括地下水。

（4）自然界中的水在不断循环运动，因此水资源是可以再生的。

综上，水资源是指一个区域中能够逐年恢复和更新的淡水。由于自然地理条件的限制，一个区域中能够逐年恢复和更新的淡水是有限的，因此，不能认为水资源是“取之不尽，用之不完”，可以任意消耗的。

二、我国水资源的特点及目前面临的水问题

（一）我国水资源的特点

（1）水资源总量多，人均占有量少。我国水资源总量为2.8亿 m^3，仅次于巴西、俄罗斯、加拿大、美国、印度，居世界第六位。由于中国人口众多，人均水资源占有量低，人均占有水资源量约2200m^3，只有世界人均占有量的1/4，人均水资源仅居世界121位，已被联合国列为13个贫水国之一。

（2）河川径流年际、年内变化大。我国河川径流量的年际变化大，在年径流量时序变化方面，北方主要河流都曾出现过连续丰水年和连续枯水年的现象，这是很容易造成水旱灾害频繁、农业生产不稳和水资源供需矛盾尖锐的重要原因。我国降雨年内分配也极不均匀，主要集中在汛期。长江以南地区河流汛期（4～7月）的径流量占年径流总量60%左右，华北地区的部分河流汛期（6～9月）可达80%以上。

（3）水资源地区分布与其他重要资源布局不相匹配。我国水资源的地区分布不均匀，南多北少，东多西少，相差悬殊，与人口、耕地、矿产和经济的分布不相匹配。据统计，北方五片（松辽河、海河、黄河、淮河和内陆河片）人口占全国总人口的46.5%，耕地占全国的65.3%，GDP占全国的45.2%，水资源只占全国的19%；南方四片（长江、珠江、东南诸河、西南诸河片）人口占全国的53.5%，耕地占全国的34.7%，GDP占全国的54.8%，而水资源量为全国的81%。北方五片人均水资源占有量为1127m^3，仅为南方四片人均占有量的1/3。

（4）雨热同期是我国水资源的突出特点。我国水资源和热量的年内变化具有同步性，称作雨热同期。每年3～5月后气温持续上升，雨季也大体上在这个时候来临，水分、热量的同期到来有利于农作物的生长。这也是我国以占世界6.4%的土地面积和7.2%的耕地，养活了约占世界1/5人口的一个重要自然条件。当然，雨热同期只是就全国宏观而言，南方有的地区，7～9月农作物生长旺盛，高温少雨，成为主要的干旱期。

只有认识并掌握水资源的以上特征，人们才能有效地开发和合理地利用有限的水资源。我国水法对水资源保护的有关规定，正是在对水资源特征的了解的基础上制定出来的。

（二）我国目前面临的水问题

中国水资源面临十分严峻的挑战。我国是一个水资源不足，水旱灾害频繁发生的国家。受季风气候和地形条件的影响，水资源时空分布极不均衡。长江以北水系流域面积占全国国土总面积的64%，水资源量却只占全国的19%，干旱缺水成为我国北方地区的主要自然灾害。全国大部分地区最大四个月的降雨量约占全年降雨总量的70%，往往造成汛期洪水成灾。兴水利、除水害历来是中国治国安邦的大事。中国水资源领域主要面临以下四个方面的挑战。

（1）洪涝灾害频繁。20世纪90年代的10年中，主要江河流域有6年发生大洪水，局部地区的洪水每年都会发生；平均每年有7个台风在中国大陆登陆；因暴雨引发的泥石流、滑坡等突发性山洪灾害也很突出。

（2）水资源短缺突出。我国是一个先天水资源匮乏的国家，人口占世界的22%，而水资源仅占世界可用水资源的7%。按正常需要和不超采地下水，年缺水总量约为300亿～400亿m^3。每年农田受旱面积700万～2000万hm^2。全国669座城市中有400座供水不足，110座严重缺水。水资源短缺已经成为中国尤其是北方地区经济社会发展的严重制约因素。

（3）水土流失严重。目前中国水土流失面积356万平方公里，占国土面积37%，每年流失的土壤总量达50亿t。严重的水土流失，导致土地退化、草场沙化、生态恶化，造成河道、湖泊泥沙淤积，加剧了江河下游地区的洪涝灾害。

（4）水污染尚未得到有效控制。人类的活动会使大量的工业、农业和生活废弃物排入水中，使水受到污染。《水污染防治法》颁布后，我国加大了水污染防治的力度，虽然取得了一些成绩，水污染尚未得到有效控制，河流、湖泊和水库的水质仍然没有得到有效地遏制。据统计，我国每年有几百亿吨废水的排放量，其中工业废水200多亿t，这些工业废水有一半以上未经任何处理直接排放到水域，造成水质严重污染。

此外，中国的水利发展还存在管理体制不顺、发展机制不活、建设资金不足等诸多问题。这些都是解决中国水资源问题必须考虑的重要因素。

第二节　水资源规划

水资源是人类生存和发展不可缺少、不可替代的基础性资源，是经济社会发展的战略性资源。水资源不仅涉及经济社会发展，更涉及改善人的基本生存条件、消除贫困和促进社会稳定。水资源可持续利用是经济和社会可持续发展的重要保证。

水资源规划是进行水资源开发、利用、治理，实现水资源合理配置，加强水资源统一管理的基础。我国《水法》规定，开发、利用、节约、保护水资源和防治水害，应当全面规划、统筹兼顾、标本兼治、综合利用、讲求效益，发挥水资源的多种功能，协调好生活、生产经营和生态环境用水。

一、水资源规划的类型和层次

按照性质，水资源规划包括综合规划与专业规划两种类型。

综合规划是指根据经济社会发展需要和水资源开发利用现状编制的开发、利用、节约、保护水资源和防治水害的总体部署。

专业规划是指防洪、治涝、灌溉、航运、供水、水力发电、竹木流放、渔业、水资源保护、水土保持、防沙治沙、节约用水等规划。

按照范围，水资源规划又分为全国水资源规划、流域水资源规划、区域水资源规划共三个层次。

这两种类型、三个层次的规划相互联系。专业规划服从综合规划，流域规划服从全国规划，流域范围内的区域规划服从流域规划。流域综合规划和区域综合规划以及与土地利用关系密切的专业规划，应当与国民经济和社会发展规划以及土地利用总体规划、城市总体规划和环境保护规划相协调，兼顾各地区、各行业的需要。

按照我国《水法》，全国水资源战略规划由国家制定。

国家确定的重要江河、湖泊的流域综合规划，由国务院水行政主管部门会同国务院有关部门和有关省、自治区、直辖市人民政府编制，报国务院批准。跨省、自治区、直辖市的其他江河、湖泊的流域综合规划和区域综合规划，由有关流域管理机构会同江河、湖泊所在地的省、自治区、直辖市人民政府水行政主管部门和有关部门编制，分别经有关省、自治区、直辖市人民政府审查提出意见后，报国务院水行政主管部门审核；国务院水行政主管部门征求国务院有关部门意见后，报国务院或者其授权的部门批准。

重要江河、湖泊以外的其他江河、湖泊的流域综合规划和区域综合规划，由县级以上地方人民政府水行政主管部门会同同级有关部门和有关地方人民政府编制，报本级人民政府或者其授权的部门批准，并报上一级水行政主管部门备案。专业规划由县级以上人民政府有关部门编制，征求同级其他有关部门意见后，报本级人民政府批准。

二、水资源规划的原则

全国水资源综合规划编制要坚持以下主要原则。

(1) 坚持水资源开发利用与经济社会协调发展的原则。一方面，水资源开发利用要与经济社会发展的目标、规模、水平和速度相适应，努力满足经济社会发展对水资源的各项需求；另一方面，要坚持“以供定需”原则，坚持经济社会的发展要与水资源的承受能力相匹配，实现水资源供需的协调和平衡。

（2）坚持全面规划和统筹兼顾的原则。妥善处理上下游、左右岸、干支流、城市与农村、流域与区域、开发与保护、建设与管理、近期与远期等各方面的关系。统筹协调生活用水、生产用水和生态用水。合理配置地表水和地下水、当地水和外流域调水、常规水源和非常规水源等多种水源。对需水要求与供水可能进行合理安排。

（3）坚持水资源可持续利用的原则。要体现人与自然和谐共处，在重视水资源开发利用的同时，强化水资源的节约和保护，在水资源开发利用中，要防止挤占生态环境用水。要以提高用水效率为核心，把节约用水放在首位，采取多种手段发展节水工业、节水农业，建立节水型社会。要实现以水资源可持续利用支持经济社会的可持续发展。

（4）坚持按照社会主义市场经济规律治水的原则。要适应社会主义市场经济的要求，在规划编制中，认真研究水权、水价、水市场等问题，研究有关的体制、机制、法律法规问题。科学制定水资源开发、利用、配置、节约、保护、治理的有关经济政策，利用经济手段调节水事活动，发挥政府宏观调控和市场机制的作用。

（5）坚持科学治水的原则。要广泛应用先进的科学技术，努力提高规划的科技含量和创新能力。要运用现代化的技术手段、技术方法，科学配置水资源，提高水资源调控能力和使用效率。要采用先进的信息技术和手段管理水资源，制定出具有高科技水平的现代化水利规划。

（6）坚持因地制宜和突出重点的原则。要根据各地水资源状况和经济社会条件，确定适合本地实际的水资源开发利用模式。同时，要充分考虑需水的增长及国家和地方财力状况，确定各类用水的优先次序，明确水资源开发、利用、治理、配置、节约、保护的重点。

三、水资源规划的主要工作

水资源综合规划是对水资源开发、利用、治理、配置、节约、保护等诸多方面进行系统规划，关系到经济社会系统、生态环境系统及其发展和演变规律等。编制水资源规划是一项庞大、复杂的系统工程。

水资源综合规划的主要工作包括以下各项。

（1）对水资源及水环境状况以及区域、流域内的经济社会发展对水资源的需求进行调查分析和评价。

（2）在节水和水资源保护的基础上，对水资源进行合理配置。

（3）在水资源合理配置指导下，进行水资源的开发、利用、治理布局和方案论证，制定水资源开发利用的保障措施。

各个区域的水资源综合规划可根据情况包括不同内容。如 2003 年 5 月完成的南水北调城市水资源规划，涉及南水北调东线、中线工程规划范围内北京、天津两个直辖市以及河北、河南、山东、江苏四省和湖北省汉江中下游的供水区。其总体目标是通过开源、节流、污水处理回用、水资源保护、改革水资源管理体制、调整水价、合理配置水资源等措施，保证城市用水的基本需要。规划主要内容包括水资源开发、利用、管理现状调查分析，节水规划，治污规划，地下水控制开采规划，当地水资源开发利用规划，水资源供需分析，南水北调需调水量分析，城市水价调整规划，城市给水工程配套规划，管理措施及对策建议等。

四、水资源调查评价

水资源及其开发利用评价工作是全部规划工作的基础，水资源调查评价是水资源规划的第一阶段工作（水利部曾于 1999 年 4 月发布了有关水资源调查评价的规范《水资源评价导则》SL/T 238—1999）。

1. 水资源调查评价的内容

水资源调查评价包括水资源数量调查评价、水资源质量调查评价，以及水资源开发利用及其影响评价。

水资源调查评价实际上是“摸清家底”的工作，其内容广泛地涉及水资源及其开发利用的各有关方面。例如，2005 年完成的我国水资源调查评价的成果包括以下各方面。

（1）对全国的地表、地下水资源数量进行系统评价。分析了降水、蒸发、径流等水文要素的年际年内变化及区域分布特征，确定了全国、流域和区域的水资源数量，掌握了其变化状况。建立了流域和省际的出入境水量以及入海水量数量。系统地评价了水资源可利用量，对我国水资源数量及其演变情势和面临的水资源形势进行了系统的分析。

（2）通过对我国天然水化学特征、地表和地下水水体质量状况，水功能区水质达标状况等的全面评价，以及污染物排放状况的全面调查，基本摸清我国的水资源质量状况及污染特征。在水功能区水质达标、饮用水水源地有毒有机物和底质污染、供水水质、地下水水质以及面源污染等方面提出了全国性成果。

（3）全面评价我国水资源开发利用状况。通过对水资源开发利用中的取、供、用、耗、排关系及供水、用水结构的系统分析，全面评价了我国水资源开发利用程度、水平、效率、潜力及存在的问题。其中着重对耗水和排水进行了系统的分析和评价。

（4）全面调查与水相关的生态环境状况。对气候变化、水土资源不合理开发利用引起的水生态环境问题，如河流断流、湖泊湿地萎缩、地下水超采、水土流失、荒漠化加剧等进行了全面调查，提出了全国性成果，并按照最低生态环境用水要求，初步估算了全国生态环境用水。

（5）在调查评价工作中充分运用先进科技手段，建立了系统、全面、可靠的全国水资源基础信息系统，集成了全国、流域、省区水资源及其相关领域的数据信息，为我国水资源管理手段的现代化创造了有利条件。

通过此次水资源调查评价，掌握了我国水资源数量、开发利用、水污染以及生态环境的明细情况，确定了我国水资源可利用量、流域和省际出入境水量，以及水资源数量、质量、开发利用和生态环境的变化情况，从而为在水资源综合规划中进行水资源配置，合理制定流域和区域水量分配方案，建立国家水权制度奠定了基础。

此次水资源调查评价揭示的当前我国水资源及其开发利用存在的问题，如北方地区水资源数量显著减少，部分地区水资源开发过度，总体用水效率和效益较低，缺水与用水浪费并存，以及水污染加剧和生态环境恶化等情况，对于全社会正确认识我国水资源情势，对于国家对水资源重大问题进行科学决策，以及按照水资源条件优化调整经济结构和生产力布局等提供了科学、可靠的依据。

2. 水资源数量

如前述，水资源是指一个区域中能够逐年恢复和更新的，并能够为人类经济社会所利用的淡水。水资源包括地表水和地下水。

（1）地表水资源数量是指河流、湖泊、冰川等水体的地表水量，以河川径流量表示。某区域的地表水资源量是指区域内降水所形成的河川径流量，不包括区域的入境水量（自上游流入本区域的水量）。应当在求得年径流系列的基础上进行分区地表水资源数量的计算。

（2）地下水资源数量应当按照不同水文地质单元分别进行计算。根据区域的地形、地貌特征，可以分为平原区和山丘区，称为一级类型区。根据地形地貌特征和地层岩性及地下水类型，又可将一级类型区逐层细化分区。最终分别按不同水文地质单元对地下水资源进行计算。

1）平原区地下水总补给量扣除井灌回归补给量即为地下水资源量。地下水补给量包括降水入渗补给量、河道渗漏补给量、水库（湖泊、塘堰）渗漏补给量、渠系渗漏补给量、侧向补给量（对于非闭合流域，可能有区域以外的地下径流补充本区域的地下水，形成侧向补给量）、渠灌入渗补给量、越流补给量（上下含水层有足够的水头差，且隔水层为弱透水时，水头高的含水层可以通过弱透水层补给水头低的含水层，称为越流补给或越层补给，其补给水量形成越流补给量）、人工回灌补给量（借助工程措施，人为地使地表水自渗或加压引入含水层，以增加地下水补给量），以及井灌回归补给量（井水灌溉后渗入地下，对地下水的补给量），沙漠地区还包括凝结水补给量。

2）山丘区总排泄量即为地下水资源量。山丘区地下水排泄量包括河川基流量、山前泉水出流量、山前侧向流出量（指自山丘区向平原区的地下径流量）、河床潜流量、潜水蒸发量和地下水实际开发净消耗量。

（3）区域总水资源数量计算有两种途径，可任意选择其中的一种进行计算。

第一种途径是将地表水资源数量和地下水资源数量相加，再扣除重复水量求得总水资源量。

当评价区内既有山丘区又有平原区时，重复水量包括以下各部分。

1）山区河川基流与地下水补给量之间的重复水量，即山区河流基流量。

2）平原区河川基流量与地下水补给量之间的重复水量，即平原区河流基流量，有时还包括来自平原区河川径流量的河道渗流补给水量、渠系渗漏补给水量、渠灌田间入渗补给水量、水库（湖泊、闸坝）蓄水渗漏补给水量、人工回灌水量。

3）山丘区河川径流量与平原区地下水补给量之间的重复水量，即山区河川径流流经平原时对地下水的补给水量。

4）山区地下水和平原区地下水的重复量，即山前侧向补给量（山丘区流入平原区的地下径流量）。

区域总水资源数量计算的第二种途径是将区域划分为不同的类型区，用水资源总表达式直接计算。

各种类型区的总水资源数量表达式是经过分析区域“三水”转化机理，建立降水量与地表水资源、地下径流、潜水蒸发、地表蒸散发等分量的平衡关系而提出和建立的。

3. 水资源可利用量

为了确定区域的水资源可利用量应先分析计算地表水资源可利用量和地下水可开采量。

（1）地表水资源可利用量是指在经济合理、技术可能及满足河道内用水（包括水力发电、航运、渔业等国民经济各部门用水和生态环境用水等）并顾及下游用水的前提下，通过蓄、引、提等地表水工程措施可能控制利用的河道外一次性最大水量（河道外一次性水量指自河道取出的一次性用水量，不包括回归水的重复利用量）。某一区域的地表水资源可利用量，不应大于当地河川径流量与入境水量之和再扣除相邻地区分水协议所规定的出境水量。

（2）地下水可开采量是指在经济合理、技术可能且不发生因开采地下水而造成地下水位持续下降、水质恶化、海水入侵、地面沉降等水环境问题和不对生态造成不良影响的情况下，允许从含水层中取出的最大水量。地下水可开采量应小于可逐年实现的地下水总补给量。

在分析明确地表水和地下水利用过程中的水量转化关系后，可从地表水资源可利用量与地下水可开采量之和中，扣除地下水可开采量本身中的重复利用水量，以及地表水资源可利用量与地下水可开采量之间的重复利用水量，从而求得区域水资源可利用量。

第三节　水资源开发利用

一、水资源开发利用的含义与目的

水资源开发利用，是指通过各种措施（工程措施、非工程措施）对水资源从兴利和除害要求出发，进行治理、控制、调节、保护、管理，及流域间、地区间的调配，使水资源在一定的时间、地点，按需、按量、按质地为国民经济各部门所利用。

水资源开发的目的，是全面、科学地合理用水。为此，水资源开发利用，应掌握水资源的独特性；充分考虑国民经济各部门用水的要求；将两者有机地结合，获取充分、综合利用水资源的最大效益。

随着经济社会的发展，水资源开发利用的目的和范围日趋扩大，近代水资源开发主要包括：①以满足城乡居民生活和工农业生产用水为目的的供水、灌溉、排水工程；②以利用水能为中心目的的水力发电和航运工程；③以保证供水质量和污水处理为目的的水质处理工程；④以水域利用为主的水产养殖和旅游设施等。从人类开发水资源的发展过程看，大体可分为单一目标的开发和多目标开发。多目标开发从单项工程向流域性多项工程和整个地区发展，从单纯为增加经济收益向社会和环境的整体利益发展；水资源开发已成为自然科学、技术科学和社会科学三者高度综合的重要学科。

二、水资源利用

水资源利用，是指通过水资源开发为各类用户提供符合质量要求的地表水和地下水可用水源。地表水包括河水、湖泊水、水库水等；地下水包括泉水、潜水（浅层地下水）、承压水（浅层地下水）等。水资源按其用途可分为以下几个方面。

1. 生活用水

生活用水是人类日常生活及其相关活动用水的总称。生活用水分为城市生活用水和农村生活用水。现行的城市生活用水包括居民住宅用水、市政公共用水、环境卫生用水和建筑用水；农村生活用水包括人畜用水。

生活用水涉及千家万户，与人民的生活关系最为密切。《水法》规定，“开发利用水资源，应当首先满足城乡居民生活用水。”因此，要把保障人民生活用水放在优先位置，统筹规划，早作安排，保障生活用水的供给。

2. 农业用水

农业用水是农、林、牧、副、渔业等部门和乡镇、农场企事业单位以及农村居民生产与生活用水的总称。

由于农业用水绝大部分是农田灌溉用水，因此节约农业用水，特别是节约农田灌溉用水，对于水资源相对贫乏的中国来说，有着重要意义。节约农业与农田灌溉用水的途径有：①调整农业结构和作物布局，使水土资源合理利用，达到节水、节地、节能、增产、增收目的；②广辟水源，尽可能做到一水多用，在年降雨量大于250mm的干旱地区，积极发展雨水集蓄利用工程；③采用渠道防渗、管道输水等措施，减少输水损失；④平整土地，改进传统的地面灌水技术，旱作物采用小畦灌溉、细流沟灌，水稻推行“薄、浅、湿、晒”控制灌溉；⑤积极推广喷灌、滴灌、微喷灌等先进、节水的灌溉技术；⑥采用蓄水保墒耕作、田面覆盖保水等节水农业措施。

3. 工业用水

工业用水是工矿企业在生产过程中用于制造、加工、冷却、空调、净化、洗涤等方面的用水。工业用水集中，供水保证率高。工业生产又排放较多的工业废水，是水体的主要污染源。一个城市工业用水不仅与工业发展的进程有关，而且还与工业的结构、生产水平、用水管理和供水条件有关，因此，工业用水问题已引起各国的普遍重视。

4. 生态环境用水

生态环境用水是自然界依附于水而生存和发展的所有动植物和环境用水的总称。水既是人类生存和发展的重要物质基础，也是动植物生长的基本要素，同时又是环境的重要组成部分。随着经济社会的发展，用水量的不断增长，天然生态系统和环境的用水被掠夺，诱发诸如海水入侵、地面沉降、天然植被退化、土地沙化、河道断流、水生生态灾难等严重的生态环境问题。生态环境用水就是在这种背景下提出来的，目的是节制人类对水资源的过度开发和不合理利用，保护生态环境，实现可持续发展。

5. 人居环境用水

人类对生存环境的要求在不断提高，美好的环境需要一定水量的保证，包括绿化用水、河湖用水、娱乐用水等。随着人类生活水平和对环境质量要求的提高，景观环境用水将越来越重要。

6. 河道内用水

河道内用水量是为维护生态环境和从事水能、水域利用的生产活动，要求河流、湖泊、水库保持一定的流量和水位所需的水量。

按照利用目的和效益的不同，可将河道内用水归纳为两类：一类是生产性用水，包括

源，有利于生态环境保护。污水处理回用对改善全国特别是缺水地区的城市工业用水、增加生态环境用水和提高农业污水利用的质量，均有着重要的作用。

（5）采取多种方式合理开发各种水源。合理开发当地地表水、地下水资源，积极实施污水处理回用可以用作城市绿化用水、工业冷却用水、环境用水、建筑业用水和农田灌溉用水等。在区域性水资源严重短缺的地区特别是城市，应积极研究、慎重决策兴建跨流域（跨区域）的调水工程，实现流域或区域之间的水资源合理配置。当调水工程实施后，当地的地表水、地下水和远距离外调水，将构成多种水源的复杂系统。由于各种水源的供水成本、水质和供水保证率各不相同，要研究多种水资源的调配及其经济利益关系，合理调配各种水源，充分发挥多种水源的综合效益。

2. 国家鼓励开发利用水能资源

《水法》第二十六条规定："国家鼓励开发、利用水能资源。"这是实施水资源综合利用、讲求效益以发挥水资源的多种功能和综合效益的需要。水能资源是可以再生、没污染的、公认的理想的能源。水能利用一般是指水力发电。《水法》规定："在水能丰富的河流，应当有计划地进行多目标梯级开发。建设水力发电站，应当保护生态环境，兼顾防洪、供水、灌溉、航运、竹木流放和渔业等方面的需要。"我国有丰富的水能资源，全国河流的水能蕴藏量为6.8亿kW，年电能为5.9万亿kW·h，可能开发水能资源总装机容量3.8亿kW，年电能1.9万亿kW·h，无论是水能蕴藏量，还是可能开发的水能资源，我国在世界各国中都占第一位。水电是可再生的能源，一经开发利用，每年就可节省大量煤炭或石油能源，如以火力发电的发电标准煤耗每350t计算，我国可能开发的水能源相当于每年可以提供6.7亿t标准煤，接近或超过目前全国能源的总消费量。1949年新中国成立以来，虽然党和政府十分重视水能资源开发利用，但是，我国水资源开发程度远远低于发达国家，也低于许多发展中国家。所以，大力开发我国丰富的水能资源对缓解能源危机，加快我国现代化建设步伐具有十分重要的意义。

3. 国家鼓励开发利用水运水资源

《水法》第二十七条规定："国家鼓励开发、利用水运资源。"我国是一个水运资源比较丰富的国家。在960万km^2的国土上，分布有长江、黄河、珠江、淮河、海河、辽河、松花江等大江大河，有贯穿海河、黄河、淮河、长江、钱塘江等五个水系的京杭运河，还有分布众多的湖泊和有1.8万km的海岸线。这些河流、湖泊、近海域多数是冬季不冻，水量丰裕，具有发展水运的良好条件。与陆运相比，水运的优点是：运量大，成本低，能耗少。目前我国的水运事业与世界发达国家相比还很落后，优越的水运资源尚未充分开发利用。为了更好地发挥水运作用，缓解交通运输上的紧张状况，充分发挥水运资源，大力发展水路运输势在必行。

我国内河水运有悠久的历史。早在公元前214年秦始皇时期就开凿了沟通长江和珠江水系的灵渠，这是世界上第一条越岭运河。从公元605年隋朝开始，经过唐、宋、元朝所建成的京杭大运河，全长1700多km，为南粮北运和其他各种物资的集散提供了便利的运输条件。内河航运与其他运输方式相比，它具有运输能力大、成本低、能耗小、投资省、污染少等优点。当然也有它的不足之处，如速度慢，服务范围受一定限制等。航道是水运的基础，为了从法律上保障水运事业的发展，《水法》规定，在通航的河流上修建永久性拦河闸坝，建设单位应当同时修建过航设施。在不通航的河流或者人工水道上修建闸坝后可以通航的，闸坝建设单位应当同时修建过船设施或者预留过船设施位置。水运是综合运输体系中的一个重要运输方式，也是水资源综合利用的重要组成部分，保护和发展水运事业是社会主义现代化建设的需要。

第四节　水资源配置和节约使用

一、水资源配置

（一）水资源合理配置的涵义

水资源合理配置是指从资源、环境、经济社会协调发展出发，以高效利用为目标，按照水资源规划，在政府宏观调控下，发挥市场机制作用，加强需水控制管理，以供定需，优化经济结构和生产力布局，通过工程措施和非工程措施对水资源进行配置，使不同形式的水资源、不同区域的水资源与其他资源合理配置，使生活用水、生产用水、生态环境用水合理配置，其根本目的是实现水资源配置的经济效益、社会效益及生态环境效益的和谐统一。

水资源合理配置实际上是水资源规划的重要方面，其内容既包括水资源的分配，又包括需水控制管理和经济结构、产业布局的调整；其手段既包括政府宏观调控，又包括市场机制的运作；其措施既包括工程措施，又包括非工程措施。

（二）水资源配置基本原则

水资源合理配置的基本原则包括以下各项。

(1) 资源共享。在我国，水资源属于国家所有，是“公共资源”。不同地区、不同行业、生产生活与生态环境、当代人与后代人对于水资源都有共享的权利。

(2) 统筹协调。对于水资源的各种需求必需统筹考虑，进行协调。要实现区域之间、行业之间、用水部门之间的协调；实现经济社会发展与水资源条件之间的协调；实现经济生产、人民生活与生态环境用水之间的协调；实现近期与远期需求之间的协调；实现水量与水质之间的协调；实现不同类型水源（地表水源与地下水源、本区域水源与外流域调水、传统水源与非传统水源等）之间的协调等。

(3) 高效经济。要提高水资源的利用率，节约用水，减少损失，使有限的水资源发挥最大的经济社会效益；要降低水资源开发利用的投入，增加产出，提高经济效益；要运用经济手段和市场机制配置水资源；要依靠科技进步和创新提高水资源配置的效率等。

(4) 持续利用。实现人与自然和谐共处，实现以水资源可持续利用支撑经济社会的可持续发展。

（三）水资源配置主要工作内容

水资源合理配置的主要工作内容可概括叙述如下。

(1) 现状水资源供需分析。进行水资源调查评价，建立反映水资源真实情况，准确、权威的数据平台。

(2) 提出水资源配置方案并进行方案比较。水资源配置方案应实现针对现有情况，通过合理抑制水资源需求，对水资源进行保护，以及增加水资源供给。方案涉及优化区域经济结构和生产力布局，以及节约用水、提高水资源利用率、污水治理与回用、水资源保护、开发多种水源等各方面。采取的措施除工程措施外，还应包括发挥政府宏观调控，发挥市场机制作用的相应措施。水资源配置方案比较应从技术、经济、环境、社会多方面进行。

(3) 确定水资源合理配置方案并进行实施。

(四) 水资源配置制度

《水法》规定水资源配置制度主要有以下几方面的规定。

1. 全国水资源配置制度

国务院发展计划主管部门和国务院水行政主管部门负责全国水资源的宏观调配。

2. 水资源配置的几项制度

(1) 水中长期供求规划制度。水中长期供求规划，是调节水资源的总供给和总需求总体部署的关系，以水资源的可供给量和生态环境可承受能力为基础。

1) 水中长期供求规划的法律效力、审查程序和批准权限。《水法》第四十四条明确规定了中长期供求规划的法律效力、审查程序和批准权限："全国的和跨省、自治区、直辖市的水中长期供求规划，由国务院水行政主管部门会同有关部门制定，经国务院发展计划主管部门审查批准后执行；地方的水中长期供求规划，由县级以上地方人民政府水行政主管部门会同同级有关部门依据上一级水中长期供求规划和本地区的实际情况制定，经本级人民政府发展计划主管部门审查批准后执行。"

2) 水中长期供求规划制定的依据、规划的原则。水中长期供求规划要以水资源供求现状为基础，在现状供需分析和对各种合理抑制需求，增加有效供给、保护生态环境的可能措施进行组合和综合分析基础上，与国民经济和社会发展规划、流域规划、区域规划相协调和衔接。因此必须遵守五项原则：供需协调、综合平衡、保护生态、厉行节约和合理开源。

(2) 流域水量分配方案制度。水量分配的实践证明，实行流域水量分配方案制度，能有效缓解水资源日益突出的矛盾，实现水资源的合理配置。因此，《水法》第四十五条规定："调蓄径流和分配水量，应当依据流域规划和水中长期供求规划，以流域为单元制定水量分配方案"；"在不同行政区域之间的边界河流上建设水资源开发、利用项目，应当符合该流域经批准的水量分配方案，由有关县级以上地方人民政府报共同的上一级人民政府水行政主管部门或者有关流域管理机构批准"。

(3) 水量分配方案和旱情紧急情况下的水量调度预案制度。我国降水量时空分布不均，经常出现连续枯水和特枯水的年份，为减轻特枯水年所造成的灾害损失，各流域和大中城市要制定相应的对策措施和应急方案。对策和应急方案包括强化管理、挖掘潜力、临时调水、人工增雨等。水量分配方案和水量调度预案是规范用水秩序、优化配置水资源、合理利用水资源的分水方案和应对旱情紧急情况的对策，有利于节约用水，预防和减少水事纠纷的发生。因此，《水法》第四十五条规定："跨省、自治区、直辖市的水量分配方案和旱情紧急情况下的水量调度预案，由流域管理机构商有关省、自治区、直辖市人民政府制定，报国务院或者授权的部门批准后执行；其他跨行政区域的水量分配方案和旱情紧急情况下的水量调度预案，由共同的上一级人民政府水行政主管部门商有关地方人民政府制定，报本级人民政府批准后执行；水量分配方案和旱情紧急情况下的水量调度预案经批准后，有关地方人民政府必须执行。”

（4）年度水量分配方案和调度计划制度。为了优化配置和合理利用水资源，必须对每年实际可能使用的有限水资源，根据批准的水量分配方案，按照不同单位的用水指标、供水保证率、供水水源等，在河道上下游、左右岸不同行政区域或不同用户之间进行分配，也需要不同用水需求和不同的时间段之间进行分配。因此，《水法》第四十六条规定：“县级以上地方人民政府水行政主管部门或者流域管理机构应当根据批准的水量分配方案和年度预测来水量，制定年度水量分配方案和调度计划，实施水量统一调度；有关地方人民政府必须服从。”

这一规定明确了年度水量分配方案和调度计划制定的主要依据。对水量必须实施统一调度，有关地方人民政府必须服从。国家确定的重要江河、湖泊的年度水量分配方案，应当纳入国家的国民经济和社会发展年度计划。这一规定为保证方案和计划的实施提供了依据。

（5）总量控制和定额管理相结合的制度。总量控制指标是指水资源管理的宏观控制指标，是指各流域、省（自治区、直辖市）、市、县各部门、各企业、各用水户可使用的水资源量，也就是用水计划指标。定额管理是水资源管理的微观指标，是确定水资源宏观控制指标总量的基础。《水法》第四十七条规定：“国家对用水实行总量控制和定额管理相结合的制度。”这是我国水资源合理开发、节约使用、高效利用、优化配置和有效保护的一项十分重要的制度建设。实行水权界定、水权分配和计划用水、节约用水，必须建立总量控制与定额管理两套指针体系。宏观层次上的用水总量控制体系与微观层次上的用水定额管理体系，两者相辅相成，密不可分。在以流域为单元的水资源系统中，各地区、各行业、各部门的用水定额是测算全流域用水总量的基础，同时又是分解总量控制指针，实现总量控制目标的手段。总量控制的调控对象是水权分配和取水许可，定额调控的对象是用水方式和用水效率。

（五）我国水资源配置格局

我国大多数河流呈纬向分布，主要河流实施东西向的水资源配置较为容易，而实现南北向的水资源调配较为困难。为此，必需兴建经向的跨流域调水工程。

为解决我国北方地区水资源短缺，规划了南水北调工程的东线、中线、西线方案，使长江、黄河、淮河和海河四大江河可实现相互联结，形成“四横三纵、南北调配、东西互济”的水资源配置基本格局。

我国水资源配置网络是以南水北调工程为主体，同时以东北平原、黄淮海平原、长江中下游平原和东南沿海四个经济区为重点，以西部地区水利基础设施建设为新的增长点，以及其他已建和拟建的水利工程相配合而形成的。

我国各大区域的水资源配置方案，应根据各地水资源条件，以及人口、资源与经济社会发展状况，并按照全国水资源配置的总体规划而确定。各区域的水资源配置方案必需因地制宜，科学合理地制定。

如松辽流域，松花江及周边地区水资源较为丰富，辽河及辽东沿海地区水资源较为紧缺，辽宁中部地区工业发达，人口稠密，水资源短缺及水环境问题十分严重。为此，在进一步提高松花江及周边地区河流开发利用水平的基础上，要修建跨流域调水工程。辽河流域要提高用水效率，提高污水处理及回用率，控制地下水超采，治理水环境恶化。针对松花江流域灌溉用水量有较大幅度增长的情况，要限制土地开垦，防止盲目扩大水稻种植面积，抑制农业用水。

海河流域是我国水资源严重短缺地区。水资源配置要加强需水管理，提高用水效率。对于现有工程，要加强管理，恢复及提高供水能力。要积极开发利用非传统水源，提高水资源重复利用率。要严格控制地下水开采，实施回补地下水，逐步达到地下水采补平衡。要修建南水北调工程，解决重要城市、重要工业区和严重缺水地区的供水。

山东半岛水资源短缺，引黄河水成为其重要水源。水资源配置中，要提高当地水资源利用的潜力。要充分利用临海条件，逐步增加海水利用量。要从南水北调东线工程解决部分缺水。

西北内陆河地区水资源利用目前以地表水为主，农业用水占90%以上，总体上水的利用率较低。部分城市和经济发达地区水资源供需矛盾严重，上下游用水矛盾尖锐，区域生态环境恶化突出。水资源配置中，要采取一切有效措施提高水资源利用率；要调整农业生产结构，建立节水型农业生产体系；要减少水的蒸发损失，如将平原水库改为山区水库，推行节水灌溉等；要保障生态环境用水，恢复和保护生态环境（如因长期不合理开发，自20世纪70年代，新疆塔里木河下游河道长年断流，两岸胡杨林大片死亡。自2000年至2005年，通过七次生态应急输水，使塔河下游生态有所恢复，发挥了明显的生态效益）。

二、节约用水

当今世界普遍关注水危机问题，其中最突出的矛盾就是干旱缺水。当今世界面临的人口、资源和环境三大课题中，水成了关键的问题。专家们认为，我们正进入一个新的水资源紧缺时代，水将成为21世纪可持续发展的严重制约因素。2002年8月28日在南非约翰内斯堡举行的联合国可持续发展首脑会议上，全体与会代表已一致通过将水危机列为未来10年人类面临的最严峻挑战之一。我国的人均水资源远远低于世界平均水平，进入21世纪以后，水资源的形势更加严峻，对经济社会可持续发展将构成严重威胁。因此，在国家实施可持续发展和科教兴国两大战略指导下，厉行节约用水，建立节水型社会已迫在眉睫。

（一）节约用水的内涵

节约用水不能简单地理解为少用水或者限制用水。它是指通过采取行政、法律、经济、技术和宣传教育等综合手段，应用必要的、现实可行的工程措施和非工程措施，依靠科技进步和体制机制创新，提高用水的科技水平和管理水平，减少用水过程中不必要的损失和浪费，提高单方水的生产力。通过水资源的合理使用、高效利用，从而既达到减少水资源的消耗，又减少废污水的排放量。节水不仅可以增效减污，而且节水本身就是一种开源措施，通过节水既节省开源的投入，又可减少治污的费用，并提高单方水的利用率，一举数得。

（二）节约用水的基本方针

《水法》规定，节约用水的基本方针是“国家实行计划用水，厉行节约用水”。用水应当计量，并按照批准的用水计划用水。计划用水制度是指有关用水计划的编制、审批程序。计划的主要内容和要求以及计划的执行和监督等方面的系统的法律制度。

（三）节约用水的具体要求

（1）农业用水。要求各级人民政府推行节水灌溉方式和节水技术，对农业蓄水、输水工程采取必要的防渗漏措施，提高农业用水效率。

（2）工业用水。要求工业用水采用先进技术、工艺和设备，增加循环用水次数，提高水的重复利用率。

（3）城市用水。要求城市人民政府因地制宜采取有效措施，推广节水型生活用水器具，降低城市供水管网漏失率，提高生活用水效率；加强城市污水集中处理，鼓励使用再生水，提高污水再生利用率。

（4）建设项目用水。要求新建、扩建、改建建设项目，制定节水措施方案，配套建设节水设施。节水设施应当与主体工程应该“三同时”，即同时设计、同时施工、同时投产。

（四）建设节水型社会

建设节水型社会是建设节约型社会的一个方面。我国水资源总量短缺，建设节水型社会，提高水资源的利用效率和效益是解决我国干旱缺水问题最根本、最有效的战略举措。建设节水型社会主要包括以下工作内容。

（1）制定政策，编制规划，组织实施。制定节水政策，编制节约用水发展规划，经同级人民政府批准后，由地方人民政府水行政主管部门牵头组织实施。

（2）总量控制，逐级分配，定额管理。制定主要行业、产品和城乡居民生活用水定额，制定用水总量控制指标和供用水计划，对用水实行总量控制和定额管理相结合的基本管理制度。

（3）调整产业结构，实现更为高效的优化配置。对新建、改建、扩建建设项目实行水资源论证制度，按照水资源条件调整现有经济结构（包括产业结构和种植业结构），优化配置水资源。

（4）加强节水工程建设，进行节水技术改造，提高用水效率。开展农业节水工程建设，进行工业节水技术改造，全面推行各种节水技术、设备和器具。工程措施包括农业节水示范项目、灌区及工业节水改造、城镇供水设施改造、海水及微咸水利用、集雨设施建设、工业及生活废污水减排处理和回用、引水冲污工程及河道清淤等。

（5）完善节水管理制度，建立节水管理信息系统。建立和完善包括水资源论证、用水总量控制与定额管理、节水产品认证等内容的水资源和节水管理制度体系。对涉水事务统筹考虑，实现城乡水资源统一管理。加强节水管理信息系统建设。

（6）改革水资源管理体制，建立合理的水价形成机制。适时、适度、适地调整水价，实行超计划用水或超定额用水累进加价制度。

（7）建立稳定的节水投入保障机制和良性的节水激励制度。确立节水投入的专项资金。可从水资源费，超计划、超定额加价水费和排污费等收费中提取一定比例资金，作为节水管理专项资金。通过节水专项奖励、财政补贴、减免有关事业性收费等政策，鼓励和支持节水技术发展。

（8）推动节水服务体系建设，开展相关专题研究。加强节水技术指导、示范培训，完善节水社会化服务体系。同时根据实践需要，开展相关专项课题研究。

（9）制定节水指标体系，建立监测监督检查系统。建立节水评价指标体系，评价考核供用水单位节水实施情况，加强对高耗水行业、重点用水大户的监督检查。

（10）社会公众广泛参与，增强全民节水自觉性。鼓励社会公众参与节水，积极开展节水宣传教育，增强全民节水的自觉性。

思考题与习题

1. 如何理解水资源的含义？
2. 我国水资源的特点及面临的问题是什么？
3. 水资源规划的类型和层次有哪些？
4. 水资源规划的原则是什么？
5. 水资源调查评价包括哪些内容？
6. 水资源开发利用的含义与目的是什么？
7. 水资源开发利用的原则是什么？
8. 水资源合理配置的涵义是什么
9. 水资源配置的基本原则是什么？
10. 如何理解节约用水？
11. 节约用水的基本方针是什么？
12. 建设节水型社会主要包括哪些工作内容？

第四章　水资源管理

第一节　概　　述

水是生命的源泉，是人类生活和生产不可缺少的基本物质，是人类社会生存和发展不可缺少、不可替代的自然资源。当今世界面临的人口、粮食、能源和环境四大问题，都与水密切相关。水资源已是整个国民经济的命脉，必须加强对水资源的管理。

一、水资源管理理的定义

关于水资源管理的定义，不同学者从不同角度有多种界定，目前尚无明确公认的定义。《中国大百科全书》在不同的卷中对水资源管理也有不同的解释。在《中国大百科全书·水利卷》中，水资源管理的定义是：水资源开发利用的组织、协调、监督和调度。运用行政、法律、经济、技术和教育等手段，组织各种社会力量开发水利和防治水害；协调社会经济发展与水资源开发利用之间的关系，处理各地区、各部门之间的用水矛盾；监督、限制不合理的开发水资源和危害水源的行为；制定供水系统和水库工程的优化调度方案，科学分配水量（陈家琦等，水利卷）。

在《中国大百科全书·环境科学卷》中，水资源管理的定义为：为防止水资源危机，保证人类生活和经济发展的需要，运用行政、技术、立法等手段对淡水资源进行管理的措施，水资源管理工作的内容包括调查水量，分析水质，进行合理规划、开发和利用，保护水源，防止水资源衰竭和污染等；同时也涉及水资源密切相关的工作，如保护森林、草原、水生生物，植树造林，涵养水源，防止水土流失，防止土地盐渍化、沼泽化、沙化等（李宪法等，环境科学卷）。

1996年，联合国教科文组织（UNESCO）国际水文计划工作组将可持续水资源管理定义为："支撑从现在到未来社会及其福利而不破坏他们赖以生存的水文循环及生态系统的稳定性的水的管理与使用。"

总之，水资源管理是一个动态的概念，不同时代、不同环境条件和不同角度下，水资源管理的内涵和外延均有不同。水资源管理的内容包括：对水资源分配、开发、利用和保护的组织、协调、监督和调度等方面的实施，包括运用行政、法律、经济、技术和教育等手段，组织开发利用水资源和防治水害；协调水资源的开发利用与经济社会发展之间的关系，处理各地区、各部门间的用水矛盾；监督并限制各种不合理开发利用水资源和危害水源的行为；制定水资源的合理分配方案，处理好防洪和兴利的调度原则，提出并执行对供水系统及水源工程的优化调度方案；对来水量变化及水质情况进行监测与相应措施的管理等。简而言之，就是通过行政、法律、经济、技术和教育等手段，规范人类一切水事活动，合理开发，充分利用水资源，并使其得以适时补偿和恢复，达到水量不枯竭，水质不污染的可持续发展状态，并使水环境处于良性循环状态，从而获得最大的经济、社会和环境效益。

二、水资源管理的目标

确定水资源管理目标，应与当地的经济发展目标和生态环境控制目标相适应，不仅要考虑资源条件，而且还应充分考虑经济的承受能力。在不同时期，受人们认识水平和社会进步的限制，水资源管理的目标是不同的。在工业化的初期，水资源管理的目标就是最大限度地开发利用水资源，使之满足不断增长的国民经济用水的需求，以获得最大的经济效益。在现代社会，水资源管理过程需要考虑长远的效应和影响，包括对后代人用水的考虑。为了适应目前的形势，必须站在可持续发展的高度来看待水资源管理问题。水资源管理应以可持续发展为基本指导思想。也就是说，水资源管理的最终目标是努力使有限的水资源创造最大的社会、经济和环境效益，实现水资源的可持续利用和经济社会的可持续发展。

三、水资源管理的原则

关于水资源管理的原则，不同学者从不同角度进行了多方面的诠释。水利部提出了我国的“五统一，一加强”基本管理原则，即坚持实行统一规划，统一调度，统一发放取水许可证，统一征收水资源费，统一管理水量水质，加强全面服务的基本管理原则。加强水资源管理，应遵循以下五项原则。

（一）坚持依法治水管水的原则

1988 年 1 月 21 日第六届全国人大常务委员会通过《中华人民共和国水法》（简称原《水法》）是新中国第一部管理水事活动的基本法，2002 年 8 月 29 日第九届全国人大常务委员会第二十九次会议通过修订的《中华人民共和国水法》（即现行《水法》），是中国水资源管理的重要的法律依据，标志着中国依法治水、管水、用水、保护水进入了一个新阶段。国家还先后颁布了《中华人民共和国水土保持法》、《中华人民共和国水污染防治法》、《中华人民共和国防洪法》和《河道管理条例》、《取水许可制度实施办法》等一系列水法律、法规以及地方性水法规和地方政府规章等，它们都是我国水资源管理的法律依据。

（二）坚持水是国家资源的原则

水资源属国家所有，即全民所有，水资源的所有权由国务院代表国家行使。水利部是中华人民共和国国务院主管水行政的组成部门。尽管水是一种世界性的不断更新和再生的资源，然而在一定的时间和空间范围内，大气降水对水资源的补给是有限的，所以在水资源管理观念上，首先应该认识水资源是一种有限的宝贵资源，必须精心管理、节约利用、倍加珍惜和保护。

（三）坚持可持续发展原则

实现经济社会的可持续发展，必须建立在资源可持续利用的基础上，可持续发展原则已成为世界各国在资源配置和使用中普遍遵循的准则之一。可持续原则是指实现水资源系统与经济系统和生态系统协调发展，通过自然再生能力的可持续保障经济发展的可持续，实现代际间的资源分配公平。

（四）坚持水资源统一管理的原则

《水法》第十二条规定“国家对水资源实行流域管理与行政区域管理相结合的管理体制。”水资源统一管理的核心是水资源的权属管理。《水法》明确规定，水资源属于国家所有，水资源的所有权由国务院代表国家行使。为了实现全国水资源的统一管理和监督，国务院水行政主管部门应当制定全国水资源的战略规划，对水资源实行统一规划、统一配置、统一调度、统一实行取水许可制度和水资源有偿使用制度等。县级以上地方人民政府水行政主管部门按照规定的权限，负责本行政区域内水资源的统一管理和监督工作。

（五）坚持开源节流并重，节流优先治污为本的原则

《水法》规定国家厉行节约用水，大力推行节约用水措施，推广节约用水新技术、新工艺，发展节水型工业、农业和服务业，建立节水型社会。各级人民政府应当采取措施，加强对节约用水的管理，建立节约用水技术开发推广体系，培育和发展节约用水产业；国家对水资源实施总量控制和定额管理相结合的制度，根据用水定额、经济技术条件以及水量分配方案确定的可供本行政区区域使用的水量，制订年度用水计划，对本行政区区域内的年度用水实行总量控制；各单位应当加强水污染防治工作，保护和改善水质，各级人民政府应当依照水污染防治法的规定，加强对水污染防治的监督管理。

四、水资源管理的主要内容

国家对水资源进行的所有权管理有三种管理形态，即动态管理、权属管理和监督管理。

1. 水资源的动态管理

水资源的动态管理是指国家运用水文测验、水文调查、水文地质勘察等科学方法和手段，对地表水、地下水进行调查、统计、分析和评价，从而掌握水资源的储量、质量和分布位置，为开发利用水资源和防治水害活动提供宏观调控的依据，以保证水资源处于良性循环状态。

2. 水资源的权属管理

水资源的权属管理是指以水资源属于国家所有为依据，水行政主管部门作为水资源的产权代表，运用法律、行政、经济等手段，对水资源行使占有、调配、收益、处分之权。如制定开发利用规划、水中长期供求计划、水量分配方案，实施取水许可制度和征收水资源费等均属于权属管理的范畴。权属管理的目的在于优化水资源配置，发挥水资源的整体效益，促进我国国民经济和社会的发展。

3. 水资源的监督管理

水资源的监督管理是指水行政主管部门作为水资源所有权的代表者，通过监测、调查、评价、水平衡测试等手段，监督各部门开发利用水资源的活动，以保证这些活动的合法、合理以及水资源管理措施的正确执行。

从上述三个方面的管理活动，不难看出，水资源管理是涉及自然和社会的一项综合性管理。因此，需要采取多种方法相互配合，才能达到其要实现保障社会安定、促进经济发展、改善自然环境的三大基本目标。一个国家水资源权属管理的执行状况，它的深度和广度，以及实际效果，标志着这个国家的水资源管理水平。

第二节　水的权属及管理体制

一、水的所有权和使用权

1. 水资源所有权的特征

（1）水资源所有权的相对性。水是流动的，处于不间断的循环之中，所以人类对水资源的占有也是相对的，其使用、收益、处分均具有不完整性、不稳定性。水的循环性和不确定性，决定了水资源所有权的相对性。

（2）水资源使用权的共享性。法律上的物权一般具有排他性，即一旦把某物确定给某人使用时，其他人就不能再使用。然而，水则不同，上游用过的水下游还可以利用，左右岸可以同时使用，发电过后灌溉依然能用等。水资源的流动性和多功能性，决定了水资源使用权的共享性。

（3）水资源所有权的永续性。水资源与其他一些资源不同，如矿藏开采到一定程度就要报废，附着于矿藏的所有权自然消灭。土地资源尽管不会灭失，但不能再生。而水资源属循环再生资源，不因为开发利用而枯竭（前提是合理开发），可以永续利用，因而水资源的所有权是永固的。水资源的再生性，决定了水资源所有权的永续性。

2. 水资源所有权和使用权的规定

水的所有权问题，是《水法》的核心问题。它是制定有关水事法律规范的立足点和出发点。《民法通则》规定，所有权包括占有、使用、收益和处分的权利。因此，法律对于所有权的规定，制约着其他各种权利义务关系。

关于水资源的所有权和使用权，修改后的《水法》作了如下明确的规定：

（1）水资源属于国家所有。水资源的所有权由国务院代表国家行使。

（2）农村集体经济组织的水塘和由农村集体经济组织修建管理的水库中的水，归各该农村集体经济组织使用。

（3）国家鼓励单位和个人依法开发、利用水资源，并保护其合法权益。开发、利用水资源的单位和个人有依法保护水资源的义务。

水资源属于国家所有的规定，确定了国家对水资源的管理不仅具有一般的行政职能，而且具有所有权主体的地位。它是国家对水资源统一配置，实施取水许可制度，征收水资源费等水管理制度的基础，其实际意义体现在国家对水资源有支配权和管理权。我国《宪法》第九条明确规定水流属于国家所有。修改后的《水法》依据《宪法》的这一规定，在第三条也明确了水资源属于国家所有这一规定。宪法中的“水流”与《水法》中“水资源”是同义词。这里所说的同义，是指二者的外延相同，也就是所指的客体相同，都是指江河、湖泊、冰山、积雪等地表水和地下水。

西方的传统水法，在一定范围内确认水的私有。但是，由于水资源的开发利用和保护日益成为关系国计民生和国家利益的大事，水的私有已明显不适应社会发展的客观要求。因此，近些年来，国外现代水法的发展趋势，是越来越多的国家用法律来规定水资源的国家所有，或者是社会公有。这不仅体现在社会主义国家，一些资本主义国家也是这样。

二、水资源的管理体制

《水法》第十二条规定："国家对水资源实行流域管理与行政区域管理相结合的体制。国务院水行政主管部门负责全国水资源的统一管理和监督工作。国务院水行政主管部门在国家确定的重要河流、湖泊设立的流域管理机构（以下简称流域管理机构），在所管辖的范围内行使法律、行政法规规定的国务院水行政主管部门授予的水资源管理和监督职责。县级以上地方人民政府水行政主管部门按照规定的权限，负责本行政区域内水资源的统一管理和监督工作。"第十三条规定："国务院有关部门按照职责分工，负责水资源开发、利用、节约和保护的有关工作。县级以上地方人民政府有关部门按照职责分工，负责本行政区域内水资源开发、利用、节约和保护的有关工作。"

《水法》的上述关于水资源管理体制的规定体现了以下三方面内容：

（1）水资源必须统一管理，不能部门分割管理。按照资源管理与开发、利用、节约和保护管理分开的原则，各级政府水行政主管部门代表国家负责水资源统一管理和监督工作。政府的其他有关部门按照职责分工，负责开发、利用、节约和保护的有关工作，但不负责资源管理。在水资源的权属管理和规划、调配、立法等重要的水事活动统一管理的前提下，发挥各部门在开发利用水资源中的作用，各部门开发、利用、节约和保护水资源制定的各项专业规划必须服从流域或区域的综合规划，即"一龙管水、多龙治水"。

（2）水资源的统一管理是对地表水、地下水，城市与农村，水量与水质实行整体性的综合管理。水资源管理的核心是水资源的权属管理，水资源权属管理当前主要是对水资源实行统一规划、统一配置、统一调度、统一发放取水许可证、统一实施水资源有偿使用制度、统一管理水量水质。

（3）水资源的权属管理按照流域管理与行政区域管理相结合、统一管理与分级管理相结合的原则实行。水资源的所有权由国务院代表国家行使。国家统一制定全国水资源战略规划，以流域为单元对水资源实行统一规划、统一配置、统一监督管理。经国家批准的流域规划是流域内水事活动的基本依据，地方政府在中央的统一规划和监督管理下，对其权限内的水资源的所有权实行统一管理，地方制定的区域规划必须服从所在流域的流域规划。

在我国水资源管理的组织体系中，水利部为国务院设立的水行政主管部门，负责全国

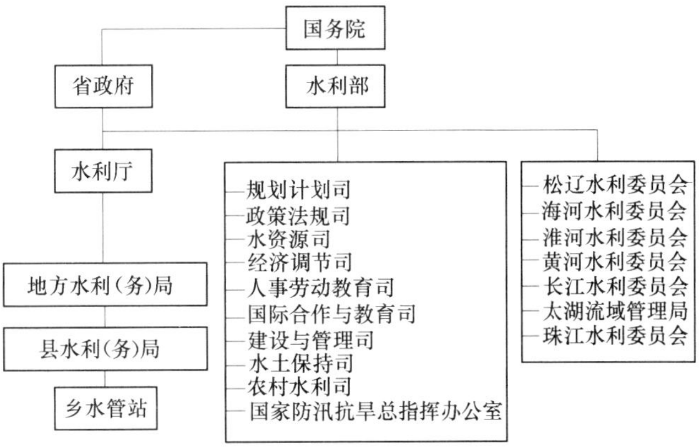

图 4-1　中国水资源管理组织体系

根据《水法》和《取水许可制度实施办法》规定，国家对直接从江河、湖泊或者地下取用水资源的单位和个人，应当按照国家取水许可制度和水资源有偿使用制度的规定，向水行政主管部门或者流域管理机构申请领取取水许可证，并缴纳水资源费，取得取水权。但是，家庭生活和零星散养、圈养畜禽饮用等少量取水的除外。为农业抗旱应急、保证矿井等地下工程施工安全和生产安全以及为抗御和消除对公共安全或公共利益的危害（如消防）必须取水的，免于申请取水许可。因此，凡利用水工程或者机械设施直接从地下或者江河、湖泊取水的一切单位和个人除依法不需或免于申请取水许可证的情况外，都应当申请取水许可证，并依照规定取水。

（二）取水许可的预申请、审批

为使建设项目在可行性分析研究阶段充分考虑水源条件，避免由于水源不落实，决策失误造成损失，《取水许可制度实施办法》规定，取水许可实行预申请、申请制度即新建、改建、扩建的建设项目，需要申请或者重新申请取水许可的，建设单位应向取水口所在地的县级以上水行政主管部门提出取水许可预申请、申请。受理机关在收到取水许可预申请、申请后，应当按规定（《取水许可制度实施办法》第19条）的审查权限审查，需由上级审批机关审查的，应逐级审核上报，由具有审查权的审批机关审查。由水利部或者其授权的流域管理机构审批的取水许可申请，受理机关应在收到取水许可申请或者补正的取水许可申请之日起30日内（对急需取水的在15日内）上报水利部或者授权的流域管理机构审批。

1. 取水许可预申请

建设单位在编制项目设计任务书（即国家现行基本建设管理程序中的“可行性研究报告”）前，应提出取水许可预申请，由水行政主管部门会同有关部门进行审查，并提出书面意见。申请人在提出预申请时，应提交以下文件：

（1）按规定填写的取水许可预申请书。

（2）建设项目建议书的简要说明。

（3）取水工程取水量保证程度的分析报告。

（4）取水水源已开发利用状况及水源动态的分析报告。

（5）当取水水源预申请的标的与第三者有利害关系时，第三者的承诺书或其他文件。

（6）取水和退水对水环境影响的分析报告。

联合兴办取水工程取水的，还应附具由联合兴办人出具的取水申请人委托书。

建设单位在报送建设项目设计任务书时，应当附具水行政主管部门的书面意见。建设项目经批准后，建设单位再持设计任务书等有关批准文件提出取水许可申请。取水单位在提出申请时，应提交取水许可申请书；取水许可申请所依据的有关文件、取水工程环境影响报告书（表）以及取水许可申请与第三者有利害关系时，第三者的承诺书或者其他文件等有关文件资料。取水许可申请所依据的文件主要是指建设项目有关的批准文件和其他足以证实取水缘由的文件。

2. 取水许可的调查、审查和审批

（1）调查和审查。水行政主管部门在收到取水许可申请后，应组织调查和审查，具体负责办理取水许可审批的同志应在取水申请人提出申请后，认真做好以下几项工作：

1）详细询问取水申请人的名称和拟取水水源类型、取水地点、取水用途、取水量以及该项工程是否列入基本建设程序等事宜，据此初步确定该项取水是否属于本单位的受理范围，是否需要办理取水许可预申请审批手续。若该项取水属于本单位受理（包括上级委托受理，下同）范围，列入基建程序的，应向取水申请人发放取水许可预申请书；不列入基建程序的，只需发放取水许可申请书。

2）向取水申请人详细讲解取水许可预申请书或申请书的填写方法、取水许可申请应注意的事项以及应提交的有关文件资料。

当收到取水申请人的取水许可预申请或申请后，应进一步核实申请人的提出的取水项目是否属于本单位的受理范围。若是，应及时将取水申请人的取水许可预申请或申请载入取水许可预申请书或申请书收件簿，注明取水申请人名称、取水基本情况以及收件日期、收件份数、联系人、联系电话等内容。同时，审查取水申请人的预申请书或申请书的填写是否符合规定要求，提交的资料是否完备和有效。

3）取水许可的审查主要审查取水水量的合理性、取水水源的可靠性以及取水和退水水质。对有专门开展水质论证的取水项目，根据水质论证报告进行审批；对未开展水质论证的取水项目，应对取水申请人提交的取水和退水对水环境影响分析报告中的有关内容进行审查。

（2）取水许可的审批。

1）审批时间。一般情况下，在规定的审批权限内，在60日内决定批准或者不批准；对急需取水的，应在30日内决定批准或者不批准。

2）审批程序。水行政主管部门在审批取水许可预申请或申请时，必须事先派人进行现场勘察。并依据本流域水资源开发利用规划、中长期水供求计划和主要供水水源的水量分配进行审批。对申请取用地下水的，还应依据地下水资源开发利用规划和地下水年度计划开采总量、取水层位和井点布局及有关水文地质资料进行审批。

3）审批要求。取水申请审批机关或审核机关应在取水审查意见中，对取水申请人的取水地点、取水源、年取水量、最大取水流量、取水用途、取水和退水水质、节约用水、竣工验收等方面提出明确要求。取用地下水的，还应对井深、井径、成井要求、地下水动态观测等方面提出明确要求。

三、取水项目的竣工验收和发证

（1）取用地表水的项目。取用地表水的项目经审批机关批准后，申请人方可动工兴建。施工前，申请人应向水行政主管部门提交施工计划，并由水行政主管部门派人参加该项取水口工程的施工放样。取水项目竣工后，取水申请人需向水行政主管部门提交有关竣工资料，经审批机关验收合格并核定了取水量后，发给取水许可证。

（2）取用地下水的项目。取用地下水的项目经审批机关批准后，申请人方可与施工单位签订凿井施工合同，并办理凿井许可手续，现场确定井位。施工中，水行政主管部门应加强监督管理，督促施工单位严格按成井规范进行施工。井成后，水行政主管部门应督促施工单位提交井点平面布置图、成井柱状图、抽水试验记录、恢复水位记录、洗井记录、水质分析报告等有关成井资料。经有审批权的水行政主管部门验收合格并核定取水量后，发放取水许可证。

（3）发证与公告。取水许可证分正本和副本各一件。正本由取水申请人持有，副本由监督管理机关或其委托的管理机关备存。取水许可证的有效期，最长不超过5年。水行政主管部门应建立取水许可登记簿，定期公告。

四、取水许可的调整、变更、吊销和监督管理

（一）取水许可的调整、变更、吊销

1. 取水许可的调整

水是循环再生的动态资源，具有随机性和不稳定性。取水许可是发证机关根据本地区正常情况下天然来水量，经过综合平衡后批准给取水单位和个人一定的取水权益。但是，当遇到枯水年或者特枯水年份，自然来水量大幅度减少时，所分配的取水份额便得不到保证，需要对取水进行调整。此外，由于我国是水资源紧缺的国家，社会需水量不断增长，也需要根据产业政策，技术进步等因素对取水许可进行调整，以满足全社会对水的需求。

2. 取水许可的变更

取水单位依法取得的取水权是一种相对的权益，是可以变更的。只要符合《取水许可制度实施办法》对取水量核减或限制的五种情形，经县级以上人民政府批准，可以对取水量进行核减或限制。

（1）由于自然原因等使水源不能满足本地区正常供水的。

（2）地下水严重超采或者因地下水开采引起地面沉降等地质灾害的。

（3）社会总取水量增加而又无法另得水源的。

（4）产品、产量或者生产工艺发生变化使取水量发生变化的。

（5）出现需要核减或者限制取水量的其他特殊情况的。

3. 取水许可的吊销

对于连续停止取水满一年的，经县级以上人民政府批准，吊销其取水许可证。取水期满，取水许可证自行失效，需要延长期限的，应在距期限前90日，提出申请。因自然原因等需要更改取水地点的，须经原批准机关批准。

（二）取水许可监督管理

取水许可监督管理包括：

（1）计划用水管理取水单位和个人应当在开始取水前向水行政主管部门报送年度用水计划，并在下一年度的第一个月报送用水总结。应当安装计量设施，依照取水许可证的规定取水，并接受检查，提供取水量测定等资料。

（2）节约用水管理对耗水超过规定标准的单位应当限期改进，期满无正当理由仍达不到规定要求的，由水行政主管部门提出，经县级以上人民政府批准，可以根据规定的用水标准核减其取水量。

（3）取水许可年度审验。

1）原则。取水许可年审工作、按照“谁发证谁负责”的原则进行。上级水行政主管部门、流域机构审批发放的取水许可证，委托下级水行政主管部门或直属单位进行监督管理的，由被委托行使监督管理权的机关负责年审。

2）内容。年审工作主要包括以下内容：①取水单位的法定代表人是否变动；②取水

标的是否变化；③取水量年内分配是否变化；④取水工程（设施）安装的量水设施运行是否正常；⑤节水设施、废污水处理设施运行是否正常；⑥取水和退水地点是否变化；⑦取水水质是否达到部颁发的《取水许可水质管理规定》和经批准的取水许可申请书中所规定的要求；⑧其他有关事项。

3）年审工作。具体要把好“五个关”：①取水许可分级管理发证关；②取水计量设施安装运行监督管理关；③进退水质监测资料鉴定关；④计划取水量和实际取水量的审核关；⑤取用水量与缴纳规费审定追缴关。对未按规定取水，未在规定期限内安装计量设施，拒不执行经批准的取水量核减或者限制决定，未经批准擅自取水和非法转售取水许可证等违法行为要予以坚决查处。

第五节 水资源有偿使用制度

《水法》第48条规定：“直接从江河、湖泊或者地下取用水资源的单位和个人，应当按照国家取水许可制度和水资源有偿使用制度的规定，向水行政主管部门或者流域管理机构申请领取许可证，并缴纳水资源费。”第55条规定：“使用供水工程供应的水，应当按照国家规定向供水单位缴纳水费。”这是水资源实行有偿使用的基本法律依据。

一、水资源有偿使用制度的含义及使用形式

1. 水资源有偿使用制度的含义

所谓水资源有偿使用制度，按照国内外许多专家的广义解释，实际是指国家为保障水资源可持续利用采取强制手段向开发利用水资源的单位和个人支付一定费用的一整套管理措施。国家对水资源具有所有者与管理者的双重身份，有权决定水资源有偿使用的实现形式。

2. 水资源有偿使用形式

目前，从广义上理解，我国的水资源有偿使用的实现形式主要是以下几个方面：

（1）征收水资源费，也就是“资源水价”。

（2）缴纳水利工程供水（包括自来水厂）水费，也就是“工程水价”。

（3）向用水户征收保护水资源方面的费用也就是“环境水价”。该项收费为《水污染防治法》规定缴纳的排污费和超标排污费。

（4）征收居民生活污水处理费，当前主要是向城市居民征收。

（5）征收环境补偿费，是指按《水利产业政策》规定的征收保护水资源和恢复生态环境补偿费。

二、水费

水费是指使用供水工程供水的单位和个人，依法按照规定的标准、方法、数量、期限等，向供水工程管理单位缴纳的费用。水费的标准（实质就是水的价格）应当在核算供水成本的基础上，根据国家经济政策和当地水资源状况，由省、自治区、直辖市分别核定。由于水是一种特殊的商品，因而，在核定水价时，有着与其他商品不同的特点：一是水这种商品没有广阔的统一市场，而是按供水系统分割为若干地方性封闭性市场，所以它的价格不受全社会平均劳动量和全社会总供给与总需求制约，而是以具体供水工程的供水成本

为基础；二是水是一种关系国计民生的重要商品，历来实行计划价格（政府定价），决定水的价格既要考虑供水成本，又要依据有关政策，实行差别价格；三是水价的制定，还要充分考虑当地资源条件，在缺水地区要起到抑制需求增长的经济杠杆作用，同时要照顾用水户的承受能力。

三、水资源费

水资源费是指依据《水法》直接从江河、湖泊或者地下取用水资源的单位和个人，向水行政主管部门缴纳的费用。它是由水资源的稀缺性和水资源的国家所有权所决定的。开征水资源费的主要宗旨，是利用经济杠杆厉行节约用水，遏制用水浪费的现象，加强水资源的管理和保护。同时，也是对水行政主管部门开展水资源管理基础性工作经费不足的一种弥补。因为水资源开发利用前，国家已投入很多资金，用于水资源的调查、勘测、评价和研究等前期工作。

四、水费与水资源费的关系

水资源费是体现国家对水资源实行权属管理的行政性收费；水费是体现商品交换关系的经营性收费，二者性质不同。它们的主要区别在于：

（1）收费的主体不同。前者是各级水行政主管部门；后者是供水工程管理单位。

（2）交费的义务主体不同。前者是直接从江河、湖泊或者地下取用水资源的单位和个人；后者是一切使用供水工程供应水的单位。

（3）两者的用途不同。前者用于水资源的调查、评价、监测、管理和保护；后者用于供水工程运行管理、大修理和更新改造以及应当缴纳的水资源费。

（4）两者对于拒缴费用的处理途径不同。前者可以依法对义务人作出行政处罚或向当地人民法院申请强制执行；后者可以向人民法院提起民事诉讼。

第六节 水资源保护

一、水资源保护的概念

水资源保护这个概念有广义与狭义之分。广义的水资源保护包括以下四方面内容。

（1）防治水质污染，保护水质。

（2）防止水源枯竭，稳定江河基流。

（3）防止水流阻塞，保证河流畅通。

（4）防止水土流失，加强水土保持。

从环境保护的角度讲，水资源保护也就是水环境保护。在环境保护法规与水法规中，都包括上述四个方面的内容，但在调整的侧重点、主管机关、管理制度、规范内容、调控手段等方面，既相互联系，又有所区别。《中华人民共和国环境保护法》（以下简称《环境保护法》）侧重于水污染防治和生态保护；水法规则是对水量、水质和水域的全面管理和保护。按照特别法优于一般法的原理，水污染防治，主要适用《环境保护法》和《水污染防治法》；水资源保护主要适用《水法》；水土保持主要适用《水土保持法》。

狭义的水资源保护，是指在水管理工作中的水质保护以及水利部门承担的水环境保护工作。

二、水污染及其分类

1. 水污染与污染物

水污染是指水体因某种物质的介入，而导致其化学、物理、生物或者放射性等方面特性的改变，从而影响水的有效利用，危害人体健康或者破坏生态环境，造成水质恶化的现象。

污染物是指能导致水污染的物质。有毒污染物是指那些直接或者间接被生物摄入后，导致该生物或者其后代发病、行为反常、遗传异变、生理机能失常、机体变形或者死亡的污染物。

2. 水污染分类

可以按照不同方式对水污染进行分类。如可以按照水体的分布将水污染分为地表水污染与地下水污染，可以按照污染源的平面分布将其分为点源污染（如某工厂排污）与面源污染（如大片农田施用化肥、农药造成污染），可以按照造成水污染的污染物对其进行分类等。以下着重介绍按污染物对水污染进行分类。

按照污染物的不同，可将水污染分为化学性污染、物理性污染和生活性污染三大类。

（1）化学性污染。是指污染物为化学物品而造成的水污染。化学性污染的污染物可分为六类。

1）无机污染物。包括酸、碱和一些无机盐类。酸碱污染使水体的 pH 值发生变化，妨碍水体自净作用，还会腐蚀船舶和水下建筑物，影响渔业。

2）无机有毒污染物。主要是重金属等有潜在长期影响的物质，包括汞、镉、铅、砷等元素。

3）有机有毒污染物。主要是各种有机农药、多环芳烃、芳香烃等。它们大多是人工合成物质，化学性质稳定，很难被生物所分解。

4）需氧污染物。生活污水和某些工业废水中所含的碳水化合物、蛋白质、脂肪和酚、醇等有机物质可在微生物的作用下进行分解。在分解过程中需要大量氧气，故称之为需氧污染物。

5）植物营养污染物。主要是生活与工业污水中的含氮、磷等植物营养物质，以及农田排水中残余的氮和磷。

6）油类污染物。主要指石油对水体的污染，其中海洋采油和油轮事故污染最为严重。

（2）物理性污染。主要包括以下三类。

1）悬浮物质污染。是指水中含有的不溶性物质，包括固体物质和泡沫塑料等。悬浮物质影响水体外观，妨碍水中植物的光合作用，减少氧气的融入，对水生生物不利。

2）热污染。是指来自各种工业过程的冷却水，如直接排入水体，可能引起水温升高、溶解氧含量降低、水中存在的某些有毒物质的毒性增加等现象，从而危及鱼类和水生生物的生长。

3）放射性污染。是指由于放射性矿藏的开采，核试验和核电站的建立，以及同位素在医学、工业、研究等领域的应用等，使放射性废水、废物增加，造成放射性污染。

（3）生活性污染。是指生活污水（尤其是医院污水）造成的水污染。一些病原微生物，如某些原来存在于人畜肠道中的病原细菌（伤寒、副伤寒、霍乱细菌等）可通过人畜粪便的污染而进入水体。一些病毒，如肝炎病毒、腺病毒等，以及某些寄生虫病（阿米巴痢疾、血吸虫病、钩端螺旋体病等）也可进入水体。生活性水污染可使各种疾病通过水进行传播。

三、水质及水质标准

水质是水体质量的简称。由水的物理学、化学和生物学等方面的综合性质所决定。按水的用途和人类用水需要，制定不同用水质量标准，可将同一用水划分若干等级或类型。

水质标准是衡量水质是否适合某一用途的尺度，是环境管理、水资源管理和工业设计的重要依据，它是按照法律规定，通过一定的程序，由国家、地方政府或行业主管部门颁布施行和监督执行的。

水质标准种类繁多，一般可分为综合性和专业性两种。综合性的标准适用面比较广泛，但规定比较粗，只规定了一些常见的污染物质；专业性的标准适用面比较狭窄，但规定比较细，常常对某些特定的污染物质作出规定。对于水资源管理来说，熟悉和了解这些标准是十分重要的，只有了解了这些标准，才能对企业的用水排水实施有效的管理，提供有效的服务。

（一）综合性标准

1.《地面水环境质量标准》(GB 3838—2002)

它是根据《中华人民共和国环境保护法》和《中华人民共和国水污染防治法》的规定制定的，依据地表水水域环境功能和保护目标，按功能高低依次划分为五类，具体如下。

Ⅰ类：主要适用于源头水，国家自然保护区。

Ⅱ类：主要适用于集中式饮用水地表水源地一级保护区、珍稀水生生物栖息地、鱼虾产卵场、仔稚幼鱼的索饵场等。

Ⅲ类：主要适用于集中式生活饮用水地表水源地二级保护区、鱼虾类越冬场、洄游鱼类、水产养殖区等渔业水域及游泳区。

Ⅳ类：主要适用于一般工业用水区及人体非直接接触的娱乐用水区。

Ⅴ类：主要适用于农业用水区及一般景观要求的水域。对应地表水上述五类水域功能，将地表水环境质量标准基本项目标准值分为五类，不同功能类别分别执行相应类别的标准值。水域功能类别高的标准值严于水域功能类别低的标准值。同一水域兼有多类使用功能的，执行最高功能类别对应的标准值。

《地面水环境质量标准》于 2002 年 4 月 26 日由国家环境保护总局批准同年 6 月 1 日起实施。

2.《地下水质量标准》(GB/T 14848—93)

它是由原地矿部提出，国家技术监督局批准实施的，它把地下水质量分成五类。

Ⅰ类：主要反映地下水化学成分的天然低背景含量，适用于各种用途。

Ⅱ类：主要反映地下水化学成分的天然背景含量，适用于各种用途。

Ⅲ类：以人体健康基准值为依据，主要适用于集中式生活饮用水水源及工、农业用水。

Ⅳ类：以农业和工业用水要求为依据，除适用于农业和部分工业用水外，适当处理后可作生活饮用水。

Ⅴ类：不宜饮用，其他用水可根据使用目的选用。

与地面水环境质量标准相比较，它突出了硬度、铁、锰、钼、钴、碘化物、铍等反映地下水特性的一些指标，一般说来地下水的外观性状比地面水要好，并且较少受到有机污染物的影响。

3.《污水综合排放标准》(GB 8978—1996)

它是根据《中华人民共和国环境保护法》、《中华人民共和国水污染防治法》、《中华人民共和国海洋环境保护法》和国务院环境保护委员会《关于防治水污染技术政策的若干规定》制定的。主要是根据地面水使用功能要求和排放去向，对向地面水域和城市下水道排放的污水分别执行一、二、三级标准。具体如下：

排入Ⅲ类水域和Ⅱ类海域的污水，执行一级标准。

排入Ⅳ、Ⅴ类水域和Ⅲ类海域的污水，执行二级标准。

排入设置二级污水处理厂的城镇排水系统的污水，执行三级标准。

对排入未设置二级污水处理厂的城镇下水道的污水，必须根据下水道出水受纳水体的功能要求，分别执行一级或二级标准。

这个标准把各种污染物分成一类和二类，一类污染物指能在环境或动、植物体内蓄积，对人体健康产生长远不良影响的物质，对这类物质规定在车间或车间处理设施排出口取样，规定也比较严格，主要有总汞、烷基汞、总镉、总铬、六价铬、总砷、总铅、总镍、苯并（α）芘。二类污染物指其长远影响较小的污染物质，在排污单位排放口取样，规定相对宽松。

本标准按照污水去向，分别规定69种水污染物最高允许排放浓度及部分行业最高允许排水量。

（二）专业标准

专业标准是根据某些行业或用途的特点及要求制定的。它的种类很多，不同的行业，甚至同一行业不同工艺、产品都有相应的标准，有些是国家发布的，有些是行业主管部门发布的，还有相当一部分尚在试用过程中。如：《渔业水域水质标准》(GB/T 206—2005)、《农田灌溉水质标准》(GB 5084—92) 和《城市供水水质标准》(CJ/T 206—2005) 等。

四、水功能区划

1. 水功能区划的含义

水功能区划从合理开发和有效保护水资源的角度，依据国民经济发展规划和水资源综合利用规划，全面收集并深入分析区域水资源开发利用现状和经济社会发展需求，以流域为单元，科学合理地在相应水域划定具有特定功能，满足水资源开发、利用和保护要求并能够发挥最佳效益的区域（即水功能区）。

水功能区划确定了各水域的主导功能及功能顺序，确定水域功能不遭破坏的水资源保护目标。在水功能区划的基础上，可提出近期和远期不同水功能区的污染物控制总量及排污削减量，为水资源保护提供制定措施的基础。制定水功能区管理办法，为水资源保护监督管理提供依据。

以往我国在水资源保护及管理中，没有明确各江河湖库水域的功能，造成供水与排水布局不尽合理，开发利用与保护的关系不协调，水域保护目标不明确，水资源保护管理的依据不充分，地区间、行业间用水矛盾难以解决等问题。为改变这种状况，我国《水法》规定实行水功能区划。依据《水法》，水利部于2003年5月发布了《水功能区管理办法》，自2003年7月1日起施行。

《水功能区管理办法》适用于全国江河、湖泊、水库、运河、渠道等地表水体。

水功能区划是全面贯彻水法，实践新时期治水思路，实现水资源合理开发、有效保护、综合治理和科学管理的重要的基础性工作，对保障我国经济社会可持续发展、环境保护和生态建设具有重大意义。

2. 水功能区与水功能区划

(1) 水功能区是指为满足水资源合理开发和有效保护的需求，根据水资源的自然条件、功能要求、开发利用现状，按照流域综合规划、水资源保护规划和经济社会发展要求，在相应水域按其主导功能划定并执行相应质量标准的特定区域。

水功能区分为水功能一级区和水功能二级区。

水功能一级区分为保护区、缓冲区、开发利用区和保留区四类。

保护区禁止进行不利于功能保护的活动，同时应遵守现行法律法规的规定。保留区作为今后开发利用预留的水域，原则上应维持现状。在缓冲区内进行对水资源的质和量有较大影响的活动，必须按有关规定，经有管辖权的水行政主管部门或流域管理机构批准。

水功能二级区在水功能一级区划定的开发利用区中划分，分为饮用水源区、工业用水区、农业用水区、渔业用水区、景观娱乐用水区、过渡区和排污控制区七类。

开发利用活动，不得影响开发利用区及相邻水功能区的使用功能。具体水质目标按水功能二级区划分类分别执行相应的水质标准。

(2) 水功能区划是指水功能区划分工作的成果，其内容应包括水功能区名称、范围、现状水质、功能及保护目标等。

(3) 水功能区的划分按照《水功能区管理办法》，国务院水行政主管部门负责组织全国水功能区的划分，并制定《水功能区划分技术导则》。七大流域管理机构会同有关省、自治区、直辖市水行政主管部门负责国家确定的重要江河、湖泊以及跨省、自治区、直辖市的其他江河、湖泊的水功能一级区的划分，并按照有关权限负责直管河段水功能二级区的划分。其他水功能二级区和其他江河、湖泊等地表水体的水功能区，由县级以上地方人民政府水行政主管部门组织划分。

在各流域编制的水功能区划成果基础上，水利部有关机构已汇总编制了全国水功能区划报告。按照全国水功能区划技术体系的统一要求，全国选择1407条河流、248个湖泊水库进行区划，共划分保护区、缓冲区、开发利用区、保留区等水功能一级区3122个，区划总计河长209881.7km。在水功能一级区划的基础上，根据二级区划分类与指标体系，在开发利用区进一步划分饮用水源区、工业用水区、农业用水区、渔业用水区、景观娱乐用水区、过渡区和排污控制区共7类水功能二级区。在全国1333个开发利用区中，共划分水功能二级区2813个，河流总长度74113.4km。

各省（区、市）也陆续将水功能区划成果报省级人民政府批准实施。

五、水资源保护的方法

水资源保护应遵循“预防为主，重在管理，综合治理”的原则，具体方法包括以下内容。

1. 行政措施

行政措施包括建立健全有效的管理体系，制定区域水环境质量标准和水污染排放标准，审批排污口设置，建立水质监测网络，编制和审批水资源保护规划等。

2. 法律手段

通过制定法律、法规、规章及规范性文件，加强水资源保护的力度，规范人们在开发利用水资源方面的各种行为。

3. 经济手段

实行排污收费，超标排污加价或罚款等手段，对浪费水量、污染水源的行为予以制裁，迫使其自觉保护水资源。

4. 技术手段

通过污水处理、兴建工程、植被种树等各种科学技术手段保护水资源。

六、水资源保护工作内容

从环境水利角度来讲，水资源保护包含水资源合理开发和水质保护两个方面。主要体现在水资源的开发、利用、配置、节约、保护、治污等 6 个方面。

1. 水资源保护规划

要突出体现水污染的治理和水资源的保护，即进行河流、湖泊、水库、地下水等环境水质调查、监测和评价；要在掌握水体自净能力的基础上，确定水体环境容量，明确污染物总量控制目标，实施污染物排放总量控制；要审核水域纳污能力；要做好水功能区划，以确定重点保护水域，强化水环境管理，规范排污口管理等。

2. 水体水质调查与监测

为了解和掌握水污染状况和影响因素，需对水体进行现场勘察和水质监测。水体水质调查分一般性调查和专项调查。水质调查多采用现场勘察和资料收集。调查内容应包括水体自然环境状况调查、污染源调查和污染事故调查。水质监测有常规监测和专门监测两类。水质监测工作包含监测站网建设和规划，确定采样频率、采样方法，确定测定项目和分析方法，系统整理与分析数据，对水体质量作出评价。

3. 水功能区划分

结合水环境质量评价、水质规划、区域环境规划、城市规划及环境管理需要等，对不同水域规定其在国民经济、社会发展、自然保护等方面满足的水质功能要求。

4. 水域纳污能力分析

水体的纳污能力与水体功能、水环境执行标准和水体的自净能力有关。自净能力是水环境本身的一种特有功能，研究水体自净能力，确定水域环境功能和环境容量是分析水域纳污能力的基础。

5. 污染物总量控制

长期以来对水环境污染源控制采取的是以浓度控制为主的管理模式。单一浓度控制虽然对污染治理起到了积极作用。但在实践过程中发现，不少地区虽达标排放，但水质继续恶化，水环境目标难以实现。单纯的浓度控制达标管理，难以实现用较少的投资最大限度地削减污染物，以较低的代价获取环境质量的改善，不利于对污染物实施全过程控制，不利于提高污染源控制与管理水平，建立污染物总量控制制度是浓度控制的深化和发展，总量控制已成为水质规划新思路。

6. 污染物总量控制方法

（1）容量总量控制。容量总量控制是建立在水环境容量的基础上。

（2）目标总量控制。目标总量控制是以环境目标或相应的标准为基础，在保证环境质量达标条件下，采用的最大排污限额。

（3）指令性总量控制。即国家或地方政府按照一定原则在一定时间内下达的主要污染物排放总量控制指标。

三者的相互关系是：容量总量控制是以环境纳污能力（自净能力）为控制点；目标总量控制以污染源、可控技术最佳条件下的环境目标值为基点，进行总量控制负荷分配；指令性总量控制以限制排污量为控制点。

7. 排污口调查

排污口调查是紧密围绕着水域纳污能力开展调查工作。调查内容有：排污口位置、污水来源及污水量、水质及其污染物排放通量、污染源治理措施及其处理效果、污染源评价确立主要污染源和主要污染物、排污口规范管理等。

8. 水质管理

水质管理包括水体污染源的管理和河流、湖库等水体环境质量的管理。水体污染源管理是对污染源所排放的污染物种类、数量、特性、浓度以及排放时间、地点和方法进行有效的监督、监测与限制，对其污染治理给予技术指导。水体环境质量管理采取行政、法律、经济等手段和措施，促进污染源治理。

9. 法制建设

水事法律、法规、规章和规范性文件是防止、控制和消除水污染，保障合理利用水资源的法律依据。

10. 水污染源管理

水污染源管理是指采取行政、法制、经济和技术等手段和措施控制水污染源的污染物产生量及其排放量。水污染源管理内容有以下几点：

（1）污染源调查与评价。

（2）污染源治理。

（3）对新建、扩建工程项目环境影响评价报告书进行审核。

（4）污染事故调查与仲裁。

（5）有毒化学品的管理。

（6）排污口规范管理。

（7）面污染源管理。

第七节　建设项目水资源论证管理办法

为促进水资源合理配置和可持续利用，保障建设项目的合理用水要求，根据《水法》规定："重大建设项目的布局，应当与当地的水资源条件和防洪要求相适应，并进行科学论证”，“在水资源不足的地区，应当对城市规模和建设耗水量大的工业、农业和服务业项目加以限制”。

水利部和国家发展计划委员会根据《取水许可制度实施办法》和《水利产业政策》，已经发布了《建设项目水资源论证管理办法》，对论证工作作出具体的规定。该办法由正文和附件两部分组成，于2002年5月1日起施行。主要内容如下。

一、总体的要求

（1）对于直接从江河、湖泊或地下取水并需申请取水许可证的新建、改建、扩建的建设项目（以下简称建设项目），建设项目业主单位（以下简称业主单位）应当按照本办法的规定进行建设项目水资源论证，编制建设项目水资源论证报告书。

（2）业主单位应当委托有建设项目水资源论证资质的单位，对其建设项目进行水资源论证。

（3）业主单位应当在办理取水许可预申请时向受理机关提交建设项目水资源论证报告；不需要办理取水许可预申请的建设项目，业主单位应当在办理取水许可申请时向受理机关提交建设项目水资源论证报告书；未提交建设项目水资源论证报告书的，受理机关不得受理取水许可（预）申请。

（4）建设项目水资源论证报告书，由具有审查权限的水行政主管部门或流域管理机构组织有关专家和单位进行审查，并根据取水的急需程度适时提出审查意见。建设项目水资源论证报告书的审查意见是审批取水许可（预）申请的技术依据。

（5）建设项目水资源论证报告书审查通过后，有下列情况之一的，业主单位应重新或补充编制水资源论证报告书，并提交原审查机关重新审查：

1）建设项目的性质、规模、地点或取水标的发生重大变化的。

2）自审查通过之日起满三年，建设项目未批准的。

二、应遵循原则

建设项目利用水资源，应遵循以下原则：

（1）遵循合理开发、节约使用、有效保护的原则。

（2）符合江河流域或区域的综合规划及水资源保护规划等专项规划的原则。

（3）遵守经批准的水量分配方案或协议的原则。

三、主管部门及职权的划分

（一）主管部门

（1）县级以上人民政府水行政主管部门是建设项目水资源论证工作的主管部门，负责该工作的组织实施和监督管理。

（2）从事建设项目水资源论证工作的单位，必须取得相应的建设项目水资源论证资质，并在资质等级许可的范围内开展工作。建设项目水资源论证资质管理办法由水利部另行制定。

（二）主管部门职权的划分

（1）水利部或流域管理机构负责对以下建设项目水资源论证报告书进行审查：

1）水利部授权流域管理机构审批取水许可（预）申请的建设项目。

2）兴建大型地下水集中供水水源地（日取水量5万吨以上）的建设项目。

（2）取水水源量、质的可靠性及允许取水量意见。

（3）退水情况及水资源保护措施。

思考题与习题

1. 如何理解水资源管理的定义？
2. 水资源管理的目标和原则是什么？
3. 水资源管理的主要内容有哪些？
4. 关于水资源的所有权和使用权，现行《水法》都作了哪些规定？
5. 水资源开发利用的前提条件和基本依据是什么？
6. 取水许可制度的含义和层次是什么？
7. 什么是水费、水资源费？二者的关系如何？
8. 解释水资源保护的概念。
9. 按照污染物的不同，可将水污染分为几种类型？
10. 什么是水质及水质标准？水质标准的种类有哪些？
11. 水功能区划的含义是什么？
12. 水资源保护工作内容有哪些？
13. 建设项目利用水资源应遵循的原则是什么？

第五章 河道管理

第一节 概述

一、我国河流概况

我国是世界上河流众多的国家之一，巨川大江源远流长，大小河流纵横密布。2013年全国第一次水利普查公报，我国共有流域面积50km^{2}及以上河流45203条，总长度为150.85万km；流域面积100km^{2}及以上河流22909条，总长度为111.46万km；流域面积1000km^{2}及以上河流2221条，总长度为38.65万km；流域面积10000km^{2}及以上河流228条，总长度为13.25万km。

我国的主要江河总体走势为自西向东入海，这是由我国的地形特点决定的。我国三个地形阶梯之间交接的隆起带，是主要的暴雨中心地带，也是河流的主要发源地带。第一阶梯青藏高原东南边缘是我国最大的一些江河如长江、黄河等的发源地；第二阶梯东缘即大兴安岭—晋冀山地—豫西山地—云贵高原一线，是黑龙江、辽河、海河、淮河和珠江等的发源地；第三阶梯即长白山—山东丘陵—东南沿海山地，是我国较次一级河流如图们江、鸭绿江、钱塘江和闽江等的发源地。

我国河流按照流向可分为流向海洋的外流河和不与海洋沟通的内陆河两大类，外流河的流域面积约占全国国土面积的2/3，内陆河流域面积约占全国国土面积的1/3。

在我国，时常有七大江河的提法，所指的七大江河为长江、黄河、松花江、珠江、辽河、淮河和海河。这七大江河流域内工农业生产发达，经济繁荣，治理开发程度高，与全国国民经济的发展联系密切。

除了众多的天然河流外，我国还有许多人工开凿的河流，如京杭大运河、湨史杭运河、灵渠等。

二、河道的重要性

河道是天然水流经过千百万年冲刷而形成的，河道是行洪的通道、水资源的载体，是生态环境的组成部分，在整个地球生态系统中，河流是连接陆地生态系统与海洋生态系统最重要的桥梁之一，是水生物、陆生物相互依赖的纽带，在提供生物多样性等方面发挥重要作用。河流是文明的发祥地，发展经济的基础，生态系统的要素，景观的依托。河道的重要性集中体现在其功能的多样性。

（1）行洪排涝功能。降水时河流排掉其集水范围的径流，是排泄洪水的通道。

（2）蓄水灌溉功能。河道是天然水流的载体，具有蓄水滞水功能，在不降水时，河流汇集源头和两岸的地下水，使河道中保持一定的径流量，是农业灌溉的重要水源。

（3）供水发电功能。水力发电就是将水能转化为电能的过程。多数河流都具有较大落差，河流所具有的势能是人类可以利用的重要能源之一。

（4）渔业养殖功能。河流是鱼类等水生物的家园，我国众多的河流为淡水养殖提供了优越的条件。

（5）旅游景观功能。河流是旅游的重要资源，也是许多城市的重要景观。

（6）休闲娱乐功能。河流提供划船、滑水、游泳、渔猎和漂流等直接利用水流的休闲娱乐活动。

（7）航运功能。河流是运输货物和人流的重要途径之一。

（8）纳污功能。河流水体具有一定的自净能力，研究表明，30t 的水体能净化 1t 有机物。

（9）生态功能。河流与周围的动物、植物及微生物组成了生机盎然的河流生态系统，河流是形成和支持地球上许多生态系统的重要因素。

（10）地质功能。河流是塑造全球地形地貌的一个重要因素。

（11）文化功能。河流不仅是自然现象，而且是人类文明史的一部分，作为人类精神生活的根源和对象，还积极地启示、影响和塑造着人类的精神生活、文化历史和文明发展。

三、河道管理面临的问题

1. 河流普遍污染，部分污染严重

我国河流的天然水质良好，据统计，我国河水属碳酸盐类的分布面积最广，约占全国面积的 78%，氯化物和硫酸盐类的约占全国面积的 22%，大部分天然河流的水硬度不高，适合于生活和工农业用水。但近十几年来，河流污染加剧。

根据《2006 年中国环境状况公报》，2006 年全国地表水总体水质属中度污染。在国家环境监测网实际监测的 745 个地表水监测断面中（其中，河流断面 593 个，湖库点位 152 个），Ⅰ～Ⅲ类、Ⅳ～Ⅴ类、劣Ⅴ类水质的断面比例分别为 40%、32%和 28%。主要污染指标为高锰酸盐指数、氨氮和石油类等。七大水系的 197 条河流 408 个监测断面中，Ⅰ～Ⅲ类、Ⅳ～Ⅴ类和劣Ⅴ类水质的断面比例分别为 46%、28%和 26%。其中，珠江、长江水质良好，松花江、黄河、淮河为中度污染，辽河、海河为重度污染。

2. 水生态恶化，生物多样性锐减

由于人类不合理的水资源利用模式，生产与生活造成的水污染等，给水生态系统带来了巨大的压力，使淡水生态系统成为全球生物多样性丧失速度最快的生态系统，众多珍稀的水生生物数量锐减，如：长江流域的白鳍豚、江豚、鲥鱼、胭脂鱼、银鱼等，海河流域渤海湾的大黄鱼等优良鱼种已基本消失，依存于河口并在咸淡水混合区产卵的蟹类生物已经绝迹，河口区生态遭到破坏。

3. 水域占用，河流空间日益萎缩

随着经济建设的不断发展，城镇化迅速推进及向工业经济转型时期，伴随人口的增加和城市的发展，大量工业园区、经济技术开发区、道路、市政等项目，为提高土地利用率，或节省投资，填占湖滨、河汊、山塘，占用了大面积的水域，经济发展与土地资源的供需矛盾日益尖锐，是造成水域大量被占的主要因素。

4. 断流之患，洪水之灾依然严峻

由于气候、水土流失及人类不合理的蓄引水等因素，洪涝灾害、干旱、断流仍时有发生。如：塔里木河是中国最大的内陆河，下游河道自 20 世纪 70 年代开始长期处于断流状态，致使下游绿洲濒临毁灭；1997 年黄河发生了历史上最严重的断流，连续断流 221 天；2006 年主汛期，长江中下游干流出现了历史同期最低水位，洞庭三口河系部分河道断流长达 300 天。

以 1997 年黄河断流、1998 年长江洪灾、2005 年松花江水污染、2006 年长江白鳍豚宣告灭绝为标志，给我国敲响了河流危机的警钟，河流洪灾不断、河道断流为患、水质污染严重、水生态恶化加剧、河流空间日益萎缩，使人们不得不认真审视对河流利用和改造的得失，不得不反思对河流无限索取的功过，不得不重新考虑人与河流的关系。

四、我国河道管理的现状

1. 从依据管理的角度来看

国内外河道管理经验表明，要实现人与河流和谐相处，首先必须规范人的行为。而规范人的行为，在许多方面要依靠强制性手段，依靠国家及有关部门颁布的法律法规。调整人与自然、人与河流的关系，最有效、最有力的武器是法律。我国在河道管理上现行的水法律法规绝大多数颁布较早，不适应快速发展的需要。以《中华人民共和国河道管理条例》（以下简称《河道管理条例》）为例，说明我国河道依法管理存在的问题。

《河道管理条例》颁布于 1988 年，其设定的河道管理内容有三部分：河道整治与建设、河道保护、河道清障。从总体上来看，该条例对河流的开发、利用、保护侧重于河流的行洪排涝、灌溉供水等传统功能，而忽视了河流的生态、景观、文化等功能的开发、利用和保护。自 1988 年至今，我国社会和经济生活均发生巨大变化，河道管理面临的问题与工作内容，与《河道管理条例》颁布时的情况有较大不同，虽然有些省、市、自治区对《河道管理条例》进行补充，但仍然与实际有较大差距。

现代河道管理工作，已从传统的工程整治为主，转向工程、生态、景观、文化相结合的综合治理；防止河道水体污染和保洁，已成为河道管理的一项日常工作；最突出的水污染、水生态问题，已成为近年来社会各界关注的焦点。作为规范人与河流关系的水法律法规，其制度设定、管理内容、管理体制、管理权限、管理责任都迫切需要按人水和谐的新理念进行制度创新、内容扩展，以确保人与河流和谐相处的价值目标得以实现。

2. 从管理的技术规范来看

从管理的技术规范来看，河流管理现状主要有两方面问题。

（1）河流管理的很多内容没有相应的规范。河道涉河建筑物的审批、采砂许可、河道保洁，都需要相应的技术标准的指导、规范，作为工程建设、实施或审批的依据。但目前在河道管理中河道涉河建筑物审批、采砂许可、河道保洁等方面缺乏相应的技术规定。

以涉河项目审批为例。涉河建筑物的审批是河道管理的一项重要内容。涉河建设项目建设直接涉及河势稳定、堤防安全等，涉河项目的审批是一项技术性较强的工作。除了审批程序合法外，审批中如何把好技术关也十分重要。但在审批中缺少相应的技术规程、规范，例如，跨河桥梁与两岸堤防平交还是立交，如果立交，净空应预留多少，允许的桥梁阻水面积是多少，桥轴线与主流的交角范围是多少等。审批中没有可以参照的控制参数，水利部门和建设单位交涉时缺少令人信服的理由和依据，各地掌握的尺度不一，存在随意性、经验性、人为性，致使审批无序，甚至给防汛安全带来隐患，不利于规范地、科学地管理。

（2）已有的河道管理方面的规范与人水和谐、河流健康的理念有差距。已有的水库、电站、堤防、海塘、水闸等的设计、施工等规范，侧重于发挥河流的传统的行洪排涝、灌溉供水等功能的发挥，而忽视了河流的生态、景观、文化等功能的发挥。以GB 50286—98《堤防工程设计规范》为例，该规范规定了总则、堤防工程级别及设计标准、基本资料、堤线布置及堤型选择、堤基处理、堤身设计、堤岸防护、堤防稳定计算、堤防与各类建筑物、构筑物的交叉、连接等内容。在总则中缺少对保留江河自然形态、生物栖息地、景观设计的总体要求。在基本资料中明确了收集气象水文、社会经济、工程地形、工程地质的要求，但缺少对相关范围的生态系统调查及重点生物群落（动物、植物）的历史与现状调查资料收集的要求。在规定堤线布置、堤距确定、堤型选择、护坡材料时着眼于行洪和堤防（岸）本身的结构及稳定，忽略了河流与岸上生态系统的有机联系，忽视了河流周围的生物群落的存在，忽略了生态保护或恢复技术要求的堤型及护坡材料，也常常忽视了整治后原有生物群落的恢复。近年来，各地在进行防洪工程建设和河流整治工程中，已经采取了一些新技术和新材料加强河流的生态建设。例如生态型护坡技术，堤防绿化措施等。但是这些技术经验还缺乏系统的总结，也迫切需要有关技术规范和技术导则的指导，使之更具科学性和规范化。再如河流的综合整治。河流综合整治的平面布局、裁弯取直、切滩、丁坝等控导建筑布置，断面设计、护岸形式、护坡护岸材料选择等与河流形态的多样性、透水性直接相关，与依赖于河流形态的多样性、透水性生存的生物群落直接相关，但目前规划、设计、施工、管理所依据的相关国家或行业规范缺少相应生态方面的规定。

荷兰、德国、日本、美国、澳大利亚等发达国家已在河道整治工程和堤防工程设计施工规范中增加了有关河流生态建设的内容，或者颁布了专门的河流生态工程设计导则。

从人水和谐、河流健康的理念和我国河道管理实际需要出发，制定或修订有关河道综合整治、涉河项目审批、采砂管理、河道保洁等技术规程、规范十分必要。

3. 从管理体制上来看

河流上下游、左右岸、干支流联为一体，形成不可分离的天然系统，也就是水系。由于地形、地质构造的不同和气候等因素的影响，各个水系的形状各异，并形成各个水系所具有的独特水文情势。按照自然规律和治水规律的要求，按水系统一管理比较科学，可以统筹兼顾各地区、上下游之间的利益。按流域进行统一管理，是现代河流管理的共同趋势。流域管理有两种模式：英国的流域机构实行高度集中统一的流域管理；法国的流域管理则主要负责规划和协调，具体水事务仍由地方主办。有的国际河流还设立了跨国的流域管理机构，按国际条约进行管理，例如莱茵河。

我国的现行法律法规规定，河流实行按流域、水系统一管理和分级管理相结合的原则，但我国现行行政区划一般都不是按照流域划分的。在河流的管理中，区域之间因为经济社会发展的不平衡，因此对河流治理的迫切性、河流治理总体目标等方面会有较大差异。无论是对水资源开发利用的管理还是对河流水生态系统保护与修复，都离不开流域与区域的协调，在流域管理与区域管理的事权划分、统筹协调等方面还有许多工作要做。

4. 从管理的基础工作来看

主要问题是基础工作滞后。河道管理范围不明确。要对河道实施管理，必须明确河道的管理范围，河道管理范围的划定，是水行政主管部门实施河道管理的基本条件，进行依法监管、执法的基础和依据。管理范围不明确，水行政主管部门就没有明确的管理和执法范围，河道的管理界限不清，一旦发生纠纷，河道管理和执法就缺少依据。但由于资金等方面的原因，此项工作总体进展不理想。河道保护规划滞后。近几年来，我国法制建设日益加强，城市建设、公路建设、园区开发，都很重视规划，以便与其他专业规划协调好，力争主动。水利也编制了一系列规划，如流域综合规划、防洪规划等，但对河道水域的保护缺少相应的规划，没有提出可以控制对河道等水域占用的控制性指标，管理缺乏依据。城市改造、开发区建设占用水域时，建设单位往往能拿出高标准、高层次的开发规划，但水利部门常常因缺乏河道保护规划、缺乏水面率等控制性指标，很难控制对水域的占用。

第二节　河道管理的主体与内容

一、河道管理的概念

从狭义上讲，河道就是指河流，也就是江河的天然水流和天然河床。然而随着人们整治江河、防治水害、开发水利事业的发展，河道内建设了许多河流整治工程、堤防、闸坝等水工程和桥梁、码头等涉河的非水工程，河流已经不再是纯自然状态，河道内的各种工程设施已经成为河道不可分割的组成部分，因此河道的管理也必须从狭义的范畴脱离出来。从这个意义上来讲，河道管理应当包括对河道水流的管理、土地（河床及管理范围）的管理及所有开发、利用、整治、保护河道水流及土地的建筑物的管理。广义而言，河道管理应包括对河流的开发、利用、整治、保护等各种兴水之利防水之害的工作，包括兴建水库、筑堤建闸、整治维护、清障保洁等。

二、河道管理的主体

关于河道管理主体的确定，在《河道管理条例》中已经非常明确。其中，第四条规定："国务院水利行政主管部门是全国河道的主管机关。各省、自治区、直辖市的水利行政主管部门是该行政区域的河道主管机关。"

第五条规定："国家对河道实行按水系统一管理和分级管理相结合的原则。长江、黄河、淮河、海河、珠江、松花江、辽河等大江大河的主要河段，跨省、自治区、直辖市的重要河段，省、自治区、直辖市之间的边界河道以及国境边界河道，由国家授权的江河流域管理机构实施管理，或者由上述江河所在省、自治区、直辖市的河道主管机关根据流域统一规划实施管理，其他河道由省、自治区、直辖市的河道主管机关实施管理。"

三、河道管理与土地管理

河道管理与土地管理关系密切。河道管理范围内的土地权属可划分为所有权、使用权、行政管理权。

《中华人民共和国宪法》第九条规定："矿藏、水流、森林、山岭、草原、荒地、滩涂等自然资源，都属于国家所有，即全民所有；由法律规定属于集体所有的森林和山岭、草原、荒地、滩涂除外。"

《中华人民共和国土地管理法》（以下简称《土地管理法》）第八条规定："城市市区的土地属于国家所有。农村和城市郊区的土地，除由法律规定属于国家所有的以外，属于集体所有。"河道管理范围内土地的使用权由通过合法途径取得使用权的公民、法人或其他组织享有。

水行政主管部门履行河道管理范围内的行政管理权，行政管理是针对一切影响河势稳定和河道防洪输水等功能的行为实施限制性或控制性的管理。

河道管理范围内的土地管理首先要做好有关规划工作。根据《中华人民共和国防洪法》（以下简称《防洪法》）、《土地管理法》、《河道管理条例》的有关规定，编制防洪规划，应当与国土规划和土地利用总体规划相协调。江河、湖泊综合治理和开发利用规划，应当与土地利用总体规划相衔接。在江河、湖泊、水库的管理和保护范围以及蓄滞洪区内，土地利用应当符合江河、湖泊综合治理和开发利用规划，符合河道、湖泊行洪、蓄洪和输水的要求。在河道管理范围内，水域和土地的利用应当符合江河行洪、输水和航运的要求；滩地的利用，应当由河道主管机关会同土地管理等有关部门制定规划，报县级以上地方人民政府批准后实施。涉河建设项目审批应当由水行政主管部门对项目提出审查同意意见后，方可办理开工手续。

在河道管理范围内，土地管理主要是对可耕地和其他可以利用土地的地籍管理，也就是登记土地隶属关系，用文字和平面图记载，标明土地所有者的土地面积、位置界线、土地质量、权属关系及利用情况等。

四、河道管理与交通管理

交通的航道整治和桥梁、码头等建设及设施，与河道的关系十分密切。

1. 航道与河道

航道是河道可以通航的部分，河道大于航道。河道管理是对河道多种功能的综合管理，航道管理是为保护和发展航运而进行的专业管理，两者相辅相成，各司其职。一般来说，河道行洪畅通对航运起到积极作用，但有时两者也有矛盾，如为了确保航道畅通，需修筑丁坝，抬高水位，但从河道管理角度来说，可能造成河势改变，对堤防构成威胁。

2. 航道整治与河道整治

交通部门进行航道整治应当符合防洪安全要求，并事先征求河道主管机关对有关设计和计划的意见；水利部门进行河道整治涉及航道的，应当兼顾航运的需要，并事先征求交通部门对有关设计和计划的意见。

河道岸线的利用和建设，应当服从河道整治规划和航道整治规划。计划部门在审批利用河道岸线的建设项目时，应当事先征求河道主管机关的意见。河道岸线的界限，由河道主管机关会同交通等有关部门报县级以上地方人民政府划定。

在通航河道内，船舶航行时所产生的船行波不断冲击堤岸，极有可能危及堤岸安全，因此应当限定航速，以确保堤岸的安全。限定航速的标志，由交通主管部门与水行政主管部门商定后设置。

3. 桥梁和码头等交通设施建设

桥梁、码头等跨河、临河交通设施按河道管理范围内建设项目进行管理，建设单位必须按照河道管理权限，由水行政主管部门许可同意后，方可开工建设，即进行前置审批，以确保防洪安全。

4. 道路与堤防结合建设

20 世纪 90 年代以来，我国交通事业迅速发展，交通道路与堤防结合的情况逐渐增多。路堤结合既节省土地，又可避免重复建设，而且公路设计防洪标准较高，尤其是高等级的公路，路基设计标准达百年一遇，总之是利大于弊。但必须经河道主管机关批准，同时河道主管机关商交通部门要制定路堤结合段的管理维护责任和办法。

五、河道管理与环保管理

水法律法规和环保法律法规都有对河道管理的相关内容，主要体现在水功能区划、水域纳污能力、排污口的建设、水质监测等方面。

1. 水功能区划

按分级管理的权限，由水行政主管部门会同环境保护行政主管部门拟定。重要江河、湖泊的水功能区划，由国务院水行政主管部门会同国务院环境保护行政主管部门、有关部门和有关省、自治区、直辖市人民政府拟定报国务院批准。

跨省、自治区、直辖市的其他江河、湖泊的水功能区划，由有关流域管理机构会同江河、湖泊所在地的省、自治区、直辖市人民政府水行政主管部门、环境保护行政主管部门和其他有关部门拟定，报国务院或者其授权的部门批准。

其他江河、湖泊的水功能区划，由县级以上地方人民政府水行政主管部门会同同级人民政府环境保护行政主管部门和有关部门拟定，报同级人民政府或者其授权的部门批准。

2. 水域纳污能力

县级以上人民政府水行政主管部门或者流域管理机构按照水功能区对水质的要求和水体的自然净化能力，核定该水域的纳污能力，向环境保护行政主管部门提出该水域的限制排污总量意见。

3. 排污口建设

在江河、湖泊新建、改建或者扩大排污口，应当经过有管辖权的水行政主管部门或者流域管理机构同意，由环境保护行政主管部门负责对该建设项目的环境影响报告书进行审批。

4. 水质监测

县级以上地方人民政府水行政主管部门和流域管理机构应当对水功能区的水质状况进行监测，发现重点污染物排放总量超过控制指标的，或者水功能区的水质未达到水域使用功能对水质的要求的，应当及时报告有关人民政府采取治理措施，并向环境保护行政主管部门通报。

六、河道管理的内容

依据《河道管理条例》的规定，河道行政管理的内容包括河道整治与建设、河道保护与河道清障三个方面。《河道管理条例》是1988年颁布的，法律的调整内容重点在维护河道行洪排涝、供水灌溉、航运发电等传统的功能。随着经济和社会的发展，人们生活水平不断提高，经济和社会发展对河道管理提出了新的需求，河道管理的实践在深入，理念在发展，目标在提高。河道管理既有新增的内容也有扩展的内容。例如河道保洁就是近年来的一项新工作，河道综合整治是传统河道整治的扩展，维护和发挥河道生态、景观、旅游、文化等功能也是近年来河道管理的新内容。

河道管理主要内容包括河道整治、河道管理范围内建设项目管理、河道采砂管理、河道保洁、河道清障、堤防维修养护、河道执法等。

第三节　河道管理范围内建设项目的审批与管理

一、涉河项目的概念

广义而言，河道管理范围内建设项目包括水库、水电站及跨河、穿河、穿堤、临河的各类工程。《防洪法》对河道管理范围内的建设项目进行了分类，按照《防洪法》的分类，涉河建设项目是指在河道管理范围内修建的跨河、穿河、穿堤、临河的桥梁、码头、道路、渡口、管道、缆线、取水、排水等非水工程设施，简称涉河项目。

二、涉河建设项目审批程序

《河道管理条例》第十一条规定："修建开发水利、防治水害、整治河道的各类工程和跨河、穿河、穿堤、临河的桥梁、码头、道路、渡口、管道、缆线等建筑物及设施，建设单位必须按照河道管理权限，将工程建设方案报送河道主管机关审查同意后，方可按照基本建设程序履行审批手续。"

《防洪法》第十七条规定："在江河、湖泊上建设防洪工程和其他水工程、水电站等，应当符合防洪规划的要求；水库应当按照防洪规划的要求留足防洪库容。前款规定的防洪工程和其他水工程、水电站的可行性研究报告按照国家规定的基本建设程序报请批准时，应当附具有关水行政主管部门签署的符合防洪规划要求的规划同意书。"

《防洪法》第二十七条规定："建设跨河、穿河、穿堤、临河的桥梁、码头、道路、渡口、管道、缆线、取水、排水等工程设施，应当符合防洪标准、岸线规划、航运要求和其他技术要求，不得危害堤防安全，影响河势稳定、妨碍行洪畅通。"

三、涉河项目许可的管理

1. 涉河项目许可的概念

涉河项目许可是指水行政主管部门根据公民、法人或者其他组织的申请，经依法审查，准予其在河道管理范围内从事建设项目的行为。

2. 许可的法律依据

《防洪法》第二十七条规定："建设跨河、穿河、穿堤、临河的桥梁、码头、道路、渡口、管道、缆线、取水、排水等工程设施，应当符合防洪标准、岸线规划、航运要求和其他技术要求。不得危害堤防安全，影响河势稳定、妨碍行洪畅通；其可行性研究报告按照国家规定的基本建设程序报请批准前，其中的工程建设方案应当经有关水行政主管部门根据前述防洪要求审查同意。"

《水法》第三十八条规定："在河道管理范围内建设桥梁、码头和其他拦河、跨河、临河建筑物、构筑物，铺设跨河管道、电缆，应当符合国家规定的防洪标准和其他有关的技术要求，工程建设方案应当依照防洪法的有关规定报经有关水行政主管部门审查同意。"

《河道管理条例》第十一条规定："修建开发水利、防治水害、整治河道的各类工程和跨河、穿河、穿堤、临河的桥梁、码头、道路、渡口、管道、缆线等建筑物及设施，建设单位必须按照河道管理权限，将工程建设方案报送河道主管机关审查同意后，方可按照基本建设程序履行审批手续。"

3. 许可权限

根据河道的不同等级实行分级审批，既有流域机构许可的项目也有省、市、县各级水行政主管部门许可的项目。

1992 年水利部关于《河道管理范围内建设项目管理的有关规定》明确规定："在长江、黄河、松花江、辽河、海河、淮河、珠江主要河段的河道管理范围内、流域机构直接管理的河道、水库、水域管理范围内以及鄱阳湖、洞庭湖、太湖、洪泽湖等大湖、湖滩地内兴建的大中型建设项目，由水利部所属的流域机构实施管理。"

除上述河段外的其他河道范围内兴建的建设项目，由地方各级水行政主管部门分级管理，分级管理的权限由省、自治区、直辖市水行政主管部门会同计划主管部门规定。

4. 许可程序

根据《行政许可法》的有关规定和涉河项目管理的特点，涉河项目许可程序通常包括申请与受理、现场踏勘、审查决定、检查监督、竣工验收。

（1）申请与受理。在河道管理范围内从事建设项目的单位或个人向有管辖权的水行政主管部门提出申请，申请时材料齐全的即予受理，材料不齐全或者不符合法定形式的，应当当场或者在五日内一次告知申请人需要补正的全部内容，逾期不告知的，自收到材料之日起即为受理。申请时需提供的材料：①申请报告；②建设项目所依据的文件；③建设项目地理位置图；④涉及河道、堤防区域的平面、立面布置图；⑤建设项目防御洪涝的设防标准与措施、施工方案；⑥建设项目对河势变化、堤防安全、水库防洪标准及安全运行、河道行洪、水质的影响及采取的补救措施；⑦重要建设项目应提供防洪评价报告及审查意见；⑧涉及第三人合法水事权益的，提供与第三人签订的协议。

（2）现场踏勘。申请受理后，水行政主管部门应进行现场踏勘，现场踏勘的目的主要是现场核实拟建建设项目河段的实际情况，涉河项目上下游一定范围是否涉及第三方水事权益等。

（3）审查决定。审查涉河项目是否符合相应条件并作出予以许可或不予许可的决定。审查内容主要考虑以下几方面：①是否符合江河流域综合规划和有关的国土及区域发展规划，对规划实施有何影响；②对河道行洪、河势稳定、水流形态、水质、冲淤变化、防汛抢险、堤（岸）防和其他水工程安全无不利影响或影响较小，尚可采取补救措施；③建设项目防御洪涝的设防标准与措施符合相应的技术规定；④是否影响第三人的合法水事权益或已取得相应的协议。

（4）监督检查。监督检查主要包括两方面：一是上级水行政主管部门对下级水行政主管部门实施涉河建设项目行政许可的监督检查，主要监督检查下级行政机关实施行政许可的主体、程序、内容是否合法，以便及时纠正行政许可中行政机关的违法行为；二是许可涉河建设项目的水行政主管部门，现场监督检查被许可人从事涉河建设项目的活动。

现场监督检查主要内容：建设项目施工期间，水行政主管部门应对其是否符合许可决定的要求进行检查，特别是对占用河道、湖泊管理范围内土地，跨越河道、湖泊空间或者穿越河床的建设项目，水行政主管部门应及时掌握其位置和界限的放样情况，以确保工程建设项目按照许可的位置、界限进行。若发现未按许可的意见或经审核的施工安排的要求进行施工的，或者出现涉及江河防洪与建设项目防汛安全方面的问题，应及时提出意见，建设单位必须执行，遇重大问题还应同时上报上级水行政主管部门。

（5）竣工验收。河道管理范围内的建设项目竣工后，水行政主管部门应当参加验收，经验收合格后，方可启用。建设单位应在竣工验收六个月内向水行政主管部门报送有关竣工资料。

第四节 河 道 保 护

一、河道保护的概念

河道保护，是为避免人类活动的破坏，以便安全和正常运用，通过法律对人们在河道的一定范围内的活动所作的限制。它明确规定了在某一特定范围内，不得从事某些行为以及应该从事某些行为。

二、河道保护存在的问题

在河道保护中主要存在以下问题：

（1）由于乱砍滥伐森林、滥垦荒地，水土流失加剧，造成河道、湖泊淤积，使河道行洪断面减小。

（2）在城乡建设和经济建设中，一些地方与水争地，向河道倾倒大量垃圾、废渣等固体物，淤塞河道；侵占河道建设各种建筑物，围垦河流、湖泊等，造成河流泄洪不畅，调蓄洪水能力下降。

（3）乱采滥挖河道砂石，影响河势稳定，危及堤防和工程安全。

（4）在河道内种植高秆阻水作物，设置阻水渔网，影响行洪等。

以上种种情况，大大恶化了我国江河防洪情势。20世纪90年代以来，我国洪水灾害与20世纪50～60年代相比，出现小流量高水位、洪水推进速度慢的趋势和特点，由此造成经济损失越来越大。

三、河道保护的具体法律规定

有关河道保护，在《水法》、《河道管理条例》、《防洪法》、《防汛条例》等水利法规中都有详细的规定。

1.《水法》中有关河道保护的具体规定

《水法》第三十七条规定："禁止在江河、湖泊、水库、运河、渠道内弃置、堆放阻碍行洪的物体和种植阻碍行洪的林木及高秆作物。禁止在河道管理范围内建设妨碍行洪的建筑物、构筑物以及从事影响河势稳定、危害河岸堤防安全和其他妨碍河道行洪的活动。"

《水法》第三十八条规定："在河道管理范围内建设桥梁、码头和其他拦河、跨河、临河建筑物、构筑物，铺设跨河管道、电缆，应当符合国家规定的防洪标准和其他有关的技术要求，工程建设方案应当依照防洪法的有关规定报经有关水行政主管部门审查同意。因建设前款工程设施，需要扩建、改建、拆除或者损坏原有水工程设施的，建设单位应当负担扩建、改建的费用和损失补偿。但是，原有工程设施属于违法工程的除外。"

《水法》第四十条规定："禁止围湖造地。已经围垦的，应当按照国家规定的防洪标准有计划地退地还湖。禁止围垦河道。确需围垦的，应当经过科学论证，经省、自治区、直辖市人民政府水行政主管部门或者国务院水行政主管部门同意后，报本级人民政府批准。"

2.《河道管理条例》中有关河道保护的规定

《河道管理条例》第二十一条规定：“在河道管理范围内，水域和土地的利用应当符合江河行洪、输水和航运的要求；滩地的利用，应当由河道主管机关会同土地管理等有关部门制定规划，报县级以上地方人民政府批准后实施。”

《河道管理条例》第二十二条规定：“禁止损毁堤防、护岸、闸坝等水工程建筑物和防汛设施、水文监测和测量设施、河岸地质监测设施以及通信照明等设施。在防汛抢险期间，无关人员和车辆不得上堤。因降雨雪等造成堤顶泥泞期间，禁止车辆通行，但防汛抢险车辆除外。”

《河道管理条例》第二十三条规定：“禁止非管理人员操作河道上的涵闸闸门，禁止任何组织和个人干扰河道管理单位的正常工作。”

《河道管理条例》第二十四条规定：“在河道管理范围内，禁止修建围堤、阻水渠道、阻水道路；植高秆农作物、芦苇、杞柳、荻柴和树木（堤防防护林除外）；设置拦河渔具；置矿渣、石渣、煤灰、泥土、垃圾等。在堤防和护堤地，禁止建房、放牧、开渠、打井、挖坑、葬坟、晒粮、存放物料、开采地下资源、进行考古发掘以及开展集市贸易活动。”

《河道管理条例》第二十五条规定：“在河道管理范围内进行下列活动，必须报经河道主管机关批准；涉及其他部门的，由河道主管机关会同有关部门批准：①采砂、取土、淘金、弃置砂石或者淤泥；②爆破、钻探、挖筑鱼塘；③在河道滩地存放物料、修建厂房或者其他建筑设施；④在河道滩地开采地下资源及进行考古发掘。”

《河道管理条例》第二十六条规定：“在堤防安全保护区内，禁止进行打井、钻探、爆破、挖筑鱼塘、采石、取土等危害堤防安全的活动。”

《河道管理条例》第二十七条规定：“禁止围湖造田。已经围垦的，应当按照国家规定的防洪标准进行治理，逐步退田还湖。湖泊的开发利用规划必须经河道主管机关审查同意。禁止围垦河流，确需围垦的，必须经过科学论证，并经省级以上人民政府批准。”

《河道管理条例》第二十九条规定：“江河的故道、旧堤、原有工程设施等，非经河道主管机关批准，不得填堵、占用或者拆毁。”

《河道管理条例》第三十条规定：“护堤护岸林木，由河道管理单位组织营造和管理，其他任何单位和个人不得侵占、砍伐或者破坏。河道管理单位对护堤护岸林木进行抚育和更新性质的采伐及用于防汛抢险的采伐，根据国家有关规定免交育林基金。”

《河道管理条例》第三十一条规定：“在为保证堤岸安全需要限制航速的河段，河道主管机关应当会同交通部门设立限制航速的标志，通行的船舶不得超速行驶。在汛期，船舶的行驶和停靠必须遵守防汛指挥部的规定。”

《河道管理条例》第三十二条规定：“山区河道有山体滑坡、崩岸、泥石流等自然灾害的河段，河道主管机关应当会同地质、交通等部门加强监测。在上述河段，禁止从事开山采石、采矿、开荒等危及山体稳定的活动。”

《河道管理条例》第三十三条规定：“在河道中流放竹木，不得影响行洪、航运和水工程安全，并服从当地河道主管机关的安全管理。在汛期，河道主管机关有权对河道上的竹木和其他漂流物进行紧急处置。”

3. 河道保护与防洪

河道是降雨径流的汇集地，又是排水、泄洪的通道，兼有输水、航运、养殖等多种功能。由于河流两岸有优越的水土资源、便利的交通，河流、湖泊沿岸大多成为人口密集、经济文化发达的地区。因此，河道的防护和治理是防洪工作的重点。

《河道管理条例》第十二条规定："修建桥梁、码头和其他设施，必须按照国家规定的防洪标准所确定的河宽进行，不得缩窄行洪通道。桥梁和栈桥的梁底必须高于设计洪水位，并按照防洪和航运的要求，留有一定的超高。设计洪水位由河道主管机关根据防洪规划确定。跨越河道的管道、线路的净空高度必须符合防洪和航运的要求。"

4. 河道清障的法律规定

河道清障也是河道保护的重要内容。河道中的障碍，即阻水物，包括自然的阻水物和人为的阻水物两种。自然的阻水物指自然生产形成的，如：自然堆积的沙丘、自然生长的植物等障碍物。人为阻水物指为了某种需要而人为形成的，如阻水工程，弃置、堆积的物体等障碍物。在河道保护中所指的障碍，主要是人为阻水物，常见的有：建筑物、树木、高秆作物、废渣、尾矿矿渣、泥土、拦河渔具、垃圾及其他设施等。

河道清障，是指清除河道中违反《水法》规定而人为设置的阻水物，恢复河道的通畅状态，保持其过水能力，以确保河道渔业、通航、竹木流放和输水等功能的正常运用，尤其是确保防洪的安全。

河道清障最重要的目的是适应防洪的要求，我国河道的防洪标准普遍较低，河道的行洪能力本来就不高。但在很多地方，随着城乡经济的搞活，人口的增加以及多年来的风调雨顺，人们不断为种种目的占用行洪河道，河道内阻水物急剧增加。如盖楼房、建仓库、种庄稼。植树造林、堆放废渣、垃圾等。其结果是，缩小了河道的有效过水断面，增加了河道的滞水性，进一步降低了河道的行洪能力。这种情况有些地方已相当严重。由于在河道设障以及清障不及时，以致洪水来临甚至往往是一般洪水来临时便产生超乎寻常的较大洪水灾害。因此，必须加强河道清障工作，特别是强化法律手段来进行河道清障。

河道清障是对已经产生的违法结果进行补救，使河道恢复原状的措施。据《河道管理条例》的有关规定，河道清障采取"谁设障，谁清除"的原则，即在河道管理范围内，哪一个单位或个人设置阻水物，就由哪一个单位或个人负责清除并承担由此山产生的一切损失。实行这一原则，可以防止某些单位或个人乱扔乱弃阻水物，也可以有效地促进设障单位或个人积极地清除阻水物。

《河道管理条例》还具体规定了河道清障的程序和措施：

（1）对河道管理范围内的阻水障碍物，首先由河道主管机关提出清障计划和实施方案，再由防汛指挥部责令设障者在规定的期间内拆除。逾期不清除的，则可采取强制执行措施，由防汛指挥部组织强行清除，并由设障者负担全部清障费用。

（2）对壅水、阻水严重的桥梁、引道、码头和其他跨河工程设施，根据国家规定的防洪标准，由河道主管机关提出意见并报经人民政府批准，责成原建设单位在规定的期限内改建或者拆除。汛期影响防水安全的，必须服从防汛指挥部的紧急处理决定。

第五节　违反河道管理规定应承担的法律责任

《河道管理条例》第四十四条规定："违反本条例规定，有下列行为之一的，县级以上地方人民政府河道主管机关除责令其纠正违法行为、采取补救措施外，可以并处警告、罚款、没收非法所得；对有关责任人员，由其所在单位或者上级主管机关给予行政处分；构成犯罪的，依法追究刑事责任：

（1）在河道管理范围内弃置、堆放阻碍行洪物体的；种植阻碍行洪的林木或者高秆植物的；修建围堤、阻水渠道、阻水道路的。

（2）在堤防、护堤地建房、放牧、开渠、打井、挖窖、葬坟、晒粮、存放物料、开采地下资源、进行考古发掘以及开展集市贸易活动的。

（3）未经批准或者不按照国家规定的防洪标准、工程安全标准整治河道或者修建水工程建筑物和其他设施的。

（4）未经批准或者不按照河道主管机关的规定在河道管理范围内采砂、取土、淘金、弃置砂石或者淤泥、爆破、钻探、挖筑鱼塘的。

（5）未经批准在河道滩地存放物料、修建厂房或者其他建筑设施，以及开采地下资源或者进行考古发掘的。

（6）违反《河道管理条例》第二十七条的规定，围垦湖泊、河流的。

（7）擅自砍伐护堤护岸林木的。

（8）汛期违反防汛指挥部的规定或者指令的。"

《河道管理条例》第四十五条规定："违反本条例规定，有下列行为之一的，县级以上地方人民政府河道主管机关除责令其纠正违法行为、赔偿损失、采取补救措施外，可以并处警告、罚款；应当给予治安管理处罚的，按照《中华人民共和国治安管理处罚条例》的规定处罚；构成犯罪的，依法追究刑事责任：

（1）损毁堤防、护岸、闸坝、水工程建筑物，损毁防汛设施、水文监测和测量设施、河岸地质监测设施以及通信照明等设施。

（2）在堤防安全保护区内进行打井、钻探、爆破、挖筑鱼塘、采石、取土等危害堤防安全的活动的。

（3）非管理人员操作河道上的涵闸闸门或者干扰河道管理单位正常工作的。"

《河道管理条例》第四十六条规定："当事人对行政处罚决定不服的，可以在接到处罚通知之日起十五日内，向作出处罚决定的机关的上一级机关申请复议，对复议决定不服的，可以在接到复议决定之日起十五日内，向人民法院起诉。当事人也可以在接到处罚通知之日起十五日内，直接向人民法院起诉。当事人逾期不申请复议或者不向人民法院起诉又不履行处罚决定的，由作出处罚决定的机关申请人民法院强制执行。对治安管理处罚不服的，按照《中华人民共和国治安管理处罚条例》的规定办理。"

《河道管理条例》第四十七条规定："对违反本条例规定，造成国家、集体、个人经济损失的，受害方可以请求县级以上河道主管机关处理。受害方也可以直接向人民法院起诉。当事人对河道主管机关的处理决定不服的，可以在接到通知之日起，十五日内向人民法院起诉。”

《河道管理条例》第四十八条规定：“河道主管机关的工作人员以及河道监理人员玩忽职守、滥用职权、营私舞弊的，由其所在单位或者上级主管机关给予行政处分；对公共财产、国家和人民利益造成重大损失的，依法追究刑事责任。”

思考题与习题

1. 我国河道管理面临的问题是什么？
2. 解释河道管理的概念。
3. 河道管理的内容包括哪些？
4. 涉河建设项目包括哪些？涉河项目许可的法律依据有哪些？
5. 解释河道保护的概念。
6. 河道保护存在的问题有哪些？
7. 违反河道管理规定应承担的法律责任有哪些？

第六章　防　汛　抗　洪

第一节　概　　述

一、我国的洪水灾害

我国水资源和河川径流在地区上分布很不均匀，在时间上分配比较集中，年际变化很大，连丰、连枯年份经常出现，加之复杂的地理、气候条件，使我国成为世界上水旱灾害最严重的国家之一。我国大约有2/3的国土面积存在着不同程度和不同类型的洪涝灾害，据史书记载，从公元前206年至公元1949年中华人民共和国成立的2155年间，大水灾就发生了1029次，几乎每两年就有一次。1931年，中国发生特大水灾，有16个省受灾，其中最严重的是安徽、江西、江苏、湖北、湖南五省，山东、河北、浙江次之。8省受灾面积达14170万亩，半数房屋被冲，近半数的人流离失所，不少人举家逃难。新中国成立后全国性的大水灾主要有两次，1954年大水灾和1998年大水灾。1954年全国因洪水受灾面积达2.4亿亩，成灾面积1.7亿亩；长江洪水淹没耕地4700余万亩，死亡3.3万人，京广铁路行车受阻100天。1958年黄河郑州花园口出现特大洪水，郑州黄河铁桥被冲毁。海河流域1963年遭历史上罕见的洪水，受灾面积达6145万亩，减产粮食60多亿斤。1998年，一场世纪末的大洪灾几乎席卷了大半个中国，长江，嫩江，松花江等大江大河洪波汹涌，水位陡涨，800万军民与洪水进行着殊死搏斗。据统计，1998年全国共有29个省区遭受了不同程度的洪涝灾害，直接经济损失高达1666亿元。目前，我国平均每年受洪涝面积约一亿亩，成灾6000万亩，因灾害造成粮食减产上百亿公斤。详如表6-1所示。

表6-1　　我国主要洪涝灾害及其损失统计表

灾害类型	统计年份	成灾耕地（hm^2）	倒塌房屋（万间）	死亡人数（人）
全国河流多年平均水灾损失	41年平均（1950～1990年）	430.8 100%	190.2 100%	5500 100%
长江淮河海河发生特大洪水年份洪涝灾害损失	3年平均（1954、1963、1975年）	991 230%	1030.2 542%	27514 500%
长江松花江1998年大洪水洪涝灾害损失（1998年8月不完全统计）	1998年	1307 303%	497 261%	3004 54.6%
中小河流多年平均水灾损失	30年平均（1950～1990年，剔除七大江河大水的11年）	311.4 72%	123.9 65%	3762 68%

由于我国有1/10的国土处在江河洪水位以下，在10%的国土面积上，居住了全国50%的人口，工农业产值约占全国总产值的3/4，一旦堤防决口，其损失将十分严重，甚至可能影响到国家经济大局。尽管近些年来各主要江河经大力整治，防洪能力有较大提高，但洪水威胁依然存在。1998年的长江大水、2003年的淮河洪灾和黄河兰考洪水，均使人民财产和国家经济遭受巨大损失。因此，防汛抗洪任务仍十分艰巨。

二、我国防洪工作存在的问题

新中国成立后我国对大江大河堤防、水库进行了除险加固，防洪标准有所提高，防洪工作得到较大提高。但是，随着经济的迅速发展、人口的不断增长、城市规模的日益扩大，防洪工作遇到了许多新情况、新问题。主要表现如下。

1. 河道设障严重

近年来，由于经济建设的快速发展，河道中滥修滥建各种违章建筑的现象比比皆是，而经济建设对砂石需求量的不断增大，致使一些地方非法、无序私采、滥挖河道砂石的现象普遍存在，有的河道被采挖得千疮百孔，造成水流紊乱，严重影响河势稳定，影响防洪和通航安全，影响沿岸桥梁等基础设施安全。此外，河道内采砂后弃料的乱堆乱放、尾矿砂的无序排放，也大大降低了河道的泄洪能力。

2. 湖泊围垦现象严重

一些连通江河的湖泊可吞吐洪水，起到调蓄减灾作用。我国约有2万km^2连通江河的湖，平均日可储水量达800亿m^3。但过去片面强调“以粮为纲”，围湖造田，大大缩小了湖泊面积，减小了调蓄能力。据统计，1949年长江中下游湖泊面积共25828km^2，1979年仅剩14073km^2。被誉为“千湖之省”的湖北，江汉平原上原有湖泊609个，面积4707km^2，目前仅余300个左右，面积仅2050km^2。湖泊本是江河的“调节器”，湖泊围垦后，不但减少江河洪水的调蓄容积，而且广大围区的涝渍水反而还要向江河湖泊排放。

3. 蓄滞洪区缺乏安全保障

目前，我国蓄滞洪区的安全与建设缺乏有效的管理，区内的人口控制、安全工程的建设、蓄滞洪后的补偿救助制度缺乏法律约束。如长江、黄河、淮河、海河共确定蓄滞洪区有50多处，最大蓄洪总量900多m^3，区内有耕地3600多万亩，这些地区随时都有因分洪蓄水而遭淹没可能。因此，蓄滞洪区的有效管理，确保区内经济建设的发展，人们的生产、生活的安全尤为重要。

4. 堤防基础薄弱

河道堤防是抵御洪涝灾害的第一屏障。新中国成立以来，全国已建成江河堤防总长度为413679km，5级及以上堤防长度为275495km，其中：已建堤防长度为267532km，在建堤防长度为7963km。虽然我国大江大河治理成就显著，但中小河流治理严重滞后，2/3的中小河流达不到规定的防洪标准，由于中小河流堤防堤基条件差，堤身施工质量差，因此堤身迎水坡常发生滑坡、崩岸、裂缝、跌窝等现象。堤基的渗透破坏主要是管涌和流土，造成堤防防洪能力下降，抗冲、防渗能力差，难以经受大洪水。一般年份中小河流洪涝灾害损失占全国的70%～80%，死亡人数占全国洪涝灾害死亡人数的2/3，成为防汛抗洪工作的薄弱环节。

5. 水库工程质量较差

水库在为人类提供了灌溉、航运、发电、旅游之便的同时，也在抵御洪涝灾害和防止干旱缺水方面发挥着重要的作用。目前我国共有水库98002座，已建水库97246座，在建水库756座。其中大型水库756座，中型水库3938座，小型水库93308座。其中大中型水库的病险率达40%以上，小型水库的病险率更高，几乎每年都有不同程度的水库溃坝现象发生。大型和重点中型水库工程质量相对较好，各类设施比较完善，但是大多数中型和小型水库建设年代久远，绝大多数属“三边”工程，防洪标准低、坝体裂缝、渗漏严重，溢洪道和输水道塌陷、堵塞，泄洪能力不足。

6. 防汛经费不足

我国每年的防汛经费投入不足，投入渠道不多，基本上只能够维持日常工作需要，如遇有突发事件，有限的防汛经费就不能满足实际所需；此外，每年的防汛专项治理经费不足，致使许多隐患治理不彻底，部分防洪工程维修只能采取临时加固处理，真正遇有雨情就危险重重。

第二节 防汛抗洪的基本原则

河道水系是一个连贯的系统，江河洪水有其客观的规律，无论是上下游洪水汇集，还是干支流洪水传递，都是相互关联的。这就在客观上决定了防洪工作是一个整体，需要建立统一管理的制度。据此，《防洪法》规定：“防洪工作实行全面规划、统筹兼顾、预防为主、综合治理、局部利益服从全局利益的原则”（第二条）；“开发利用和保护水资源，应当服从防洪总体安排，实行兴利与除害相结合的原则”（第四条）；“防汛抗洪工作实行各级人民政府行政首长负责制，统一指挥、分级分部门负责”（第三十八条）。

一、全面规划、统筹兼顾

规划是工作的目标，对全盘工作起了统领的作用。防洪的全面规划是指对一个地区或者一个流域的自然地理、社会经济、洪水规律、洪灾特点等进行全面细致的调查研究和分析；然后，根据该地区或者流域在国民经济建设中的地位，经济和社会的发展规划，国家对防洪工作的要求等，结合国土整治，确定经济合理的防洪综合治理方案，形成完整的综合性防洪系统。全面防洪规划是统领防洪工作的战略部署，是防洪工作的基本依据。统筹兼顾是指从全局的利益出发，充分照顾到各方面的利益和要求，即在防洪工作中必须兼顾上下游、左右岸、干支流的关系，局部利益和整体利益的关系，重点防护和一般防护的关系。

二、预防为主、综合治理

洪涝灾害是一种自然灾害，人类不可能完全避免，但人类可以根据气候变化情况及地理特点等，通过采取一些措施，对洪水来临的时间和程度进行综合分析，制定防汛抗洪的应急预案，如修建高标准的防洪堤坝，加强薄弱环节的建设，加强上游的水土保持等措施来防治洪灾。在防洪法中的预防就是指在防洪工作中，根据防洪工程现状，制订防御洪水方案，落实防洪非工程措施，尽可能地减轻或消除洪水给人类造成的损失。

综合治理是指采取各种措施和手段相互结合进行治理，如搞好小流域治理，注重水土保持，修建堤防、水库水利工程等。1998年我国长江和松花江、嫩江所遭遇的流域性特大洪水，与多年来上游地区乱砍滥伐森林、破坏植被、修建阻水工程、河道不畅等都有重大关系。因此在防洪工作中只有采取综合治理措施，进行系统防治，才是治理洪水的根本途径。

三、局部利益服从全局利益

虽然我国地域辽阔，洪涝灾害频繁，但由于经济发展水平所限，全社会用于修建水利工程设施的投入难以满足抵御各种标准的洪水侵袭的要求，防洪能力十分有限。在这种情况下，为了将洪水损失减少到最低，只能牺牲局部利益以保大局。局部利益服从全局利益就是强调防洪工作要以全局为重，从全国人民的整体利益出发，从某一地区的大多数人的利益出发来处理防汛抗洪事务，用尽量少的牺牲换取尽量多的人员生命和财产的安全。

国家重要的经济命脉、铁路、公路、重要的交通枢纽、国防军事重地、重要的工矿企业、重要的经济作业区等均属防洪工作的重点保护对象。《防洪法》第三十四条对此做了明确规定："大中城市，重要的铁路、公路干线，大型骨干企业，应当列为防洪重点，确保安全。受洪水威胁的城市、经济开发区、工矿区和国家重要的农业生产基地等，应当重点保护，建设必要的防洪工程设施。城市建设不得擅自填堵原有河道沟叉、贮水湖塘洼淀和废除原有防洪围堤；确需填堵或者废除的，应当经水行政主管部门审查同意，并报城市人民政府批准。"为确保重点区的安全，各级防汛部门要加强领导，建立健全防汛机构和岗位责任制，组织好防汛抢险队伍，搞好防汛前的检查。在《防汛条例》第三十二条第二、三款中规定："在非常情况下，为保护国家确定的重点地区和大局安全，必须作出局部牺牲时，在报经有管辖权的上级人民政府防汛指挥部批准后，当地人民政府防汛指挥部可以采取非常紧急措施。""实施上述措施时，任何单位和个人不得阻拦，如遇到阻拦和拖延时，有管辖权的人民政府有权组织强制实施。"

四、统一指挥

《防洪法》从第三十八条到第四十条详细规定了防汛指挥机构和政府部门统一指挥、统一指导防汛抗洪的工作内容，其主要内容如下。

(1) 防汛抗洪工作是一个从上到下严密统一的防汛抗洪指挥系统。中央设立防汛总指挥部，统一领导和指挥全国防汛抗洪工作；地方各级政府及各主要江河的管理部门均应成立相应的防汛抗洪指挥机构，由行政首长负责，水利部门为日常办事机构。

(2) 汛期应有一支随时准备听候命令、服从调动、组织严密的防汛抢险队伍。

(3) 防汛物资管理工作实行"集中统一，全面管理"，保证防汛急需。

(4) 要有一支包括铁路、公路、水路、航空在内的强大运输力量和信息灵通、及时准确的通讯网络，保证汛期运输及时，通航畅通。

第三节　防汛机构的职权和防洪规划

一、防汛指挥机构

防汛抗洪是一项综合性很强的工作，需要动员和调动各部门各方面的力量，分工合作，同心协力，共同完成。

《防洪法》第三十八条明确规定："防汛抗洪工作实行各级人民政府首长负责制，统一指挥，分级、分部门负责。"国务院设有国家防汛总指挥部，由一名副总理任国家防汛总指挥长，国务院副秘书长、国务院水行政主管部门、国家计委等负责人任副总指挥，负责领导、组织全国防汛抗洪工作，其办事机构设在国务院水行政主管部门。黄河、长江等重要江河、湖泊均设立由有关省、自治区、直辖市人民政府和该江河、湖泊的流域管理机构负责人等组成的防汛指挥机构，指挥所管辖范围内的防汛抗洪工作，其办事机构设在流域管理机构。

根据各省的实际情况，有防汛抗洪任务的县级以上地方人民政府设立由有关部门、当地驻军、人民武装部负责人等组成的防汛抗旱指挥机构，在上级防汛指挥机构和本级人民政府的领导下，指挥本地区的防汛抗洪工作，其常设办事机构设在同级水行政主管部门，负责防汛指挥机构的日常工作。防汛指挥机构各成员单位，按照分工，各司其职，做好防汛抗洪工作。经城市人民政府决定，防汛指挥机构也可以在建设行政主管部门设城市市区办事机构，在防汛指挥机构的统一领导下，负责城市市区的防汛抗洪日常工作。

为了加强防汛责任制，使防汛工作逐步走上正规化、规范化和法制化的轨道，《防洪法》明确规定了各级人民政府行政首长、防汛抗旱指挥部及各有关防汛组织的防汛职责，具体如下。

1. 国家防汛指挥机构

(1) 执行国家有关防汛工作的方针、政策，拟定有关防洪的政策性、规范性文件。

(2) 负责组织制定重要江河的防御洪水方案。

(3) 督促检查各地防汛计划和防汛准备，协调国务院有关部门的防汛工作。

(4) 负责全国重点防汛物资储备、调拨及管理，在汛期掌握水情、汛情、灾情，及时向国务院提出报告。

(5) 对防汛抗洪重大问题提出处理建议。

(6) 开展防汛抗洪宣传教育和思想动员工作，组织全社会力量参加抗洪抢险。

2. 地方防汛指挥机构职责和职权

县级以上地方各级防汛指挥机构，在上级防汛指挥机构和本级人民政府的领导下，指挥本地区的防汛抗洪工作。地方防汛指挥机构主要职责是：

(1) 执行有关法律、法规和上级命令，制定和审批所辖范围内江河、湖泊防御洪水方案和防汛工作计划。

(2) 贯彻执行上级防汛指挥机构的防汛调度指令，按照批准的洪水调度方案，实施洪水调度。

(3) 部署和组织本地区的汛前检查，督促防汛准备和防洪工程的修复，会同有关部门安排防洪经费，储备和管理防汛物资。

(4) 掌握本地区的水情、汛情、灾情，向上级提出报告和建议。

(5) 负责发布本地区洪水预报、警报。

(6) 下达和执行防汛调度命令，组织防汛队伍，指挥防汛抢险及灾区人员安全转移。

(7) 开展防汛工作的宣传教育和培训工作。

重要江河、湖泊的防汛指挥机构负责本流域所管辖范围内的防汛抗洪工作，其职责与各级地方防汛指挥机构的有关职责基本一致。

二、防汛抗洪规划

（一）防汛抗洪规划的概念和内容

防洪规划是为防治洪涝灾害而制定的总体部署，“是江河、湖泊治理和防洪工程设施建设的基本依据”（《防洪法》第九条第三款）。

1. 防洪规划的概念

防洪规划，是指在某一流域、河段或者某一特定的区域内，为了防止洪涝灾害的发生或者是在洪涝灾害发生后为尽可能减轻灾害造成的损失而制订的治理方案和总体部署。防洪规划是一项专业规划，是在深入研究有关流域、河段或者区域的自然与社会特点、水文气象资料、洪灾损失的历史经验和现有防洪能力等各种情况，在广泛调查研究的基础上，通过综合比较论证而制定的，它反映的是对某一流域或区域防洪工作的总体要求。防洪规划的主要内容是拟定防洪标准和选择优化的防洪系统，包括对现有河流、湖泊的治理计划及兴修新的防洪工程的战略部署等。

2. 防洪规划的种类

《防洪法》第九条第一款规定：“防洪规划包括国家确定的重要江河、湖泊的流域防洪规划，其他江河、河段、湖泊的防洪规划以及区域防洪规划三种。”

流域防洪规划是指黄河、长江、松花江、珠江、淮河、海河、辽河等七大流域及太湖流域的防洪规划；区域防洪规划是指以一个行政区、经济区或地理区为对象制定的水害防治规划。

3. 防洪规划的内容

编制防洪规划是一项涉及面广且十分复杂的工作，《防洪法》第十一条第二款规定了防洪规划的主要内容：

（1）确定防护对象，要求根据国民经济发展的需要，从确保重点，兼顾一般的原则出发，确定不同的防护对象。

（2）确定治理目标和任务，包括根据不同防护对象的重要性和洪水灾害的严重程度，结合现有的防洪条件确定适当的防洪标准。

（3）制定防洪措施和实施方案包括选择优化防洪系统和防洪调度方式等。

（4）划定洪泛区、蓄滞洪区和防洪保护区的范围，规定蓄滞洪区的使用原则。

4. 防洪规划和综合规划之间的关系

《防洪法》第九条第二款规定：“防洪规划应当服从所在流域、区域的综合规划；区域防洪规划应当服从所在流域的流域防洪规划。”防洪规划作为专业规划应当服从综合规划。综合规划是指综合研究一个流域或区域的水资源开发利用和水害防治的规划，它是根据水具有多种功能的特点，在综合考虑社会经济发展的需要和可能，统筹兼顾各方面的利益、协调各种关系的基础上，以综合开发利用水资源、兴利除害为基本出发点制定的。因此，综合规划对防洪规划具有指导意义。防洪规划应当在综合规划的基础上编制，与综合规划相协调。根据洪水的流域性特点，制定区域性的防洪规划也必须以流域的防洪规划为基础。

（二）防洪规划制定的原则

《防洪法》第十一条第一款规定了制定防洪规划应遵循的原则：

（1）确保重点、兼顾一般的原则。编制防洪规划时要充分考虑重要地区和企业的防洪需要，确定科学的治理目标和缜密的防洪实施方案，确保上述重点城市的社会经济秩序不受干扰，重要的铁路和公路干线畅通无阻，大型骨干企业保持正常的生产秩序。

（2）防汛和抗旱相结合的原则。防洪规划的编制应根据我国旱灾的活动规律，合理布局防洪设施，安排水库在汛期的后期及时蓄水，利用洪水解决某些地区的干旱问题。

（3）工程措施和非工程措施相结合的原则。编制防洪规划既要对修建各种防洪设施作出安排，也要具体规定对洪泛区、蓄滞洪区的管理措施及实行洪水预报和警报措施、救灾措施等。

（4）遵循洪涝规律，体现国民经济对防洪的要求的原则。防洪的根本目的是为了减少洪涝损失，维护人民生命和财产的安全，保障全社会经济的不断发展。防洪规划应当充分体现国家经济发展的不同阶段对防洪工作的不同要求，以保护经济的发展为目标，采用适应当前阶段经济发展状况的对策。

（5）防洪规划与国土规划和土地利用总体规划相协调的原则。

（三）防洪规划的编制、审查和批准权限

依照《水法》和《防洪法》等有关法律规定，不同级别的江河、湖泊的防洪规划有不同的制定机关和审批机关。

（1）重要江河湖泊的防洪规划：由国务院水行政主管部门依据该江河、湖泊的流域综合规划，会同有关部门和有关省、自治区、直辖市人民政府编制，报国务院批准。

（2）其他江河、河段、湖泊的防洪规划或者区域防洪规划：由县级以上地方人民政府水行政主管部门分别依据流域综合规划、区域综合规划，会同有关部门和有关地区编制，报本级人民政府批准，并报上一级人民政府水行政主管部门备案。

（3）跨省、自治区、直辖市的江河、河段、湖泊的防洪规划：由有关流域管理机构会同江河、河段、湖泊所在地的省、自治区、直辖市人民政府水行政主管部门、有关主管部门拟定，分别经有关省、自治区、直辖市人民政府审查提出意见后，报国务院水行政主管部门批准。

（4）城市防洪规划：由城市人民政府组织水行政主管部门、建设行政主管部门和其他有关部门依据流域防洪规划、上一级人民政府区域防洪规划编制，按照国务院规定的审批程序批准后纳入城市总体规划。

（5）修改防洪规划：修改防洪规划是有关机关根据不同时期防洪工作的特点，为适应防洪工作的新要求而进行的对原防洪规划某一项或某几项的修订。经过修改的防洪规划应当报经原批准机关批准。

（四）防洪规划的保留区制度

为了切实保证防洪规划确定的主要建设项目的用地，以及保证这一范围内的土地切实用于实施防洪规划确定的建设项目，防洪法规定了建立规划保留区制度。《防洪法》第十六条规定：“防洪规划确定的河道整治计划用地和规划建设的堤防用地范围内的土地，经土地管理部门和水行政主管部门会同有关地区核定，报经县级以上人民政府按照国务院规定的权限批准后，可以划定为规划保留区。规划保留区内不得建设与防洪无关的工矿工程设施；在特殊情况下，国家工矿建设项目确需占用前款规划保留区内的土地的，应当按照国家规定的基本建设程序报请批准，并征求有关水行政主管部门的意见。”规划保留区制度的确立，为保障有关防洪工程设施的顺利建设创造了一个良好的条件。

（五）防御洪水方案的编制

《防洪法》第四十条第一款规定：“有防汛抗洪任务的县级以上地方人民政府，根据流域规划、防洪工程实际状况和国家规定的防洪标准，制定防御洪水方案（包括对特大洪水的处置措施）。”防御洪水方案是指在现有防洪工程设施和自然地理条件下，对可能发生的各种不同类型的洪水预先制定的防御对策和计划安排，如事先确定各类防洪工程，包括水库、闸坝、堤防、蓄滞洪区等的运用标准、时机、方式和承担的具体任务等。因此，防御洪水方案是各级人民政府防汛指挥机构实施防洪调度决策和抢险救灾的依据。

1. 防御洪水方案的制定机关

防御洪水方案由国家防汛总指挥部、地方政府和市政府制订，具体制订权限的划分根据《防洪法》第四十条第二款的规定：“长江、淮河、海河的防御洪水方案，由国家防汛总指挥部制订，报国务院批准后施行；跨省、自治区、直辖市江河的防御洪水方案，有关省、自治区、直辖市人民政府报国务院或其授权的机构批准后施行。”此外，防汛条例第十一条第三款规定：“有防汛抗洪任务的城市人民政府，应当根据流域综合规划和江河的防御洪水方案，制定本城市的防御洪水方案，报上级人民政府或其授权的机构批准后施行。”

2. 防洪预案的制定依据

防洪预案是在现有工程设施条件下，对防御江河洪水灾害、山地灾害（山洪、泥石流、滑坡等）、风暴潮灾害、冰凌洪水灾害以及因地震爆炸等突发性因素引起的各类洪水灾害而预先制定的防御方案总称。因此，防洪预案的制定不但要符合防洪的实际需要，而且要有科学合理的依据。符合防洪需要就是有防洪任务的地方、重要江河，都应当制定相应的防御洪水方案；而科学合理的依据是指防御洪水方案应当根据流域综合规划、防洪工程设施的实际状况和国家规定的防洪标准制定。

编制防洪预案的主要依据有《中华人民共和国水法》、《中华人民共和国防汛条例》、《中华人民共和国防洪法》、《中华人民共和国河道管理条例》、《蓄滞洪区安全建设指导纲要》、《水库大坝安全条例》等国家有关法规和政策。

3. 防洪预案的内容

具有防洪任务的各级防洪机构，省、市、县、乡镇每年都必须制订防洪预案。防洪预案包括以下内容：

（1）地区基本情况：自然地理、历史洪水、河道的排洪能力、洪水特性。

（2）防洪任务和防洪标准。

（3）防洪工程：堤防工程、控导工程。

（4）防洪存在的问题：河道问题、防洪工程问题、非工程防洪问题。

（5）防洪职责及分工：行政首长职责，防汛指挥部职责，防汛成员、单位职责、防守责任分工。

(6) 防汛队伍的组成与调用：组成人员、调用原则、巡堤查险安排。

(7) 防汛道路与通讯线路：道路分布、通行原则、通讯网络。

(8) 防汛物资的储备与调用，后勤保障。

(9) 各级洪水处理方案。

(10) 各级洪水退水方案。

(11) 提防决口紧急措施。

第四节　防洪区的建设与管理

一、基本概念

1. 防洪区

《防洪法》第二十九条第一款规定："防洪区是指洪水泛滥可能淹及的地区，分为洪泛区、蓄滞洪区和防洪保护区。"防洪区处于江河洪水位以下，受到洪水的直接威胁。我国有 100 万 km^2 国土、5 亿亩耕地、6 亿人口处于地面高程低于江河洪水位之下，有 90%以上的城市受到洪水威胁。

为协调好经济社会发展与水资源和防洪的关系，更好地明确防洪体系的防护对象，防洪法将防洪区又分为洪泛区、蓄滞洪区和防洪保护区，通过对防洪区的划分可以明确防洪区的地位、作用和承担的责任，为不同区域的防洪工程建设及管理提供基本依据。划分洪泛区、蓄滞洪区和防洪保护区的范围，牵涉到亿万群众的生产、生活，因此应当严格慎重，必须经过省级以上人民政府严格审批。《防洪法》第二十九条第五款规定："洪泛区、蓄滞洪区和防洪保护区的范围，在防洪规划或者防御洪水方案中划定，并报请省级以上人民政府按照国务院规定的权限批准后予以公告。"

2. 洪泛区

"洪泛区是指尚无工程设施保护的洪水泛滥所及的地区"（《防洪法》第二十九条第二款）。防洪区是指毫无工程措施情况下的洪水泛滥区，或有一定工程措施，发生超防御设计工程标准下洪水泛滥区。在我国，大江大河的许多支流、中小河流基本没有设防，洪泛区的范围相当大，主要集中于我国人烟稀少的西部地区，在人口稠密的东部，面对不同量级的洪水，也存在着相当数量的洪泛区，如未设防河段洪水可能淹及的地区、山前的一些过渡地带、丘陵山区中的平川坝子等。

3. 蓄滞洪区

"蓄滞洪区是指包括分洪口在内的河堤背水面以外临时储存洪水的低洼地区及湖泊等"（《防洪法》第二十九条第三款）。蓄滞洪区是指河堤背水面以外临时贮存洪水的低洼地区及湖泊等，是江河防洪体系中的重要组成部分。历史上，沿江河两岸的洼地、湖泊有许多与江河相通，汛期自然蓄滞洪水。随着社会经济的发展，产生了人水争地的矛盾，使一些洼地、湖泊成为有控制的蓄滞洪区。我国蓄滞洪区大致分两种类型，一是洪水发生时运用频率较高的堤内行洪区，如淮河大堤间的行洪区；其二是为防御特大洪水、保护重要地区预留的行洪区，如长江的荆江分洪区、洪湖分蓄洪区等。我国重要江河通过规划确定的蓄滞洪区有 98 处，总面积为 3.45 万 km^2，人口约 1800 万，人口密度达 520 人/km。其中长江的荆江分洪区、黄河的山东省东平湖滞洪区、淮河城西湖蓄洪区都是著名的蓄滞洪区。

蓄滞洪区是我国防洪的重要组成部分。我国蓄滞洪区不但数量多、启用机遇多，而且滞洪区内往往人口比较集中，有的还是经济发达区域。因此在防洪工作中要尽可能地减少滞洪区的使用几率。

4. 防洪保护区

"防洪保护区是指在防洪标准内受防洪工程设施保护的地区"（《防洪法》第二十九条第四款）。防洪保护区一般都是经济上较为发达的地区，不仅有工业经济发达的城市，也包括农业经济相对发达的乡村以及大量的交通设施、能源基地和工矿企业。如黄淮海平原、松辽平原、长江三角洲、珠江三角洲，都是面积很大、人口密集、经济发达的防洪保护区。目前，我国约有堤防 24 万 km，保护着土地约 0.32 亿 hm^2、人口约 3.6 亿，其中黄河下游堤防、长江荆江大堤、淮河淮北大堤、洪泽湖大堤都是著名的提防工程。这些大堤与蓄滞洪区结合运用，使我国七大江河中下游重点保护区的防洪能力有一定程度的提高，但仍然不能防御特大洪水。

二、防洪区内土地的分区管理

洪水对洪泛区、蓄滞洪区和防洪保护区产生的影响以及对防洪的要求是不同的，《防洪法》第三十条规定对防洪区内的土地实行分区管理。分区管理的目的是使防洪区内土地的开发、利用和各项建设既符合防洪的要求，又能实现土地的合理、有效利用，减少洪灾损失，使防洪区内的土地利用与防洪区的不同类型、洪水可能产生的不同影响相协调。例如，洪泛区内集中居民点应安排在高程适当的地方；行洪滩地上不应种植高秆阻水作物；蓄滞洪区内、分洪口门附近不允许设置有碍行洪的建筑物；种植业应抓好夏季作物生产，秋季种植耐水作物；重要的大型建设项目应考虑建在标准较高的防洪保护区或洪水影响较小的地方等：国家对蓄滞洪区内的土地利用尤为重视，1988 年国务院发布的《蓄滞洪区安全与建设指导纲要》中对蓄滞洪区内的土地利用和畜牧业活动作出了具体的限制规定："蓄滞洪区土地利用、开发和各项建设必须符合防洪的要求，保持蓄洪能力，实现土地的合理利用，减少洪灾损失。"

蓄滞洪区作为重要的工程设施，合理、有效地使用蓄滞洪区，使区内居民的生活和经济活动适应防洪要求，得到安全保障，并妥善解决分洪的种种矛盾，是江河防洪的重大问题。洪泛区因缺乏防洪工程的保护，安全建设及管理问题与蓄滞洪区一样重要。

三、防洪区的安全管理与建设

1. 保障洪泛区和蓄滞洪区人民生活和生产的安定

蓄滞洪区在历次防汛抗洪斗争中对保障广大保护区的安全和国民经济建设发挥了重要的作用。目前蓄滞洪区内人口增加，经济得到了发展，甚至修建了工厂，形成了城镇。这样，启用蓄滞洪区的困难和启用蓄滞洪区的损失越来越大。合理而有效地解决因蓄滞洪水所产生的各种矛盾是今后江河、湖泊防汛抗洪所面临的重要课题，也是防洪区管理的一项主要内容。《防洪法》第三十二条强调了省级人民政府在蓄滞洪区安全与建设方面的责任。为了保护洪泛区和蓄滞洪区的人民财产安全，第三十二条还规定："洪泛区、蓄滞洪区所在地的人民政府应当组织制定蓄滞洪区的安全建设计划，采取措施控制洪泛区、蓄滞洪区人口增长，对居住在经常使用的蓄滞洪区的居民，有计划地组织外迁，并采取其他必要的安全保护措施。”此外，蓄滞洪区为广大保护区的防洪安全作出了贡献，政府和受益的地区应当帮助其解决恢复生产、生活等实际问题，克服分洪所造成的困难。

2. 防洪测报系统的建设和完善

《防洪法》第三十一条规定：“……按照防洪规划和防御洪水方案建立并完善防洪体系和水文、气象、通信、预警以及洪涝灾害监测系统，提高防御洪水能力，……”洪水预报能事先提供洪水的发生和发展的信息，因此洪水的监测和预报是保障防洪区安全的重要措施之一，在防洪区应当建立、完善防洪体系和水文、气象、通信、预警以及洪涝灾害监测系统，不断提高防御洪水的能力。

目前，我国重要江河已经初步形成了防洪工程体系，建立起水文测报和水文情报预报体系，以及防汛通讯和指挥调度系统。但我国防洪区的防洪能力并不能防御任何量级的洪涝灾害。因此，提高防洪水平，控制洪涝灾害，加强防洪区的安全与建设，仍是今后防洪管理工作的一项重要任务。

3. 防洪宣传和教育

防洪区内的各项生产建设活动和居民的日常生活与防洪区的安全休戚相关，因此，防洪宣传和教育的目的在于提高广大群众对水患的认识，加深对防洪工作的理解和调动群众参与、配合防洪工作的积极性。《防洪法》第三十一条规定：“地方各级人民政府应当加强对防洪区安全建设工作的领导，组织有关部门、单位对防洪区内的单位和居民进行防洪教育，普及防洪知识，提高水患意识……”

防洪宣传教育主要包括以下几个方面：

（1）本地区洪水活动的情况：包括历史概况、洪水活动规律、特点及危害等。

（2）有关法律、法规和制度的宣传和普及：包括本地区防洪规划对土地利用的要求，有关蓄滞洪水等措施的必要性及有关防洪区扶持、补偿和救助办法等。

（3）宣传、普及有关防洪、避洪，自保救人的基本常识，提高公众防洪能力。

4. 防洪区内的工程建设

《防洪法》第二十七条规定：“建设跨河、穿河、穿堤、临河的桥梁、码头、道路、渡口、管道、缆线、取水、排水等工程设施，应当符合防洪标准、岸线规划、航运要求和其他技术要求，不得危害堤防安全，影响河势稳定、妨碍行洪畅通；其可行性研究报告按照国家规定的基本建设程序报请批准前，其中的工程建设方案应当经有关水行政主管部门根据前述防洪要求审查同意。

前款工程设施需要占用河道、湖泊管理范围内土地，跨越河道、湖泊空间或者穿越河床的，建设单位应当经有关水行政主管部门对该工程设施建设的位置和界限审查批准后，方可依法办理开工手续；安排施工时，应当按照水行政主管部门审查批准的位置和界限进行。”

《水法》和《河道管理条例》等法律条文也对工程建设作了详细的规定。依照法律规定，建设跨河、穿河、穿堤、临河的工程设施有可能对防洪产生一定的影响，应当符合防洪标准、岸线规划、航运要求和其他技术要求，不得危害堤防安全，影响河势稳定、妨碍行洪畅通；其可行性研究报告按照国家规定的基本建设程序报请批准前，其中的工程建设方案应当经有关水行政主管部门根据前述防洪要求审查同意。

5. 非防洪建设项目的洪水影响评价制度

为了避免行洪时对洪泛区、蓄滞洪区内的非防洪建设项目造成不必要的经济损失，并防止建设项目对防洪工作产生严重影响，《防洪法》第三十三条规定了在洪泛区、蓄滞洪区内建设非防洪建设项目，应当就洪水对建设项目可能产生的影响和建设项目对防洪可能产生的影响作出评价，编制洪水影响评价报告，提出防御措施。并需经有关水行政主管部门审查批准后方可申请立项建设。

洪水影响评价制度包括以下四个方面的内容：

（1）对洪水对建设项目可能产生的影响作出评价，如建设项目的选址是否为洪水可能淹及的地区。

（2）对建设项目对防洪可能产生的影响作出评价，如建设项目是否挤占了防洪工程设施及其用地，是否阻碍行洪等。

（3）在作出上述评价之后，提出建设项目防御洪水的措施，对需要建设有关防洪工程设施保护的，提出有关工程设施建设的方案；需要非工程性措施的，提出建设项目防洪、避洪的办法。

（4）在作出洪水影响评价和提出防御洪水的措施后，编制书面的洪水影响评价报告，以备有关水行政主管部门审查。

6. 蓄滞洪区使用权限的规定

由于蓄滞洪区的启用关系到重要防洪保护对象的安全和蓄滞洪区巨大的经济损失。因此，有关分洪标准、启用条件以及批准程序，都必须按照依法批准的防御洪水方案的规定严格执行。《防洪法》第四十六条规定：“江河、湖泊水位或者流量达到国家规定的分洪标准，需要启用蓄滞洪区时，国务院，国家防汛指挥机构，流域防汛指挥机构，省、自治区、直辖市人民政府，省（自治区、直辖市）防汛指挥机构，按照依法经批准的防御洪水方案中规定的启用条件和批准程序，决定启用蓄滞洪区：依法启用蓄滞洪区，任何单位和个人不得阻拦、拖延；遇到阻拦、拖延时，由有关县级以上地方人民政府强制实施。”

蓄洪区、滞洪区应根据其重要程度和保护范围实行分级掌握使用。原则上，涉及两个省（自治区、直辖市）以上的由中央决定使用，限于一个省（自治区、直辖市）范围以内的由其所在政府掌握使用。

四、防洪区有关防汛抗洪的具体规定

1. 关于行洪排涝区的规定

（1）不准擅自拦河筑坝，设网拦鱼、埋设管道、围滩垦殖。

（2）不准擅自修筑影响水流和恶化河势的丁坝、码头、横向高渠道和高路基。

（3）穿堤及跨河建筑物必须经水行政主管部门同意方可修建。

（4）除营造护堤、防浪、治河和抢险专用林木以外，不准成片造林和种植芦苇等高秆作物。

（5）不准散放木材，汛期放木要采取安全措施，并需在防汛指挥部门统一指挥下进行。

（6）不准擅自开采矿石土料，确属需要应经水行政主管部门批准方可实施。

（7）城市建设和发展要服从防汛安全，不准在行洪河道内盖房屋、建工厂、堆放料物、倾倒矿渣和垃圾。

（8）已有的阻水障碍应由设障单位负责清障，或采取其他补救措施以恢复其原有的行洪排涝能力。

（9）天然湖泊、水库库区、江河入海口等水域内不准擅自围垦，已有的围垦工程若对行洪、蓄洪、滞洪有不利影响的，应由建设单位负责清除或采取其他补救措施，以恢复其原有的行洪效能。

（10）严禁在江河沿岸附近和行洪、滞洪、蓄洪区内建设有毒的工厂和存放剧毒物品，若确实需要，必须修建专用储藏室或放置在历史最高洪水位以上，并必须采取防止毒物泄露和冲失的措施。

（11）严禁破坏防御山洪和水土流失的各项设施。

（12）堤防两侧和水库周围的护堤林、防护林、防浪林是保护防洪设施的，也是防汛抢险专用的料源，严禁乱砍滥伐。其采伐更新由水行政主管部门根据工程和防汛抢险的需要自行确定，采伐使用和被洪水冲走的防护防浪林木，必须在汛后或次年春季按规定及时补植树苗，防护林和防浪林应计划使用，严禁成片采伐更新。

2. 对行政区划边界防洪、排涝设施的规定

（1）在平原行政区划边界河道上，未经上级批准或双方协商同意，上游地区不准擅自扩大河道，调整水系或加大泄洪排涝流量，下游地区不准设障阻水或缩窄河道断面，降低原有行洪排涝能力。

（2）在平原行政区划边界规定范围内，未经统一规划不得平地挖沟筑堤。已修筑的应废除，以不阻碍行洪为原则。

（3）修筑公路时不得阻碍排水，若阻碍排水的应在阻水处修建桥涵或过水路面，以保持其原有自然流势。

（4）边界河道两侧和上下游堤防，未经上级批准和双方协商同意，任何一方不得擅自提高原有标准，也不准修筑影响河势或威胁对方安全的工程和设施。

第五节　防洪管理与防洪措施

一、防洪管理

1. 防洪工程管理

《防洪法》第六条规定："任何单位和个人都有保护防洪工程设施和依法参加防汛抗洪的义务。"防洪工程设施是防止和减轻洪涝灾害对人类造成破坏性影响的主要措施，也是开发利用水资源的重要工程性措施，防洪工程设施能否充分发挥作用，对人民的生命安危及财产安全，对周围单位、组织的财产安全及正常的生产秩序都有重大的影响，因此，防洪法规定任何公民和单位都有义务保护防洪工程设施。

为了保证防洪工程设施的正常运行，在防洪工程设施的周边需要划定一定范围的地域，在该地域范围内，通过禁止有关影响防洪工程设施正常运行或者威胁防洪工程设施安全的活动，达到保护防洪工程设施的目的。《防洪法》第三十五条明确规定："属于国家所

有的防洪工程设施，应当按照经批准的设计，在竣工验收前由县级以上人民政府按照国家规定，划定管理和保护范围。属于集体所有的防洪工程设施，应当按照省、自治区、直辖市人民政府的规定，划定保护范围。在防洪工程设施保护范围内，禁止进行爆破、打井、采石、取土等危害防洪工程设施安全的活动。”

2. 防洪信息管理

（1）气象信息。在汛期要密切监测气象的发展和变化，及时掌握天气、水文等实时信息和风暴潮信息，尽最大的努力争取更早、更准确的预知洪水和风暴潮的发生和发展过程。气象信息主要包括：气象云图、天气形势分析、降雨实况及历史典型年份等。

（2）水情信息。主要包括根据降雨预报所作出的径流警报预测、实时降雨产流预报、洪水近期预报、各控制站洪水实时测报及下游站的修正预报，水量调度原则和方案、历史典型洪水信息等。防汛指挥机构可以根据这些信息及时作出部署，组织防汛队伍抗洪抢险。

（3）工程信息。主要包括工程的平面及立体布置图，工程的设计指标、实际指标、结构指标、观测数据，工程的历史变革及工程实时险情。

（4）河道信息。主要包括河道平面图、纵断面图，水位变化规律，河势流向，历史典型洪水情况。

（5）社会地理信息。主要包括滩区、分滞洪区内的村庄、人口、耕地、房屋、资产、道路、桥梁、干渠等主要建筑物等所处的地形、地貌、地面高程及与主要指标的关系。

（6）调度信息。主要包括洪水调度方案及方案评价，单个工程的运用方案及评价，人防组织调度，抢险料物调度方案等。各有关部门则应当在电力、通信、物资、运输等方面提供保障，充分发挥各单位、各部门各自的职能，团结协作，共同完成防汛抗洪任务。

3. 防洪的组织管理

《防洪法》第七条第二款规定：“各级人民政府应当组织有关部门、单位，动员社会力量，做好防汛抗洪和洪涝灾害后的恢复与救济工作。”由于洪涝灾害具有影响范围广、破坏性强、抢救任务紧迫繁重的特点，因此，防洪工作必须动员各部门、各单位、部队和广大人民群众共同参加抗洪斗争，集中调配有关的物资和设备，集中调度使用有关的防洪设施；气象、水文、海洋、公安、交通、卫生等部门都要协同配合，各尽其责。防汛的组织管理就是指各级防汛指挥机构的组织管理，主要包括：专业防汛队伍、群众防汛队伍、防汛军队的组织；危险地区的群众转移安置；解决灾区居民的生活问题；防汛物资的组织、交通保障等。

4. 防汛的决策、指挥和调度

防汛的决策、指挥和调度，是指洪水调度方案、工程防守方案、险情抢护方案、人员物资调配方案、分滞洪区的迁物救援方案等的指挥、决策及实施，以及减灾救灾措施的判定及实施等。

二、防洪措施

我国的防洪体系包括工程防洪体系和非工程措施防洪体系两个方面。《防洪法》第十一条规定了编制防洪规划应当遵循工程措施和非工程措施相结合的原则。

1. 基本概念

（1）防洪的工程措施。是指通过修建各种工程的办法来控制和抗御洪水以减少洪水灾害损失的一种防洪对策。主要包括修建大堤、防洪墙、分洪工程、河道整治工程、水库建设工程及有关的水土保持工程等，防洪工程的主要作用是提高河道过流能力和适当控制上游洪水来量。

（2）防洪的非工程措施。是指通过政策、法律、科学技术以及修建防洪工程以外的其他手段，减少洪水灾害损失的对策。主要包括洪泛区管理工作、河道清障措施、洪水预警系统、洪水保险、洪涝灾害的救济以及对超标准洪水的防御措施等。

（3）非工程措施与工程措施的关系。从人类抗御洪水的历史发展来看，工程措施是人类防洪的主要手段，但是单靠工程措施难以完全控制洪涝灾害所带来的损失。防洪的非工程措施与工程措施互为依托，工程措施是防汛的物质基础，非工程措施是防洪工程措施及其设施运用和管理的方式和手段，两者功能各不相同，相互不能替代，只有把它们有机地结合起来，取长补短，相得益彰，才能形成一个完整的防洪体系。目前，我国现状防洪体系基本上是以工程体系为主的，而以对全社会防灾管理为特征的非工程体系则相当薄弱，还没有形成的一个完善体系。即使是水文气象测报系统、防汛通信系统，以及防洪法规等非工程措施，还主要是为防洪工程运行、调度、管理、保护等方面服务。

2. 非工程防洪措施

（1）泛洪区、滞洪区的运用和管理。使用泛洪区和蓄滞洪区分洪或滞蓄洪水是牺牲局部换取全局安全的防洪措施。因此，必须采取合理的政策和办法，根据不同情况，加强行泛洪区和蓄滞洪区的安全建设和管理，对区内的土地利用实行有效管理，对区内的建筑物采取防水加固措施，使其能承受一定程度的洪水淹没，并积极扶持泛洪区和蓄滞洪区发展生产、改善生活。

（2）洪水预警系统和通信网络建设。水情和气象的测预报是防汛抢险工作的重要组成部分，是指导防汛采取防御措施的科学依据，对减轻洪水灾害有直接关系。应“按照防洪规划和防御洪水方案建立并完善防洪体系和水文、气象、通信、预警以及洪涝灾害监测系统，提高防御洪水能力”（防洪法第三十一条）。在防汛抗洪期间应随时提供气象信息、水情信息、洪水信息、工程信息、地理社会信息、调度信息和社会信息，运用洪水预警报及时准确地测报险情，配合紧急周密的撤离安排，有效地减小洪灾损失。

（3）洪水保险工作。《防洪法》第四十七条规定：“国家鼓励、扶持开展洪水保险。”这是我国以法律形式第一次明确表示对洪水保险予以支持，表明国家为了有效地防治与减轻洪水造成的损失，不仅非常重视工程防洪措施，而且也非常重视洪水保险非工程措施。洪水保险是按照法律或合同对遭受洪水灾害事故损失的单位和个人进行经济补偿的一种保险保障制度，它主要是调动全社会的力量来减轻洪水灾害给人民生命和财产所造成的损失。开展洪水保险，投保人可以依照法律或合同的规定，结合自身所具有的保险利益、保险需求以及缴费能力确定保险金额。在发生洪灾损失后，被保险人可依据法律或合同的规定请求保险人给予赔偿，其权利受到法律的保护，而保险人的赔偿义务则受到法律的约束必须履行。通过保险，被保险人可以在灾后得到较可靠的、较及时的、较高水平的保险保障。

（4）洪涝灾害的救济扶持和补偿。蓄滞洪区牺牲局部利益，为广大防洪保护区的防洪

破坏、侵占、毁损这些设施的，应根据情节的轻重给予相应的处罚。

六、对妨碍防洪公务的处罚

《防洪法》第六十二条规定："阻碍、威胁防汛指挥机构、水行政主管部门或者流域管理机构的工作人员依法执行职务，构成犯罪的，依法追究刑事责任；尚不构成犯罪，应当给予治安管理处罚的，依照治安管理处罚条例的规定处罚。"防汛指挥机构、水行政主管部门或者流域管理机构的工作人员依法执行职务，是维护国家正常行政管理秩序，保证防汛抢险决策的实施，防治洪水、防御和减轻洪涝灾害的重要保障。阻碍、威胁他们依法执行职务，就是对国家行政管理秩序的侵犯，就可能对防洪造成不利的影响。因此，阻碍、威胁防汛指挥机构、水行政主管部门或者流域管理机构的工作人员依法执行职务，构成犯罪的，依法追究刑事责任；尚不构成犯罪，应当给予治安管理处罚的，依照治安管理处罚条例的规定处罚。

七、对截留、挪用防洪、救灾资金和物资的处置

《防洪法》第六十三条规定："截留、挪用防洪、救灾资金和物资，构成犯罪的，依法追究刑事责任；尚不构成犯罪的，给予行政处分。"防洪、救灾资金和物资是防御、减轻洪涝灾害，维护国家和人民生命财产安全，保障社会主义建设顺利进行的物质保证。不经合法批准，擅自将用于防洪抢险、防汛、救灾资金和物资调拨、使用到其他方面的行为，防洪法规定应根据情节轻重依法追究其刑事法律责任或者给予行政处分。

八、对违纪的国家工作人员的处分

《防洪法》第六十五条规定："国家工作人员，有下列行为之一，构成犯罪的，依法追究刑事责任；尚不构成犯罪的，给予行政处分……"

国家工作人员有本条规定的违法行为之一，应根据情节轻重给予相应的处罚。这里的"违法行为"是指以下行为：

（1）在江河、湖泊上建设防洪工程和其他水工程、水电站不符合防洪规划的要求或者未按照防洪规划的要求留足防洪库容的，或者未经水行政主管部门签署规划同意书，擅自在江河、湖泊上建设防洪工程和其他水工程、水电站，严重影响防洪的。

（2）在整治河道和修建控制引导河水流向、保护堤岸等工程，未按照规划治导线进行，严重影响防洪的。

（3）在河道、湖泊管理范围内建设妨碍行洪的建筑物、构筑物，倾倒垃圾、渣土，从事影响河势稳定、危害河岸安全和其他妨碍河道行洪的活动，严重影响防洪的。

（4）在行洪河道内种植阻碍行洪的林木和高秆作物，严重影响防洪的。

（5）在河道、湖泊管理范围内进行建设活动，未经有关水行政主管部门对其工程建设方案审查同意，或者未经有关水行政主管部门对该工程设施建设的位置和界限审查批准而擅自建设，或者未按照经审查批准的位置、界限进行建设，严重影响防洪的。

（6）在城市建设中擅自填堵原有河道、沟汊。贮水湖塘洼淀，擅自废除原有防洪围堤，严重影响防洪的。

（7）滥用职权，玩忽职守，徇私舞弊，致使防汛抗洪工作遭受重大损失的行为。

（8）拒不执行防御洪水方案、防汛抢险指令或者蓄滞洪方案、措施、汛期调度运用计划等防汛调度方案的行为。

（9）导致或者加重毗邻地区或者其他单位洪灾损失的行为。

思考题与习题

1. 我国防洪工作存在的问题有哪些?
2. 防汛抗洪的基本原则有哪些?
3. 防洪规划的概念、种类、内容是什么?
4. 防洪规划制定的原则是什么?
5. 什么是防护区、洪泛区、蓄滞洪区及防洪保护区?
6. 防洪管理及防洪措施包括哪些内容?
7. 违反防洪法规定应承担的法律责任有哪些?

第七章　水利工程建设与管理

第一节　概　　述

一、水利工程的分类、特点与等级

（一）水利工程与水工建筑物的分类

1. 水利工程的分类

《水法》第七十九条规定：“水工程，是指在江河、湖泊和地下水源上开发、利用、控制、调配和保护水资源的各类工程。”也称水利工程。

《水利水电工程管理条例》第三条进行了细化：“本条例所称水利、水电工程系指：防洪、防潮工程；农田灌溉工程；水力发电工程；排水、防渍、治碱工程；为城市、工业输水及其他水利、水电工程设施。”

由此可知，水利工程具体是指河道、渠道、湖泊、防洪、排涝、防潮工程，水库、蓄水引水提水工程，农田灌溉、农村人畜饮水工程，排水、防渍、治碱工程，水力发电工程。

水利设施包括防汛设施，水文监测设施，水文地质监测设施，导航、助航设施等。

2. 水工建筑物的分类

一项水利工程往往由一些不同的建筑物组成，这些建筑物称水工建筑物，水工建筑物按其用途可分为一般性水工建筑物与专门性水工建筑物。

一般性水工建筑物是指可应用于各种水利工程的建筑物，它可分为以下几种：

（1）挡水建筑物。用以拦堵水流，如闸、坝、堤防等。

（2）泄水建筑物。用以宣泄多余水量，如溢洪道、泄洪洞、排水闸等。

（3）取水建筑物。用以引取水量，如进水闸、取水塔、抽水站等。

（4）输水建筑物。用以输送水流，如渠道、渡槽、涵洞、管道等。

（5）整治建筑物。用以整治河道、保护河岸及稳定河槽，如护岸工程、导流堤、丁坝、顺坝和拦排沙建筑物等。

专门性水工建筑物是指只应用于某一种水利部门的水工建筑物，大致有如下一些类型。

（1）水电站建筑物。如电站厂房、前池、调压室及压力管道等。

（2）水运建筑物。如船闸、升船机、筏道、码头、港口等。

（3）农田水利建筑物。包括灌排、渠系及其建筑物，如分水闸、节制闸、量水堰等。

（4）给、排水建筑物。如自来水厂的给水管道、抽水站、滤水池、水塔以及排除污水的下水道等。

（5）渔业建筑物。如鱼道、升鱼机、鱼闸、鱼池等。

水工建筑物按其使用时间不同，又可分为永久性建筑物和临时性建筑物；永久性建筑物按其重要性又分为主要建筑物和次要建筑物。

（二）水工建筑物的特点

（1）工作条件复杂，主要表现在以下几方面：

1）水压力。当建筑物挡水后，水对建筑物将产生静水压力和动水压力（如波浪压力、地震水压力）等。

2）渗流。地基和建筑物体内的渗流将产生浮托力和渗透压力，还可引起地基土壤的渗透变形。渗流量过大还将造成大量漏水。

3）冲刷。高速水流将对建筑物和下游河床产生冲刷，还可使建筑物产生振动或气蚀现象。

4）侵蚀。冻融循环等风化作用将降低建筑物的耐久性。

（2）施工条件困难。水工建筑物一般要在水下施工，主要存在施工导流、地下水抽取等，工程量大、工期长、时间紧、受自然条件影响大等问题。

（3）失事的后果严重。

（三）水利水电工程的分等和水工建筑物的分级

水利水电工程的等别，应根据其工程规模、效益及在国民经济中的重要性进行划分。按照 SL 252—2000《水利水电工程等级划分及洪水标准》，共分为五等，如表 7-1 所示。水工建筑物则按照其所属工程的等别，及其在工程中的作用和重要性，划分为五级，如表 7-2 所示。

表 7-1　水利工程分级指标

工程等别	工程规模	水库总库容（亿 m^3）	防洪		治涝	灌溉	供水	发电
			保护城镇及工矿企业的重要性	保护农田（万亩）	治涝面积（万亩）	灌溉面积（万亩）	供水对象重要性	装机容量（万 kW）
Ⅰ	大(1)型	≥10	特别重要	≥500	≥200	≥150	特别重要	≥120
Ⅱ	大(2)型	10～1.0	重要	500～100	200～60	150～50	重要	120～30
Ⅲ	中型	1.0～0.1	中等	100～30	60～15	50～5	中等	30～5
Ⅳ	小(1)型	0.1～0.01	一般	30～5	15～3	5～0.5	一般	5～1
Ⅴ	小(2)型	0.01～0.001		<5	<3	<0.5		<1

注　1. 水库总库容指水库最高水位以下的静库容。
　　2. 治涝面积和灌溉面积均指设计面积。

二、水库与径流调节

拦河筑坝，形成水库，是人类改造自然的巨大工程。组成水库的水工建筑物群称为蓄水枢纽。

1. 水库的特征水位和相应库容

水库的水面高程，称为库水位。库水位以下的蓄水容积，称为库容。水库的各项水位与各项库容的对应关系，如图 7-1 所示。

表 7-2　水工建筑物分级标准

工程等别	永久性建筑物级别		临时性建筑物级别
	主要建筑物	次要建筑物	
一	1	3	4
二	2	3	4
三	3	4	5
四	4	5	5
五	5	5	

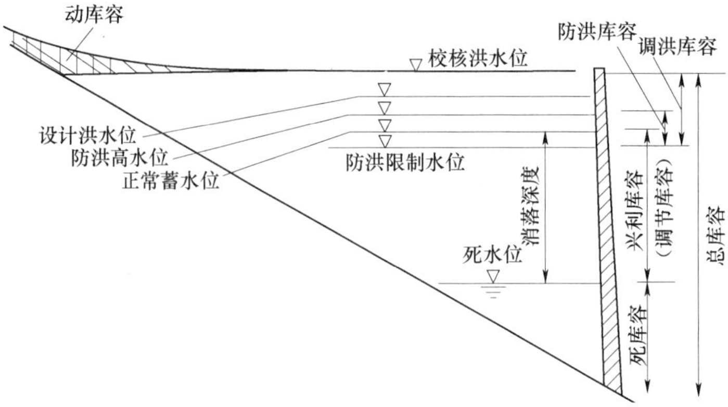

图 7-1　水库特征水位与相应库容关系图

（1）死库容。正常运用情况下允许的最低水位叫死水位。死水位以下的库容叫死库容。

（2）正常蓄水位。正常蓄水位是最高的兴利水位。正常蓄水位与死水位之间的水层深度，称为水库的工作深度；两者之间的库容，称为兴利库容。

（3）防洪限制水位。系水库在汛期允许蓄水的上限水位，它可根据其洪水特性和防洪要求，在汛期不同时段分期拟定。

（4）防洪高水位，系遇到下游防护对象的设计标准洪水时，水库（坝前）达到的最高水位。

（5）设计洪水位。是指水库遇到设计洪水时允许达到的最高水位。

（6）校核洪水位。是指水库遇到校核洪水时允许达到的最高水位。

校核洪水位以下的静库容，称为总库容；校核洪水位与防洪限制水位之间的库容，称为调洪库容；防洪高水位至防洪限制水位之间的水库容积为防洪库容。

没有防洪任务的水库，汛限水位就是正常水位，它没有防洪高水位。开敞式溢洪道堰顶高程即为正常蓄水位，当库水位超过堰顶高程时，水库将自动泄流。

2. 径流调节的概念

为了解决来水和用水的矛盾，修建水库将河道天然来水按防洪、兴利要求重新进行分配，称为洪水调节和径流调节。水库来水和用水都是随着时间变化的，水库由空到满再到空，循环一次所经历的时间，称为调节周期，一般可分为多年调节、年调节和日调节等。

（1）年调节即将汛期多余水量存于水库内供枯水期使用，调节周期为一年。

（2）多年调节即把丰水年的水量全部或部分蓄留在水库内，供枯水年使用。

（3）日调节即为一种将上游一日内的来水量进行调节的运用方式。

三、水库对周围环境的影响

水库调节河川径流，有利于灌溉、供水、发电等水资源的综合利用，促进国民经济的发展，对社会环境产生积极的影响。但是，水库建设对周围环境的影响也有不利的一面，如库区淹没、上游地下水位上升、库岸坍塌、回水上延、泥沙淤积、水温变化、水质变化、诱发地震、引起下游水情变化等。对此，我们必须认真研究水库对周围环境的作用，尽可能避免其不利影响。

第二节 水利工程建设程序

根据水利部《水利工程建设项目管理规定》（水建〔1995〕128号）和有关规定，水利工程建设程序一般分为项目建议书、可行性研究报告、初步设计、施工准备（包括招标设计）、建设实施、生产准备、竣工验收和后评价等八个阶段。一般情况下，项目建议书、可行性研究报告、初步设计称为前期工作。水利工程建设项目的实施，必须通过基本建设程序立项，立项过程包括项目建议书和可行性研究报告阶段。水利工程建设项目的立项报告要依据国家的有关政策，以及已批准的江河流域综合治理规划和专业规划水利发展中长期规划。

一、水利工程建设项目分类

（一）按功能和作用划分

水利工程建设项目按其功能和作用分为公益性、准公益性和经营性三类。

1. 公益性项目

公益性项目是指具有防洪、排涝、抗旱和水资源管理等社会公益性管理和服务功能，自身无法得到相应经济回报的水利项目，如堤防工程、河道整治工程、蓄滞洪区安全建设工程、除涝、水土保持、生态建设、水资源保护、贫苦地区人畜饮水、防汛通信、水文设施等。

2. 准公益性项目

准公益性项目是指既有社会效益、又有经济效益的水利项目，其中大部分是以社会效益为主，如综合利用的水利枢纽（水库）工程、大型灌区节水改造工程等。

3. 经营性项目

经营性项目是指以经济效益为主的水利项目，如城市供水、水力发电、水库养殖、水上旅游及水利综合经营等。

（二）按对社会和国民经济发展的影响划分

水利工程建设项目按其对社会和国民经济发展的影响划分为中央水利基本建设项目（以下简称中央项目）和地方水利基本建设项目（以下简称地方项目）。

1. 中央项目

中央项目是指对国民经济全局、社会稳定和生态环境有重大影响的防洪、水资源配置、水土保持、生态建设、水资源保护等项目，或中央认为负有直接建设责任的项目。

2. 地方项目

地方项目是指局部受益的防洪除涝、城市防洪、灌溉排水、河道整治、供水、水土保持、水资源保护、中小型水电站建设等项目。

（三）按建设规模和投资额划分

水利基本建设项目根据其建设规模和投资额分为大中型和小型项目。大中型项目是指满足下列条件之一的项目。

（1）堤防工程。一级、二级堤防。

（2）水库工程。总库容1亿m^3以上（含1亿m^3，以下同）。

（3）水电工程。电站总装机容量5万kW以上。

（4）灌溉工程。灌溉面积30万亩以上。

（5）供水工程。日供水10万t以上。

（6）总投资在国家规定的限额以上的项目。

（四）按水利水电工程等级划分

水利水电工程的等别，应根据其工程规模，效益及在国民经济中的重要性，按表7-1确定。

二、水利工程建设程序中各阶段的工作要求

在《水利工程建设项目管理规定》中，对水利工程建设程序中各阶段的工作要求进行了明确规定。

（一）项目建议书阶段

项目建议书应根据国民经济和社会发展规划、流域综合规划，区域综合规划、专业规划，按照国家产业政策和国家有关投资建设方针进行编制，是对拟进行建设项目提出的初步说明。

项目建议书按照水利部《水利水电工程项目建议书编制暂行规定》（水规计［1996］608号）编制。项目建议书编制一般委托有相应资格的工程咨询或设计单位承担。

（二）可行性研究报告阶段

根据批准的项目建议书，可行性研究报告应对项目进行方案比较，对技术上是否可行和经济上是否合理进行充分的科学分析和论证。经过批准的可行性研究报告，是项目决策和进行初步设计的依据。

可行性研究报告应按照《水利水电工程可行性研究报告编制规程》（DL 5020—93）编制。可行性研究报告编制一般委托有相应资格的工程咨询或设计单位承担。可行性研究报告经批准后，不得随意修改或变更，在主要内容上有重要变动，应经过原批准机关复审同意。

（三）初步设计阶段

初步设计是根据批准的可行性研究报告和必要而准确的勘察设计资料，对设计对象进行通盘研究，进一步阐明拟建工程在技术上的可行性和经济上的合理性，确定项目的各项基本技术参数、编制项目的总概算。其中概算静态总投资原则上不得突破已批准的可行性研究报告估算的静态总投资。由于工程项目基本条件发生变化，引起工程规模、工程标准、设计方案、工程量的改变，其静态总投资超过可行性研究报告相应估算静态总投资在15%以下时，要对工程变化内容和增加投资提出专题分析报告；超过15%以上（含15%）时，必须重新编制可行性研究报告并按原程序报批。

初步设计报告按照《水利水电工程初步设计报告编制规程》（DL 5021—93）编制。初步设计报告经批准后，主要内容不得随意修改或变更，并作为项目建设实施的技术文件基础。在工程项目建设标准和概算投资范围内，依据批准的初步设计原则，一般非重大设计变更、生产性子项目之间的调整，由主管部门批准。在主要内容上有重要变动或修改（包括工程项目设计变更、子项目调整、建设标准调整、概算调整）等，应按程序上报原批准机关复审同意。初步设计任务应选择有项目相应资格的设计单位承担。

（四）施工准备阶段

施工准备阶段（包括招标设计）是指建设项目的主体工程开工前，必须完成的各项准备工作。其中，招标设计指为施工以及设备材料招标而进行的设计工作。

（五）建设实施阶段

建设实施阶段是指主体工程的建设实施，项目法人按照批准的建设文件，组织工程建设，保证项目建设目标的实现。

（六）生产准备阶段

生产准备（运行准备）指为工程建设项目投入运行前所进行的准备工作，完成生产准备（运行准备）是工程由建设转入生产（运行）的必要条件。项目法人应按照建管结合和项目法人责任制的要求，适时做好有关生产准备（运行准备）工作。生产准备（运行准备）应根据不同类型的工程要求确定，一般包括以下的主要工作内容。

（1）生产（运行）组织准备。建立生产（运行）经营的管理机构及相应管理制度。

（2）招收和培训人员。按照生产（运行）的要求，配套生产（运行）管理人员，并通过多种形式的培训，提高人员的素质，使之能满足生产（运行）要求。生产（运行）管理人员要尽早介入工程的施工建设，参加设备的安装调试工作，熟悉有关情况，掌握生产（运行）技术，为顺利衔接基本建设和生产（运行）阶段做好准备。

（3）生产（运行）技术准备。生产（运行）技术准备主要包括技术资料的汇总、生产（运行）技术方案的制定、岗位操作规程制定和新技术准备。

（4）生产（运行）物资准备。生产（运行）物资准备主要是落实生产（运行）所需的材料、工器具、备品备件和其他协作配合条件的准备。

（七）竣工验收阶段

竣工验收是工程完成建设目标的标志，是全面考核建设成果、检验设计和工程质量的重要步骤。竣工验收合格的工程建设项目即可以从基本建设转入生产（运行）。

竣工验收按照《水利水电建设工程验收规程》（SL 223—2008）进行。

（八）后评价阶段

工程建设项目竣工验收后，一般经过1～2年生产（运行）后，要进行一次系统的项目后评价，主要内容包括：

影响评价——项目投入生产（运行）后对各方面的影响进行评价。

经济效益评价——项目投资、国民经济效益、财务效益、技术进步和规模效益、可行性研究深度等进行评价。

过程评价——对项目的立项、勘察设计、施工、建设管理、生产（运行）等全过程进行评价。

项目后评价一般按三个层次组织实施，即项目法人的自我评价、项目行业的评价、主管部门（或主要投资方）的评价。

项目后评价工作必须遵循客观、公正、科学的原则，做到分析合理、评价公正。

第三节　水利工程建设管理法规与技术标准

一、水利工程建设管理法规构成

水利工程建设管理法规构成是由调整水利工程建设中所发生的各种社会关系（包括水

利工程建设管理活动中的行政管理关系、经济协作关系及其相关的民事关系)、规范水利工程建设行为、监督管理水利工程建设活动的法律规范组成的有机统一整体。水利工程建设管理法规构成包括与水利工程建设管理有关的法律、行政法规（含法律性文件）和部门规章。水利工程建设管理法规构成见图 7-2。从构成框图可见，水利工程建设管理法规构成主要包括相关法律 7 件，行政法规（含法规性文件）13 件，部门规章 80 件。分为综合、建设程序和前期工作、资质资格管理、“三项制度”、工程质量与安全管理、建筑市场管理、其他等 7 个方面。

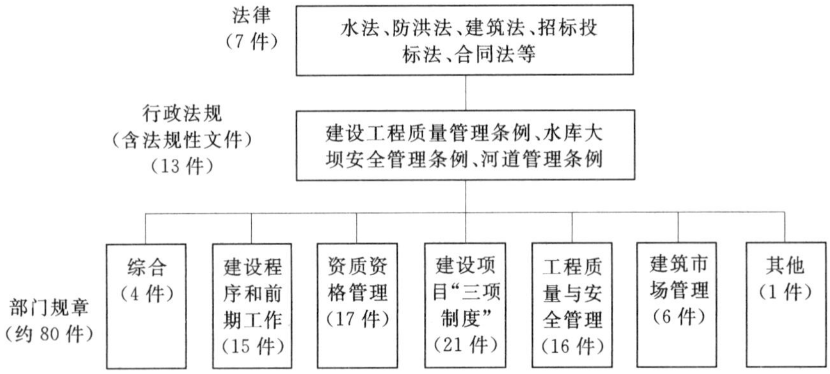

图 7-2　水利工程建设管理法规构成框图

二、水利工程建设管理法规与技术标准

水利工程建设管理的法规文件与水利工程建设技术标准，其性质是不同的。法规文件是法律规范的形式，是指国家机关（包括权力机关、行政机关、军书机关、司法审判机关、检察机关等）在其权限范围内，按照法定程序制定和颁布的具有普遍约束力的，并以其强制力保证实施的行为规则的文件。具有法律效力，如不遵守或违反，就要承担法律责任。

技术标准是由国家质量技术监督主管机构和行业主管部门审批和发布的，从技术控制的角度来规范和约束科学技术和生产建设等活动的文件，包括国家标准、行业标准和地方标准等。技术标准与法律规范（规范性文件）在制定机关、制定程序和颁布等方面有明显的不同，且技术标准中均未明确设定法律责任，加之很多现行的技术标准中的强制性条款与由执行者视具体情况选择采用或推荐采用的技术要求混在一起，其强制性和约束力大为削弱。因此，技术标准一般均不作为法律规范而纳入法规体系范畴，水利工程建设技术标准一般也未纳入“水利工程建设管理法规构成”中。但是，由现行水利技术标准中直接涉及人民生命财产安全、人身健康、环境保护和其他公众利益、必须严格执行的强制性规定摘录而成的《工程建设强制性条文》（水利工程部分）则纳入了“水利工程建设管理法规构成”中。这是因为以国务院令第 279 号发布的《建设工程质量管理条例》规定，勘察、设计、施工等单位必须按照工程建设强制性标准进行勘察、设计和施工，并对其勘察、设计和施工质量负责。要求国务院建设、铁路、交通、水利等有关部门应当加强对有关建设工程质量的强制性标准的执行情况进行监督检查。此外，还对建设单位、勘察、设计、施工等单位违反工程建设强制性标准设定了罚则。实际上由建设部会同水利部编制并正式发布的《工程建设强制性条文》（水利工程部分）已成为行政法规《建设工程质量管理条例》的配套规章，不执行就是违法。

我国现行的工程建设技术标准体制正在着手进行改革。借鉴发达国家的经验和根据WTO的有关规定，在我国逐步建立适应社会主义市场经济体制的工程建设技术法规与技术标准体制，已成必然趋势。工程建设技术法规是由国家有立法权的机构批准发布，强制执行，政府主管部门对执行情况进行监督，其内容是对：工程建设中直接关系工程质量、安全、卫生、环境保护、公众利益等政府需要控制的技术要求所作的规定。因具有法律属性，应列入法规体系。

第四节 水利工程保护

一、水利工程保护的概念

水利工程保护，是指国家对各种影响或可能影响水利工程安全和正常运行的人类活动，用法律规范予以限制，并使有水利工程管理和保护权的部门或单位，依法保护水利工程的安全和正常运行。

水利工程保护的任务是保护水利工程的安全，维护水利工程正常运用，确保水利工程充分发挥经济效益、社会效益和生态效益。

水利工程保护的内容主要包括管理权的归属，水利工程保护范围的划定，以及为保护水利工程的安全和维护水工程的正常运用制定有关法律规定并具体实施等。

二、水利工程的管理和保护范围

为保护水工程的完整和安全运行，各类水工程都要根据管理的需要，结合自然地理条件、历史情况和社会经济的具体情况划定管理范围和保护范围。

（一）水工程的管理范围

水工程的管理范围，是指直接维持水工程正常运用的范围。它既是水工程的生产、经营或运用范围，也是直接关系到水工程能否正常发挥效益的范围。在这一范围内，不仅要禁止危及水工程安全的行为，而且要严格限制或禁止直接影响水工程正常运用的行为。在水工程管理范围内，一般只能由水工程管理单位从事与水工程建设和运用有关的活动。

（二）水工程安全保护范围

水工程安全保护范围，是指水工程管理范围以外，为保证水工程安全，以便维持水工程正常运用而划定的范围，是关系到水工程能否正常发挥效益的保护范围。在这一范围内主要禁止危及水工程安全的行为。

三、划定管理和保护范围的权限和方法

《水法》第四十三条规定：“国家对水工程实施保护。国家所有的水工程应当按照国务院的规定划定工程管理和保护范围。

国务院水行政主管部门或者流域管理机构管理的水工程，由主管部门或者流域管理机构商有关省、自治区、直辖市人民政府划定工程管理和保护范围。

前款规定以外的其他水工程，应当按照省、自治区、直辖市人民政府的规定，划定工程保护范围和保护职责。”

《水利水电工程管理条例》第二章第七条规定："各类水利、水电工程应根据管理的需要，结合自然地理条件、历史情况和社会经济的具体情况划定保护范围。保护范围分为建筑物管理范围、水库管理范围、护堤地、护渠地四种：

（1）挡水、泄水、引水建筑物，电站厂房及灌排工程等周围，划定建筑物管理范围。

（2）水库周围移民线或土地征购线以下，划定水库管理范围。

（3）河道堤防两侧划定护堤地。

（4）灌排渠道及渠堤两侧划定护渠地。

保护范围由水利水电工程管理单位与本工程有关的部门协商后报请工程所在地的地方人民政府划定，并明确边界，树立标志，发给证明。关系重大的工程由上级主管机关与有关人民政府商定。"

水工程的保护范围应当根据工程的重要性和各地土地状况而定，具体划定管理和保护范围的权限和方法如下：

（1）国家所有的水利水电工程，其管理和保护范围的划定权限在国务院。

（2）属于水利部直接管理的水利水电工程以及属于七大流域管理机构管理的水工程，其管理和保护范围的划定，由水利部和流域机构与各省、自治区、直辖市政府共同商量划定。

（3）集体所有制的水工程应当依照省、自治区、直辖市政府的规定划定保护范围；县级以上人民政府所有的水工程应当按照经批准的设计，由县级以上政府依照国家规定，划定管理和保护范围。

四、管理范围内的权属规定

《水利水电工程管理条例》第二章第八条规定："管理范围以内的土地及土地上附着物，属国家管理的工程，其所有权属全民所有，使用权属水利、水电工程管理单位；集体管理的工程，其所有权属集体，使用权属水利、水电工程管理单位。其他单位或个人均不得侵占，已占用的，应当归还。已由水利、水电工程管理单位接管的工程，管理范围以内的土地需要变更所有权时，由工程管理单位提出申请，按有关规定办理土地转移手续。护堤地和护渠地的土地及土地上附着物的所有权及使用权一般按现状不变，需要划归全民所有的，按前款办理。"

《水法》第四十二条规定："县级以上地方人民政府应当采取措施，保障本行政区域内水工程，特别是水坝和堤防的安全，限期消除险情。水行政主管部门应当加强对水工程安全的监督管理。"

五、水利工程保护的具体规定

水利工程保护的具体法律规定，在《水利水电工程管理条例》、《水库大坝安全管理条例》及其他有关行政法规和规章中都有这方面的内容。现主要根据《水法》及《水利水电工程管理条例》的内容作一介绍。

（1）为保护水利工程及其附属设施和设备禁止下列活动。

1）损毁堤坝、电站、渠道、水闸等水利、水电工程建筑物及其观测、水文、通信、输变电，交通等附属设施。

2）在堤坝、渠道上垦殖、铲草及滥伐防护林木。

3）设置有害堤坝安全的建筑物。

4）盗用、挪用水利、水电物资、器材、设备。

5）在水域炸鱼和滥用电力捕鱼。

6）在坝顶、堤顶、水闸交通桥行使履带拖拉机、硬轮车和超重车辆，在没有路面的坝顶、堤顶雨后行车。

7）在工程管理单位的通讯、报汛线路上挂广播线。

8）在保护范围内爆破、打井、埋坟、采石、取土、挖砂、建筑、滥伐林木以及其他危及工程安全的活动。

（2）为维护水利、水电工程效能，禁止下列列活动。

1）在行洪、排水、输水河道和渠道内修建影响行水的建筑物和设施。

2）在河滩、湖泊、蓄洪区、行洪区、水库库区及江河入海口附近海滩任意围垦。

3）在河道中修建碍航及有危害的导流、排流等工程。

4）在危及工程安全的河滩、河岸开采砂石、土料。

5）在河道滩地、渠道、行洪区、分洪道种植高秆植物。

6）在水库、河道、渠道、湖泊等水域及滩地倾倒垃圾、废渣、尾矿矿渣，堆置杂物。

（3）确有必要在水利、水电工程保护范围内进行建设等活动，应征得水行政主管机关的同意，如属通航放木的河道还须征得航运、林业主管机关的同意，并按规定程序批准。

水利、水电工程保护范围内阻水的建筑物、植物、垃圾、废渣、尾矿矿渣、杂物及其他设施，由设障单位负责清除、改建、限期恢复工程原有效能。按规定批准修建的建筑物及设施，产生阻水现象的，应由有关方面协商处理。

（4）严重的水污染不仅降低甚至彻底破坏水的可利用程度，而且会侵蚀工程结构的材料，缩短工程寿命，危及工程安全，因此，水利、水电工程管理单位应按照环境保护和水污染防治等有关法规，配合有关部门，保护环境防止水污染。

第五节　水库大坝安全管理条例

一、水库大坝安全管理条例概述

（一）立法宗旨

为了加强水库大坝安全管理，保障人民生命财产和社会主义建设的安全，国务院于1991年3月22日发布了《水库大坝安全管理条例》，条例共有六章四十三条，于发布之日起施行。为加强水库大坝安全管理，完善大坝安全鉴定制度，保证大坝安全运行，根据国务院《水库大坝安全管理条例》的规定，水利部已于2003年7月2日制定了新的《水库大坝安全鉴定办法》，该办法于当年8月1日生效。

（二）适用范围

（1）本条例适用于我国境内坝高15m以上或者库容100万m^3以上的水库大坝（以下简称大坝）。本条例所称大坝包括永久性挡水建筑物以及与其配合运用的泄洪、输水、发电和过船建筑物。

（2）坝高15m以下、10m以上或库容100万m^3以下、10万m^3以上，对重要城镇、交通干线、重要军事设施、工矿区安全有潜在危险的大坝，其安全管理参照本条例执行。

（三）管理体制

（1）国务院水行政主管部门会同国务院有关主管部门对全国的大坝安全实施监督。县级以上地方人民政府水行政主管部门会同有关主管部门对本行政区域内的大坝安全实施监督。

（2）各级水利、能源、建设、交通、农业等有关部门，是其所管辖的大坝的主管部门。

（3）各级人民政府及其大坝主管部门对其所管辖的大坝安全实行行政领导负责制。

二、大坝的建设

（一）大坝建设方针

《水库大坝安全管理条例》在总则第五条规定：大坝的建设应当贯彻“安全第一”的方针。这是因为，在防治水旱灾害、开发利用水资源和水能资源中，大坝建设是一项十分重要的工程措施。目前，我国已建成的大坝数量居世界首位，在筑坝技术的许多领域也有较高的水平。大坝建设在防洪、灌溉、供水、发电等方面发挥了重要的作用。在未来相当长的时间内，我国水库大坝建设任务依然非常繁重，目前设计中高于100m以上的大坝就有30多座。大坝建设关系人民生命财产的安全，千年大计，质量第一。必须科学论证，精心设计，精心施工，确保万无一失。同时，要十分重视对生态环境的影响，做到人与自然和谐共处。也就是说，大坝的建设过程中，要牢固树立“安全第一”的观念，以保障人民生命财产的安全。

（二）大坝建设的具体规定

（1）兴建大坝必须符合由国务院水行政主管部门会同有关大坝主管部门制定的大坝安全技术标准。

（2）兴建大坝必须进行工程设计（包工程原则、通信、动力、照明、交通、消防等管理设施的设计）。

（3）大坝的设计、施工必须由具有相应资格证书的单位承担。

（4）大坝施工单位必须按照施工承包合同规定的设计文件、图纸要求和有关技术标准进行施工。建设单位和设计单位应当派驻代表，对施工质量进行监督检查。

（5）兴建大坝时，建设单位应当按照批准的设计，提请县级以上人民政府按照国家规定划定管理和保护范围，树立标志。

（6）大坝开工后，大坝主管部门应当组建大坝管理单位，由其按照工程基本建设验收规程参与质量检查以及大坝分部、分项验收和蓄水验收工作。

三、大坝管理

《水库大坝安全管理条例》规定大坝的管理也应当贯彻“安全第一”的方针，并应做到以下几方面：

（1）大坝及设施受国家保护，任何单位和个人不得侵占、毁坏。大坝管理单位应加强大坝的安全保卫工作。

（2）禁止大坝管理和保护范围内进行一切危害大坝安全及危及山体的活动。

（3）禁止乱建、乱占等影响大坝安全、工程管理和抢险工作的活动。

（4）大坝主管部门应当配备具有相应业务水平的大坝安全管理人员；对其所管辖的大坝应当按期注册登记，并建立技术档案；应当建立大坝定期安全检查、鉴定制度。

（5）大坝管理单位应当建立健全安全管理规章制度，采取措施确保大坝安全运行，发挥大坝的综合效益。

（6）大坝管理单位和有关部门应当做好防汛抢险物料的准备和气象水情预报，并保持水情传递、报警以及大坝管理单位与大坝主管部门、上级防汛指挥机构之间联系通畅。

（7）大坝出现险情征兆时，大坝管理单位应当立即报告大坝主管部门和上级防汛指挥机构，并采取抢救措施；有垮坝危险时，应当采取一切措施向预计的垮坝淹没地区发出警报，做好转移工作。

四、险坝处理

（一）全国水库情况

1949年新中国成立以来，党和政府非常重视水库工程的建设，截至2011年底，全国共有水库98002座，总库容9323.12亿m^3。其中：已建水库97246座，总库容8104.10亿m^3，在建水库756座，总库容1219.02亿m^3。这些水库在防洪、灌溉、供水、发电等方面发挥了巨大效益，为促进我国国民经济发展、提高人民生活水平、保障社会稳定、改善生态环境作出了巨大贡献。

（二）我国病险水库的现状

（1）病险水库数量多，病险程度严重。最近的普查和安全鉴定表明，在水利系统管理的83727座水库中，三类水库有30413座，其中大型145座，占大型水库总数的42%；中型1118座，占中型水库总数的42%；小型29150座，占小型水库总数的36%。此外在水利系统管理的水库中，还有二类水库27264座，其防洪标准达不到国家标准，严格来说也需进行加固改造。

（2）病险水库分布面广，威胁范围大。除上海和3个计划单列市外，全国各省（自治区、直辖市）和东、中、西部都有病险水库，湖南、广东、四川、山东、云南、湖北、江西等省的病险水库数量均超过了1600座。更为严重的是，很多病险水库，位于城镇的上游，是城镇头上的一“盆”水，一旦垮坝，将对城镇造成灭顶之灾。

（3）水库病险问题复杂，往往几种问题同时发生在一座水库。综合起来主要有：防洪标准不够，大坝结构安全不满足规范要求，抗震安全不满足规范要求，渗流稳定不安全，金属结构和机电设备老化失修，水文测报、大坝观测系统不完善，管理设施陈旧。

（4）垮坝事故，特别是小型水库垮坝事故发生率高。据统计，新中国成立以来我国垮坝总数达3200座，垮坝率高达3.8%。近年来垮坝的水库中，小型水库居多，全国近10年垮坝的水库中，小型水库占99%。

（三）水库产生病险的原因

水库老化失修、病险严重，既有先天不足的成分，也有后天失调的因素；既有体制、机制的原因，也有管理不善的影响，必须全面、科学地加以综合分析。

1. 水库建设先天不足

我国现有水库，绝大多数修建于1958～1976年之间。在那个特殊的时期，大部分工程是边勘察、边设计、边施工的“三边”工程，有的水库甚至根本就没有设计；即使有设计，也往往缺乏足够的水文等基础资料。当时的技术标准和规范也极不完善；施工设备简陋，大搞群众运动和人海战术；基建投资不足，频繁的停建、缓建造成不少“半拉子”工程。这些先天不足的因素，致使大部分水库的建设从设计到施工都难以保证质量，给水库留下了很多隐患。

2. 水库管理后天失调

这主要表现在以下几个方面。

（1）体制不顺，机制不活，计划经济色彩浓厚。水库管理单位管理体制与运行机制，与其他水管单位一样，是长期计划经济体制下逐步形成的，随着社会主义市场经济体制的建立和改革的不断深入，已严重影响了水管单位的生存和发展，更谈不上管好用好水库了。

（2）水管单位性质定位不清楚，工程管理和经营责任不明确。水库工程大部分为综合利用工程，既有社会公益性又有经营开发性，但长期事、企不分，使得水管单位既不像事业单位，又不像企业单位。不仅严重影响了水库综合效益的发挥，而且阻碍了单位的发展。

（3）财政拨付少，水价不到位，水管单位财务困难。全国有67.73％工程管理单位没有任何财政拨款。32.27％的水管单位即使有拨款，也远远不能满足人员工资和工程日常维护费用的需要。水价偏低，水费收取困难。职工的工资发放缺乏保证，水库折耗和维护管理没有补偿渠道和来源。

（4）水管单位机构臃肿，人员总量过剩与结构性人才缺乏并存。一方面水管单位严重超编，人浮于事；另一方面人员结构不合理，水管单位真正急需的工程技术管理人员却严重短缺，中级职称以上的技术人员只占职工总数的3.55％，技术力量薄弱，无法满足规范管理的需要。

（5）“重建轻管”思想在各级政府中都不同程度存在，使得我们在投资决策时，往往注重投资新建项目，而忽视对已建工程的运行、维修的投入；在进行项目前期工作时，往往着重项目建设的工程技术方案设计，而忽视对项目经济问题和建成后管理方案的考虑；在项目审批和实施时，看重主体工程各部分的完整性，而往往压减管理设施的投资。

（6）管理技术手段落后，法规制度不完善，责任心不强，加之管理不善，造成管理水平低下，效率不高，有的甚至导致人为事故的发生。以上因素又进一步加剧了水库的病险程度，形成了小病变大病的恶性循环。最近通报的河北省王快水库的例子，就充分说明了这一点。随着当前水利建设投资力度的加大，要更好地发挥水利投资效益，就必须从根本上解决水管单位的体制和机制问题。

（四）目前病险水库除险加固工作存在的主要问题

当前，病险水库除险加固正在全面展开，根据最近对全国病险水库除险加固项目的检查，虽然取得了不少成绩，但工作中还存在不少问题，比较突出的表现在以下几方面。

（1）认识不到位，除险加固责任制尚未真正落实。一些地方对病险水库的危害性和除险加固的迫切性认识不足。有些地方虽然公布了病险水库除险加固的责任人，但责任人没有负起真正的责任，对如何落实责任制，如何落实除险加固资金，如何组织除险加固工作措施不力。

（2）前期工作薄弱。安全鉴定存在“大病小治”和“小病大治”的问题。一方面安全鉴定走过场，对存在问题没有完全摸清，盲目开工导致除险加固不彻底；另一方面，“小病大治”，为了争取除险加固投资，擅自扩大除险加固的规模和标准，造成国家投资浪费。此外安全鉴定还存在从事鉴定的单位和个人良莠不齐，安全鉴定的报告不规范，质量不符合要求等问题。一些地方除险加固前期工作投入不足，造成除险加固前期工作滞后，一些险情严重、急需除险加固的项目前期工作进度跟不上，致使这些除险加固工程迟迟不能开工。一些项目初步设计粗糙，方案未能充分优化；有些项目在审查环节把关不严。

(3) 配套资金不到位或到位不及时。病险水库除险加固的责任在地方各级人民政府，资金投入应以地方为主，中央给予一定补助。但由于不少地方存在“等、靠、要”的思想，地方投入占基建投入比例低，投入严重不足，使得除险加固进展缓慢。1998年大水后中央加大补助力度，但许多地方配套资金到位差，能够完全、及时到位的项目为数不多。目前的主要问题是地方对病险水库除险加固没有稳定的投资渠道，大部分省没有专项资金用于病险水库除险加固，省、市、县级政府对病险水库除险加固的职责和事权未能分清，有限的投资撒了“芝麻”，没有集中起来，加固一个，除险一个，摘帽一个。

(4) 除险加固对工程的管理设施考虑不够。一些地方在除险加固设计时，未能充分考虑从现代化管理的需要出发来设计必要的管理设施，既不将大坝的安全监测、水情测报和防汛通讯设施纳入，更不考虑管理单位必要的工作条件改善；即使在设计中考虑了，但在设计审查时，为压缩投资，往往砍掉管理设施的投资或项目；在建设实施时，又由于资金不到位的问题，压减的也多是管理设施部分。

(5) 建设管理不能适应除险加固要求。目前，普遍存在项目法人机构不健全，运作不规范，规章制度不完善的现象，现有人员缺乏建设管理经验，难以胜任除险加固建设管理的要求。招投标不规范，监理不到位，问题最为突出的是资金财务管理混乱，违规现象严重。个别项目还出现施工和设计方面的质量问题。上述问题，严重阻碍了全国病险水库除险加固的进程。希望各地根据实际情况，认真分析，采取对策，加强领导，落实责任和配套资金，真正把病险水库除险加固作为一件大事抓紧抓好，抓出成效，这就决定了病险水库除险加固的必要性和紧迫性。

(五) 病险水库除险加固的必要性和紧迫性

病险水库时刻威胁着广大人民群众的生命和财产安全，是防洪体系中的薄弱环节，是心腹之患。实施除险加固，完善防洪体系，与广大人民群众的根本利益密切相关。各级人民政府和水行政主管部门，必须从对人民生命财产负责的高度来充分认识病险水库除险加固工作的重要性和紧迫性，克服麻痹思想，采取有力措施，加快实施进度，早日消除威胁。病险水库除险加固的必要性和紧迫性主要表现在以下几方面。

(1) 病险水库除险加固是加强防洪体系建设的需要。众所周知，病险水库给下游城镇、人民生命财产以及主要交通干线等基础设施造成严重威胁。一旦失事，会造成毁灭性的灾害，给社会局部稳定或国民经济全局带来重大负面影响，严重的会导致社会、政治动荡。由于水库存在病险，造成全国防洪库容减少约150亿m^3，水库不能充分利用原设计的防洪库容对洪水进行调蓄，已有的防洪体系起不到应有的防洪作用。

(2) 病险水库除险加固是提高水利基础设施投资效益的需要。大量病险水库的存在，使得水库工程效益大大下降，许多水库蓄不上水或需要限制水位运行，由此造成兴利库容减少约120亿m^3，供水能力减少约170亿m^3，灌溉面积减少约3000万亩，严重影响水库的防洪、供水、灌溉和发电等综合效益的发挥。效益的降低又使项目的财务状况和资产结构不断趋于恶化。对病险水库实施除险加固，不仅可以改变这种“恶性循环”，而且就项目本身来说，就是一个财务可行、经济效益极好的项目，通过除险加固获得$1m^3$库容远比新建$1m^3$库容要经济。

（3）病险水库除险加固是加强工程管理和建立水利工程管理单位良性运行机制的需要。由政府承担投资进行除险加固后，可为工程管理体制的改革提供必要物质基础和硬件条件。

（4）病险水库除险加固是稳定队伍，改善水利职工工作条件和生活条件的需要。除险加固后，水库的效益得到提高，基本的管理条件和管理设施得到进一步改善，为管理单位利用自身的水土资源优势开展适当的多种经营，增加水管单位收入创造了条件。

（5）病险水库除险加固是建立现代水利，以水资源可持续利用保障经济社会可持续发展的需要。病险水库除险加固后，增加水资源的有效供给，为进一步实现水利管理的现代化，保障经济社会的可持续发展打下了坚实的基础。

五、罚则

（一）违反《水库大坝安全管理条例》行为

（1）毁坏大坝或其观测、通信、照明、交通和消防等管理设施的。

（2）在大坝管理和保护范围内进行爆破、打井、采石等以及乱建、乱堆、乱围等危害大坝安全活动。

（3）在勘测、设计、施工，调度等滥用职权、玩忽职守，导致大坝事故的。

（4）盗窃或抢夺大坝工程设施，器材的。

（二）应承担的法律责任

（1）民事责任，如责令停止违法行为，赔偿损失，采取补救措施等。

（2）行政责任，如行政处分、罚款、拘留等。

（3）刑事责任，违反本条例，构成犯罪的，依法追究刑事责任。

思考题与习题

1.《水法》中关于“水工程”都包含哪些？

2.水库对周围环境有何影响？

3.水利工程建设项目分类有哪些？

4.简述水利水电工程建设程序中各阶段的工作要求。

5.水利工程建设管理法规构成有哪些？

6.水利工程保护的概念是什么？

7.《水法》及《水利水电工程管理条例》中关于水利工程保护的具体规定有哪些？

8.水库大坝的建设与管理都有哪些规定？

9.违反大坝安全管理条例应承担的法律责任有哪些？

第八章 水 土 保 持

第一节 概 述

一、水土流失

1. 水土流失的概念

水土流失，又称土壤侵蚀，是指陆地表层的土壤和土壤母质及岩体等受水力、风力、冻融和重力作用，在各种自然和人为因素的影响下，发生各种破坏和移动的现象。江河水流混浊，山坡树根裸露，土层变薄、表土沙粒增多，光山秃岭、岩石裸露、千沟万壑、土地支离破碎，塘坝湖库泥沙淤积，风沙弥漫等，都是水土流失的现象。

2. 水土流失的主要原因

“水”与“土”两个自然资源要素能够结成一个整体，水土能够保持主要靠的就是覆盖在地面上的植被。雨水落在有植被覆盖的枝叶上，雨滴破碎，动能减弱，起到了很好的缓冲作用，大大降低了雨水对土壤表土的冲击力；再加上土地上的植物根系的盘根错节，把土粒牢牢的黏固在一起，把雨水含蓄在土壤中涵养水分，水土流失就会大大减少。

水土流失的原因有两个：一个是自然因素；一个是人为因素。

(1) 水土流失的自然因素是土地所处的地势地貌。地貌起伏不平，坡陡沟多。土地上的植被稀少，无法将土粒黏固在一起。暴风雨多，暴风雨雨势过猛，土地表层被强势的暴风雨冲刷，使大量泥土随水而下，造成水土流失。

(2) 水土流失的人为因素主要有不适当地开垦土地，滥伐森林，破坏植被，过度放牧，耕作方式与技术不合理，开矿、建厂、筑路和修建水库等基本建设活动不注重水土保持等，即由人类不合理利用土地资源所造成。

一般来讲，由于自然因素造成的水土流失，其程度较轻，发展过程也较缓慢；而由于人为因素造成的水土流失则十分严重。因此，人类长时期对土地资源的不合理利用是造成水土流失的主要原因。

二、我国水土流失的现状

我国人均土地耕地面积不及世界人均耕地面积的1/3，美国人均耕地面积的1/9；水资源人均占有量仅为世界水资源人均占有量的1/4。如此少的耕地面积和水资源却在大量流失——水土流失现象十分严重。

2013年水利部、国家统计局“第一次全国水利普查公报”显示，我国土壤水力、风力侵蚀面积为294.94万km^2，其中水力侵蚀面积129.32万km^2，占43.85%，风力侵蚀面积165.59万km^2，占56.15%。西北黄土高原区侵蚀沟道666719条，东北黑土区侵蚀沟道295663条。水力侵蚀按侵蚀强度分，轻度66.76万km^2，中度35.14万km^2，强烈16.87万

km^2，极强烈7.63万km^2，剧烈2.92万km^2。风力侵蚀按侵蚀强度分，轻度71.60万km^2，中度21.74万km^2，强烈21.82万km^2，极强烈22.04万km^2，剧烈28.39万km^2。

近几年，中国每年因人为因素新增的水土流失面积超过了1.5万km^2，增加的水土流失量超过3亿t。科考专家、中科院院士孙鸿烈指出，目前有4200万hm^2的耕地出现不同程度的水土流失，约占中国耕地总面积的43%，每年约有50亿t泥沙流入江河湖海，其中62%左右来自耕地表层；在所有开发建设项目中，农林开发项目、公路铁路项目、城镇建设工程引起的水土流失最为严重，占总面积的78.2%，其中农林开发造成的水土流失量达2.52亿t，占到37%，居开发建设项目之首。因此，水土流失成为当代重大的生态问题，如不采取有力措施，水土流失将给经济社会发展带来很大危害。

三、我国水土流失的特点

目前，我国水土流失具有以下特点。

(1) 水土流失分布范围广。全国绝大多数省区市都存在不同程度的水土流失问题，尤其以长江上游、黄河中游、东北黑土地和珠江流域石漠化地区分布的面积大，后果严重，潜在危害大。

(2) 水土流失主要来源于坡耕地。水土流失量主要来自坡耕地水力侵蚀和沟道重力侵蚀，导致水土资源破坏，降低土地生产力。

(3) 开发建设活动造成严重水土流失。随着我国工业化和城市化进程的加快，大量基础设施建设项目不断开工，破坏地貌和地表植被，产生大量弃土弃渣。

四、我国水土流失的危害

水土资源的丧失，是人类最大的损失。对水土资源无度的开发破坏，是对人类生存环境的侵害，是无法用经济价值来衡量的。水土流失给农业和国民经济造成的危害主要表现以下几方面。

(1) 破坏土地资源，土壤肥力下降。土地是人类赖以生存的基础，是一种有限的不可再生资源，耕地面积的减少将给子孙带来极大隐患。据统计，全国因沟壑侵蚀、表土冲刷、水冲沙压等原因损失耕地达260多万hm^2，平均每年损失6万hm^2，水土流失严重的坡耕地有3330多万hm^2，每年流失土壤约50亿t以上，带走氮、磷、钾约4000多万t，相当于我国20世纪80年代初化肥的全年产量；按目前的流失速度计算，50年后东北黑土区1400万亩耕地的黑土层将流失掉，35年后西南岩溶区石漠化面积将翻一番，将有近1亿人失去赖以生存和发展的基础，贵州、甘肃、宁夏等地的一些土地丧失农业利用价值，直接威胁到当地群众的生存。目前，由于水土流失造成的土壤肥力下降已成为发展粮食生产的严重障碍，在南方土层较薄的地方，严重的水土流失使疏松表土流失殆尽，最后基岩裸露成为光板地。在热带、亚热带地区见到的"红色沙漠"、"白沙岗"、"光石山"都是水土流失导致的恶果。

(2) 导致江河湖库淤积，加剧洪涝灾害。由于河道径流区水土流失严重，常年雨水冲刷和沉砂淤积，使河流的河床抬高淤塞、水流紊乱，湖泊变浅，湖泊老化过程加快，导致洪水渲泄不畅，洪水给人们带来了惨重的灾害；水土流失还会导致水库库容减少，灌溉面积减少，水库使用年限大大缩短。目前，我国的大中小型蓄水工程累计淤积泥沙已达200亿t以上，相当于损失库容1亿m^3的大型水库200座，严重削弱了水利设施的调蓄功能。

黄土高原地区由于水土流失严重，大量泥沙淤积在下游河床，形成著名的“地上悬河”，严重威胁着黄淮海平原 25 万 km^2 1 亿多人口的生命财产安全。长江中游的荆江河段，近年来洪水水位高出地面 12～14m，对荆江平原造成极大威胁。洞庭湖和鄱阳湖水面分别减少了 37％和 20％。1998 年长江发生全流域性的特大洪水，其重要的原因之一就是中上游地区水土流失严重、生态环境恶化。

（3）恶化生存环境，加剧贫困。严重的水土流失成为人民生活贫困的根源，制约着当地的经济发展。目前我国耕地年均有 100 万亩耕地因此丧失利用价值。水利部水土保持司提供的统计资料显示，半个世纪以来，我国水土流失毁掉耕地 4000 多万亩，平均每年 100 万亩以上，减少粮食 2000 多万 kg，造成经济损失 100 亿元以上，有 76％的贫困县和 74％的贫困人口生活在水土流失区。

（4）削弱生态系统的调节功能。由于水土资源流失，土壤侵蚀加剧，生态环境日趋恶化。林草难以生长，山林植被变差，致使地表蓄水能力降低，随之而来的水旱、滑坡泥石流等灾害连年发生。每年汛期，由于水土流失造成公路、铁路沿线山坡塌方、交通中断的事故，全国各地时有发生。

五、水土保持立法的形成

1. 水土保持的概念

水土保持是防治水土流失，保护、改良与合理利用水土资源，维护和提高土地生产力，减轻洪水、干旱和风沙灾害，以利于充分发挥水、土资源的生态效益、经济效益和社会效益，建立良好生态环境的综合性科学技术。

2. 水土保持的立法

防治水土流失是改变山区、丘陵区、风沙区面貌，治理江河，减少水、旱、风沙灾害，建立良好的生态环境，发展农业生产的一项根本措施，是国土整治的一项重要内容。

我国于 1957 年发布了《中华人民共和国水土保持暂行纲要》，1982 年发布了《水土保持工作条例》。此后，国务院及其有关部门和地方人民政府还制定了许多专门的水土保持规定。这些法律文件，对水土保持的任务、措施和组织管理等作了具体规定。1991 年 6 月 29 日，全国人大常委会审议通过了《中华人民共和国水土保持法》（以下简称《水土保持法》），《水土保持法》的公布施行，对于预防和治理水土流失，改善农业生产条件和生态环境，促进我国经济社会可持续发展发挥了重要作用。

但是，随着经济社会的迅速发展和人们对生态环境要求的不断提高，1991 年的《水土保持法》已经不能适应新形势新任务的要求，在全面总结原法实施以来的经验并借鉴国内外水土保持立法经验的基础上，2005 年水利部正式启动《水土保持法》的修订工作，成立了部领导小组和起草小组。2010 年 7 月 21 日，国务院常务会议审议通过《水土保持法（修订草案）》。2010 年 12 月 25 日，第十一届全国人大常委会第十八次会议审议通过修订后的《水土保持法》，于 2011 年 3 月 1 日起施行。新《水土保持法》的颁布是新时期贯彻落实科学发展观、加强水土流失预防和治理的重要举措，对我国水土保持事业健康长远发展具有重要的现实意义和深远影响。

六、水土保持管理体制

水土保持是我国的一项基本国策，是生态文明建设的重要组成部分，不仅关系当前经济社会发展，而且涉及子孙后代的利益，搞好水土保持是各级政府义不容辞的责任和重要职责。但是，水土保持又是一项长期性、公益性、群众性、综合性工作，具有见效周期长、过程慢等特点。依据2011年《水土保持法》（以下所提到的《水土保持法》均为2011年新发布的《水土保持法》）的规定，我国的水土保持管理体制是：

（1）国务院水行政主管部门主管全国的水土保持工作。

（2）流域管理机构在所管辖范围内依法承担水土保持监督管理职责，流域管理机构管理职责的确定为加强流域水土保持工作提供了法律依据。

（3）县级以上地方人民政府水行政主管部门主管本行政区域的水土保持工作。

（4）县级以上人民政府林业、农业、国土资源等有关部门按照各自职责，做好有关的水土流失预防和治理工作。

（5）县级以上地方人民政府根据当地实际情况确定的负责水土保持工作的机构，行使本法规定的水行政主管部门水土保持工作的职责。

《水土保持法》第四条规定："……国家在水土流失重点预防区和重点治理区，实行地方各级人民政府水土保持目标责任制和考核奖惩制度。"这一规定将水土流失预防和治理任务定量化、指标化，督促各级政府、部门层层分解并落实水土保持责任，强化了政府对水土保持工作的统一领导，加强宏观管理，有效贯彻落实法律确定的各项水土保持目标和任务，激发了地方政府开展水土保持工作的主动性和积极性。

第二节 水土保持规划

水土保持规划是国民经济和社会发展规划体系的重要组成部分，是对水土保持工作的总体部署，是开展和加强水土保持管理的重要依据。《水土保持法》强化了水土保持规划的法律地位，对水土保持规划的范围、种类、负责主体、原则、内容、报批程序，以及相关规划衔接、协调等作出了具体的规定。

一、水土保持规划的地位和作用

水土保持规划是开展水土保持各项工作的基础，是履行政府职能的重要手段。有了水土保持规划，水土保持工作才能有序开展。

1. 规划是水土保持的工作方针

《水土保持法》第三条规定："水土保持工作实行预防为主、保护优先、全面规划、综合治理、因地制宜、突出重点、科学管理、注重效益的方针。"水土保持工作方针是指导水土保持工作开展的总则，在工作方针中明确了水土保持规划是水土保持的一项工作方针，要求实行全面规划，统筹水土保持各项工作，为水土保持全面发展奠定基础。

2. 规划是明确水土保持任务和安排资金的依据

《水土保持法》第四条规定："县级以上人民政府应当加强对水土保持工作的统一领导，将水土保持工作纳入本级国民经济和社会发展规划，对水土保持规划确定的任务，安排专项资金，并组织实施。"水土保持专项资金是确保水土保持规划实施的重要前提条件，这一条法规要求县级以上人民政府要重视水土保持工作，要根据规划确定的水土保持任务，落实专项资金，这就使水土保持组织实施工作的顺利进行得到保障。

3. 规划是预防水土流失的依据

《水土保持法》第十六条规定："地方各级人民政府应当按照水土保持规划，采取封育保护、自然修复等措施，组织单位和个人植树种草，扩大林草覆盖面积，涵养水源，预防和减轻水土流失。"扩大林草覆盖面积，涵养水源，预防和减轻水土流失是地方各级人民政府的一项重要职责。水土流失防治的工程措施、植物措施、保护性耕作措施都应按照经批准的水土保持规划统筹安排、科学配置。水土保持法明确规定了水土流失预防工作要以水土保持规划为依据开展。

4. 规划明确了水土保持方案的适用范围

《水土保持法》第二十五条规定："在山区、丘陵区、风沙区以及水土保持规划确定的容易发生水土流失的其他区域开办可能造成水土流失的生产建设项目，生产建设单位应当编制水土保持方案……"水土保持法规定水土保持方案编报范围不仅包括山区、丘陵区、风沙区，还包括水土保持规划确定的容易发生水土流失的其他区域，凡是在水土保持规划区域范围内的生产建设项目，都应依据水土保持法规定编制水土保持方案，制定水土流失预防和治理方案。

5. 规划明确了水土保持补偿费缴纳的地域范围

《水土保持法》第三十二条第二款规定："在山区、丘陵区、风沙区以及水土保持规划确定的容易发生水土流失的其他区域开办生产建设项目或者从事其他生产建设活动，损坏水土保持设施、地貌植被，不能恢复原有水土保持功能的，应当缴纳水土保持补偿费，专项用于水土流失预防和治理。"根据这一规定，在山区、丘陵区、风沙区以及"水土保持规划确定的容易发生水土流失的其他区域"进行生产建设活动时，如果损坏水土保持设施和地貌植被，致使其水土保持功能丧失或者降低，且不能恢复其原有水土保持功能的，都应缴纳水土保持补偿费。

6. 规划明确了国家扶持社会力量的范围

《水土保持法》第三十三条规定："国家鼓励单位和个人按照水土保持规划参与水土流失治理，并在资金、技术、税收等方面予以扶持。"我国水土流失量大面广，治理任务艰巨而紧迫，仅靠国家治理还不够，应当鼓励公民、法人和其他组织通过多种形式参与水土流失治理。但任何单位和个人在治理水土流失时，必须按照水土保持规划实施，这样可以避免治理工作的随意性和盲目性，保证治理工作科学、有序开展，发挥效益。

二、水土保持规划的编制与实施

水土保持规划是水土流失预防和治理、水土保持方案编制、水土保持补偿费征收的重要依据。因此，在水土保持规划编制与实施方面，水土保持法作了相应的规定。

1. 编制水土保持规划的基础

《水土保持法》第十条规定明确规定了水土流失调查结果和重点防治区的划定是编制水土保持规划的基础，统筹协调、分类指导是水土保持规划编制应遵循的原则。开展水土流失调查是因地制宜、因害设防、有针对性地开展水土保持工作的前提和基础。

《水土保持法》第十一条对水土流失调查有明确规定："国务院水行政主管部门应当定期组织开展全国水土流失调查并公告调查结果。省、自治区、直辖市人民政府水行政主管部门负责本行政区域的水土流失调查并公告调查结果，公告前应当将调查结果报国务院水行政主管部门备案。”水土流失调查及其公告，是水行政主管部门的一项重要职责，也是水土保持工作的重要基础。调查及其公告制度有利于各级政府建立水土保持目标责任制，增强使命感和紧迫感，有利于政府掌握水土流失状况，制定防治方略。

水土流失调查是指在全国范围内定期开展普查的一项制度。定期开展水土流失调查一般要求调查周期与国民经济和社会发展规划相协调，如国家特殊需要也可适时开展调查。水土流失调查结果主要包括：水土流失面积，侵蚀类型（包括水力侵蚀、重力侵蚀、风力侵蚀、冻融侵蚀），分布状况（行政区域和流域）和流失程度（土壤侵蚀模数和土壤侵蚀强度），水土流失成因（自然因素与人为因素），水土流失造成危害及其趋势，水土流失防治情况及其效益等。全国水土保持普查及结果公告（含水土流失调查）工作一般每10年开展一次，由水利部组织开展；各省（自治区、直辖市）水行政主管部门负责本行政区域的水土流失调查并公告调查结果。县级以上人民政府应当依据水土流失调查结果，及时划定并公告水土流失重点预防区和重点治理区。

2. 水土保持规划的分类

《水土保持法》第十三条第二款规定：“水土保持规划包括对流域或者区域预防和治理水土流失、保护和合理利用水土资源作出的整体部署，以及根据整体部署对水土保持专项工作或者特定区域预防和治理水土流失作出的专项部署。”根据规定水土保持规划分为总体规划和专项规划两大类。

（1）总体规划。是指对行政区域或者流域预防和治理水土流失、保护和合理利用水土资源作出的整体部署。水土保持总体规划种类比较简单，是中央、省级、市级和县级政府为完成水土保持全面工作目标和任务，对水土保持各方面工作所作出的全局性、综合性的总体部署。

（2）专项规划。是指根据整体部署对水土保持某一专项工作或者某一特定区域预防和治理水土流失作出的专项部署。水土保持专项规划种类相对较多，如预防保护、监督管理、综合治理、生态修复、监测预报、科研与技术推广、淤地坝建设、黑土地开发整治、崩岗侵蚀治理等都属于专项规划，专项规划应当服从总体规划。

3. 编制水土保持规划的主体

《水土保持法》第十四条规定：“县级以上人民政府水行政主管部门会同同级人民政府有关部门编制水土保持规划……”水土保持规划由水行政主管部门负责，能够从总体上把握水土保持工作的方向；会同发展改革、财政、林业、农业等部门，有利于多部门配合协调，促进防治任务的落实。因此，在规划编制工作中，应成立领导小组和专家咨询组，加强组织协调和指导，发挥高层推动作用。根据《水利规划管理办法（试行）》，规划编制承担单位应为政府有关部门及所属事业单位，或具有相应资质的勘测、设计、咨询机构。

4. 水土保持规划的内容

《水土保持法》第十三条第一款规定：“水土保持规划的内容应当包括水土流失状况、水土流失类型区划分、水土流失防治目标、任务和措施等。”这一规定明确了规划内容主要包括水土流失状况、水土流失类型区划分、水土流失防治目标、任务和措施。

根据《水土保持规划编制规程》（SL 335—2006），水土保持规划还应包括基本情况、规划依据和原则、分区及总体布局、环评、投资估算、效益分析与经济评价、进度安排与近期实施意见、组织管理，以及改革发展、行业管理等内容。编制规划时，要系统分析评价区域水土流失的强度、类型、分布、原因、危害及发展趋势，根据规划范围内各地不同水土流失发展趋势及自然条件、社会经济情况，研究判断现状，科学预测未来，合理确定目标和任务，编制出具有前瞻性、科学性、时代性和可行性的水土保持规划。

5. 编制水土保持规划的意见征集

国际上许多发达国家对涉及影响生态环境的各种行为，包括政府开展的规划活动和各类开发、生产、建设活动，在规划的编制和项目的可行性研究阶段，都广泛征求社会各方面的意见，提高规划或项目建设的科学性、可行性和可操作性。在我国的《水土保持法》第十三条第二、三款规定："水土保持规划应当与土地利用总体规划、水资源规划、城乡规划和环境保护规划等相协调。编制水土保持规划，应当征求专家和公众的意见。"在编制规划过程中，让社会各界广泛参与，对水土保持规划出谋献策，可以做到民主集智、协调利益、达成共识，使政府决策充分体现人民群众的意愿，使水土保持规划所确定的目标和任务转化为社会各界的自觉行动。

6. 水土保持规划的修订与审批

《水土保持法》第十四条第一、二款规定："县级以上人民政府水行政主管部门会同同级人民政府有关部门编制水土保持规划，报本级人民政府或者其授权的部门批准后，由水行政主管部门组织实施。

水土保持规划一经批准，应当严格执行；经批准的规划根据实际情况需要修改的，应当按照规划编制程序报原批准机关批准。"

根据规定水土保持规划的审批部门为本级人民政府或者其授权的部门。规划制定完成后要及时申报规划审批计划，把规划审批纳入审批部门的审批计划；规划审批前，要组织专家或委托有相应资质的技术咨询机构对规划成果进行审查，提出审查意见，根据各方面的意见修改完善后，按程序履行报批程序。

因形势发生变化，有时需要修改部分规划内容，规划的修订必须按照规划编报程序报原批准机关批准，这样规定既维护了已经批准规划的严肃性、减少修订的随意性，又考虑到由于情况发生变化对规划某些内容确需修订的灵活性。不同类别的规划，修订周期不一样，特别是战略规划和综合规划，一般要定期进行修订，以适应新形势、新变化、新要求。

7. 水土保持规划的实施

《水土保持法》第十四条规定："……水土保持规划，报本级人民政府或者其授权的部门批准后，由水行政主管部门组织实施。水土保持规划一经批准，应当严格执行……"经批准的水土保持规划是水土保持工作的总体方案和行动指南，具有法律效力，规划一经批准就要严格执行，违反了水土保持规划就是违法。规划的组织实施部门为各级水行政主管部门，县级以上人民政府要加强组织领导，明确责任分工，安排专项资金，完成规划确定的任务；各级水行政主管部门要积极协调，加强监督检查，组织实施好规划，并建立健全规划实施的评估制度，提高规划实施效益。

第三节 水土流失预防

《水土保持法》将"预防为主、保护优先"作为水土保持工作的指导方针之一。《水土保持法》针对不同的主体、不同的地区、不同的行为，根据区域生态环境具体要求和重要特征，对一些容易导致水土流失、破坏生态环境的行为予以禁止或者限制的规定，并指出应该根据水土保持规划，采取封育保护、自然修复等措施，扩大林草覆盖面积，涵养水源，预防和减轻水土流失。这些规定有助于实现从事后治理向事前预防的根本性转变，对预防人为水土流失、有效保护生态环境至关重要。

《水土保持法》第十六条规定："地方各级人民政府应当按照水土保持规划，采取封育保护、自然修复等措施，组织单位和个人植树种草，扩大林草覆盖面积，涵养水源，预防和减轻水土流失。"这一规定明确了地方各级人民政府在加强生态建设预防和减轻水土流失方面的职责。地方各级人民政府应当高度重视水土流失预防工作，把预防保护工作摆在首要位置，广泛发动群众，组织协调，按照水土保持规划确定的区域，保护地表植被，采取封育保护、自然修复等措施，扩大林草覆盖，才能有效预防水土流失的发生。

一、预防水土流失的主要规定

1. 关于对崩塌、滑坡危险区和泥石流易发区的保护

取土、挖砂、采石等活动直接在地表施工，土石方挖填量大，造成地表结构破坏、植被占压，是最为普遍、最容易引发水土流失及其危害的生产建设活动。在崩塌、滑坡危险区和泥石流易发区取土、挖砂、采石，极易导致应力变化，引发崩塌、滑坡和泥石流等灾害的发生和发展，造成严重的水土流失和生态破坏，给群众生命财产带来巨大损失，严重危及公共安全。《水土保持法》第十七条第二款对此规定："禁止在崩塌、滑坡危险区和泥石流易发区从事取土、挖砂采石等可能造成水土流失的活动。崩塌、滑坡危险区和泥石流易发区的范围由县级以上地方人民政府划定并公告。……"地方各级人民政府要承担对本辖区内的取土、挖砂、采石等活动的管理责任，地方政府应划定并公告崩塌、滑坡危险区和泥石流易发区，这既可以使社会公众认识到在划定区域从事这些活动会产生的严重危害，杜绝在该区域从事取土、挖砂、采石等活动，也是依法加强对取土、挖采行为的管理，打击违法行为的依据。

2. 关于对水土流失严重、生态脆弱地区及其植物的保护

水土流失严重地区是指水土流失面积较大、强度较高、危害较重的区域。生态脆弱地区是指生态系统在自然、人为等因素的多重影响下，生态系统抵御干扰的能力较低，恢复能力较弱，且在现有经济和技术条件下，生态系统退化趋势得不到有效控制的区域，如戈壁、沙地、高寒山区以及坡度较陡的山脊带等。这些区域地面的地面植物沙壳、结皮、地衣等对地表及地表层下的土壤或细颗粒沙具有很强的保护作用，可以防止降雨、大风对地表的侵蚀，减轻水土流失及其危害，固定沙丘，改善生态环境。但这些植物极其脆弱，对外界生态环境的干扰极为敏感，一旦遭到破坏极难恢复，易造成严重的水土流失灾害和生态影响。因此，在上述区域应当限制或者禁止可能造成水土流失的生产建设活动。《水土保持法》第十八条第一款规定："水土流失严重、生态脆弱的地区，应当限制或者禁止可能造成水土流失的生产建设活动，严格保护植物、沙壳、结皮、地衣等。"

3. 关于对水土保持设施管理与维护责任的规定

水土保持设施是指具有水土保持功能的所有人工建筑物、植被的总称。我国防治水土流失有悠久的历史，广大劳动人民创造和保留了许多水土保持设施，如建设年代很早的云南元阳、广西龙胜梯田，大面积保存至今仍发挥良好的水土保持作用和功能。新中国成立

以来，国家、集体和个人投入了大量的人力、物力、财力，建成了大量的水土保持设施。截至2006年年底，全国累计完成水土流失初步治理面积92万km^2，其中建设基本农田1300万hm^2，营造水土保持林4633万hm^2，建成淤地坝、塘坝、蓄水池、谷坊等小型水利水保工程680万多座（处），对防治水土流失，保障防洪安全、生态安全，促进经济社会可持续发展都起到了十分重要的作用。但长期以来，一些地区重治理轻管护，管护责任不落实，治理成果没有得到有效保护，导致了一些水土保持设施遭受破坏，水土保持功能降低甚至丧失，因此，从法律层面规定加强对水土保持设施的保护是十分必要的。《水土保持法》第十九条明确规定："水土保持设施的所有权人或者使用权人应当加强对水土保持设施的管理与维护，落实管护责任，保障其功能正常发挥。"这条法规规定了水土保持设施的所有权人或者使用权人具有管理和维护的法律义务，它涵盖了全部的各类责任主体，有利于全面落实管护责任，确保水土保持设施长期发挥水土保持功能。

4. 关于对土地的保护

二十五度坡度是土壤侵蚀发生较大变化的临界坡度，二十五度以上陡坡耕地的土壤流失量高出普通坡地2～3倍，由于农作物对二十五度以上陡坡耕地表造成持续的扰动，极易引发严重水土流失，因此，应禁止在二十五度以上陡坡地开垦种植农作物。《水土保持法》第二十条第一款规定："禁止在二十五度以上陡坡地开垦种植农作物。在二十五度以上陡坡地种植经济林的，应当科学选择树种，合理确定规模，采取水土保持措施，防止造成水土流失。"坡地上种植经济林的现象在我国较为普遍，特别是在我国南方集中连片种植经济果木林，易产生非常严重的水土流失，因此这条法规也对陡坡地种植经济林提出了明确的水土保持要求。首先要科学选择树种，种植耗水量小、根系发达、密度大、植被覆盖率高的树种，减少因单一树种或品种不当加重水土流失；其次是确定合理规模，经济林要与生态林相配套布设，经济效益与生态防护效益兼顾；再次是采用有利于水土保持的造林措施，并采取拦水、蓄水、排水等措施，防止形成较大坡面的径流和冲刷，综合防治可能产生的水土流失。

《水土保持法》第二十三条第一、二款规定："在五度以上坡地植树造林、抚育幼林、种植中药材等，应当采取水土保持措施。

在禁止开垦坡度以下、五度以上的荒坡地开垦种植农作物，应当采取水土保持措施。具体办法由省、自治区、直辖市根据本行政区域的实际情况规定。"

开垦禁垦坡度以下、五度以上荒坡地，将适宜开发为农用地的未利用土地开发成农用地，会扰动地表及微地形，破坏土体结构，使相对密集稳定的原状土壤转变为松散的耕作土壤，极容易在降水和径流作用下造成强度大、后果严重的水土流失。因此，开垦和生产经营中，应综合采取水土保持工程措施、植物措施和保护性耕地措施，防止水土流失，保障持续发挥作用。开垦具有一定坡度的土地，极易引发水土流失，但考虑到坡地开垦涉及面广且各地情况又不尽相同，因此水土保持法规定，各省、自治区、直辖市应根据本辖区的实际情况，制定具体管理办法。

5. 关于对侵蚀沟及湖泊、河流周边的保护

侵蚀沟是我国水土流失最为严重的两大地类之一，因沟坡坡度一般较陡，容易造成沟头前进和沟岸扩张，产生新的切沟甚至发育成新的侵蚀沟，并伴有坍塌、泻溜等重力侵蚀

发生，泥沙直接进入河道，危及江河防洪安全以及下游群众的生命财产安全，如位于黄土高原沟壑区的董志塬，塬面平坦，黄土的厚度在170m以上，其沟壑部分地形破碎，坡陡沟深，相对高差100～200m，侵蚀模数达5000～10000t/（km^2·a）。因此，在侵蚀沟及河湖库岸周边设置植物保护带对预防和减轻水土流失具有重要作用。

《水土保持法》第十八条第二款："在侵蚀沟的沟坡和沟岸、河流的两岸以及湖泊和水库的周边，土地所有权人、使用权人或者有关管理单位应当营造植物保护带。禁止开垦、开发植物保护带。"禁止在侵蚀沟和河流湖泊两岸开垦植物保护带不仅能够控制水流和冲刷，护坡和固岸，减少人为破坏，而且还可以拦截泥沙，有效控制和减少水土流失及其对下游造成的危害，改善生态，减少面源污染，净化水质。由于植物保护带具有多方面、十分重要的水土保持作用，因此，应严格保护，禁止开垦，改变其土地利用方向。

二、水土保持方案

1. 水土保持方案的编报范围及对象

《水土保持法》第二十五条第一款："在山区、丘陵区、风沙区以及水土保持规划确定的容易发生水土流失的其他区域开办可能造成水土流失的生产建设项目，生产建设单位应当编制水土保持方案，报县级以上人民政府水行政主管部门审批，并按照经批准的水土保持方案，采取水土流失预防和治理措施。没有能力编制水土保持方案的，应当委托具备相应技术条件的机构编制。"生产建设项目是否造成水土流失，不仅与项目所处大地貌类型有关，还与项目所在的区域环境及项目特点（规模、性质、挖填土石方量、施工周期等）有关，平原地区开展生产建设活动同样存在水土流失问题（如江苏省绝大部分地处平原区）。因此，水土保持法明确了水土保持方案编报范围不仅包括山区、丘陵区、风沙区，还包括水土保持规划确定的容易生水土流失的其他区域，在上述区域开办可能造成水土流失的生产建设项目，生产建设单位应当编制水土保持方案，按照经批准的水土保持方案，采取水土流失预防和治理措施。

在这些区域内没有能力编制水土保持方案的生产建设单位，应当委托具备相应技术条件的机构编制水土保持方案。生产建设项目水土流失防治关系到人民群众的切身利益，涉及公众生命和财产安全。因此，水土保持方案作为主体工程项目技术设计的组成部分，应同建设项目主体设计一样，要求编制单位必须熟悉国家有关法律法规和技术规程规范，具备相应的技术条件和能力。

2. 水土保持方案的编报内容

水土保持方案既要对主体工程的设计报告进行水土保持论证，对水土流失防治目标、任务和标准做出部署，还要对水土保持工程措施、植物措施、临时措施进行设计，对水土保持方案实施提出要求。

《水土保持法》第二十五条第二款明确规定了水土保持方案的内容："水土保持方案应当包括水土流失预防和治理的范围、目标、措施和投资等内容。"水土保持方案具体包括以下几方面的内容：

（1）水土流失防治的责任范围。包括生产建设项目永久占地、临时占地及由此可能对周边造成直接影响的面积。

（2）水土流失防治目标。在生产建设项目水土流失预测的基础上，根据项目类别、地貌类型、项目所在地的水土保持重要性和敏感程度等，合理确定扰动土地整治率、水土流失总治理度、土壤流失控制比、拦渣率、林草植被恢复率、林草覆盖率等目标。

（3）水土流失防治措施。根据项目特性及项目区自然条件、造成的水土流失特点，合理确定工程措施、植物措施、临时防护措施和管理措施。

（4）水土保持投资。根据国家制定的水土保持投资编制规范，估算各项水土保持措施投资及相关的间接费用。

3. 水土保持方案的修订

《水土保持法》第二十五条第三款规定："水土保持方案经批准后，生产建设项目的地点、规模发生重大变化的，应当补充或者修改水土保持方案并报原审批机关批准。水土保持方案实施过程中，水土保持措施需要作出重大变更的，应当经原审批机关批准。"如果在工程设计的后续阶段或工程实施期间，主体工程的地点、规模发生重大变更或渣场、料场及其他施工布置有重大变化时，将引起水土流失防治责任范围、水土流失防治措施及措施布置的变化。因此，生产建设项目应当补充或者修改水土保持方案并向水行政主管部门备案，修改后的水土保持方案应报原审批部门批准。

4. 水土保持方案的审批

《水土保持法》第二十五条第四款规定："生产建设项目水土保持方案的编制和审批办法，由国务院水行政主管部门制定。"有关需要编制水土保持方案的生产建设项目、编制水土保持方案机构的技术条件、水土保持方案审批程序等，均由国务院水行政主管部门制定；生产建设项目的水土保持方案审批也由国务院水行政主管部门完成。

三、水土保持与生产建设

1. 生产建设项目的选址和选线

《水土保持法》第二十四条规定："生产建设项目选址、选线应当避让水土流失重点预防区和重点治理区；无法避让的，应当提高防治标准，优化施工工艺，减少地表扰动和植被损坏范围，有效控制可能造成的水土流失。"

水土流失重点预防区一般为植被良好、水土流失相对较轻区域，许多是江河源头区、饮用水水源区和水源涵养区；水土流失重点治理区一般为水土流失严重、开展重点治理的区域，这些地区会对当地和下游地区产生严重影响。重点预防区和重点治理区具有较为重要的水土保持功能，对国家或区域生态安全、饮水安全、防洪安全、水资源安全以及当地经济社会的发展具有重要影响，需要严格保护。在重点预防区和重点治理区，中央和地方投入了大量资金，建设重点水土保持工程，进行预防保护和综合治理，其成果发挥着愈来愈大的作用。

一般生产建设项目在选址选线时应当避让这些重点预防区和重点治理区。特别是涉及或影响到流域或区域生态安全、饮水安全、防洪安全、水资源安全等的生产建设项目必须从严控制，严格避让。对国家重要基础设施建设、重要民生工程、国防工程等在选址、选线时无法避让水土流失重点预防区和重点治理区的，应当依法提高水土流失防治标准，严格控制地表扰动和植被损坏范围，减少工程永久或临时占地面积，加强工程管理，优化施工工艺，这样就可以最大限度地减轻水土流失和生态环境影响。如公路建设项目应提高桥梁、隧道比重，减少开挖、填筑工程量；在河谷狭窄地段，可适当降低路面两侧附属设施的标高；在填筑时尽量使用开挖的土石，以减少废弃的土石方量，确实要废弃的土石，要尽可能缩短土石方的存放时间，将废弃土石方运至水土流失重点预防区外堆放。

2. 生产建设项目的水土保持方案

生产建设项目的水土保持方案是生产建设项目开工建设的前置条件。《水土保持法》第二十六条规定："依法应当编制水土保持方案的生产建设项目，生产建设单位未编制水土保持方案或者水土保持方案未经水行政主管部门批准的，生产建设项目不得开工建设。"根据规定生产建设单位应依法编制水土保持方案，开工建设前，建设单位应当委托具有相应技术条件和能力的机构编制水土保持方案，并报经水行政主管部门批准。环境影响评价法、建设项目环境保护管理条例也规定，涉及水土保持的建设项目，必须有经水行政主管部门审查同意的水土保持方案。

3. 生产建设项目的水土保持设施

《水土保持法》第二十七条规定："依法应当编制水土保持方案的生产建设项目中的水土保持设施，应当与主体工程同时设计、同时施工、同时投产使用；生产建设项目竣工验收，应当验收水土保持设施；水土保持设施未经验收或者验收不合格的，生产建设项目不得投产使用。"

水土保持"三同时"制度是生产建设项目从始至终全过程履行防治水土流失义务的制度保证。"三同时"制度是指"同时设计、同时施工、同时投产使用"。

"同时设计"是指生产建设项目水土保持设施的设计要与项目主体工程设计同时进行。工程设计过程是分阶段的、逐步深化细化的，主要包括项目可行性研究报告或项目申请核准报告、初步设计和施工图设计。可行性研究阶段按水土保持法规定编报水土保持方案，在初步设计和施工图设计阶段要根据批准的水土保持方案和有关技术标准，组织开展水土保持设计，编制水土保持设计篇章，并成为工程设计的重要组成部分。

"同时施工"是指水土保持措施应当与主体工程建设同步建设实施。水土保持措施施工的时效性强，生产项目在施工过程中，如果不及时采取措施，就可能导致严重水土流失，开挖面、弃渣场等还可能引发崩塌、滑坡、泥石流等灾害，危及人民生命财产安全。同时施工就是确保水土保持措施及时、有效发挥作用，建设过程中的水土流失得到有效防治，水土流失危害得到有效控制。

"同时投产使用"是指水土保持措施应与主体工程同时完成，并投入使用，既发挥防治水土流失、恢复和改善生态环境的作用，也保障主体工程安全运行。不能出现主体工程已完工甚至投入使用，而水土保持措施没有完成，水土流失依然存在的情况。

水土保持设施竣工验收是水土保持"三同时"制度中"同时投入使用"的具体规定，是检验生产建设项目是否依法履行水土流失防治义务，是否按照批准的水土保持方案及时有效地实施了水土流失防治措施，防治的效果是否达到了国家标准和要求的重要检验过程。水土保持方案批准机关必须把好水土保持设施验收关，确保责任明确、方案和设计得到落实、达到水土保持措施设计效果，并长期发挥作用。水土保持设施未经验收或者验收不合格的，生产建设项目不得投产使用。

4. 生产建设项目中的废弃物

我国目前正处于经济快速发展期，资源开发、工业化和城镇化进程加快，基本建设活动面广量大，随之产生大量的土石方开挖和填筑。由于生产建设项目中的废弃物综合利用程度不高，废弃的砂、石、土总量巨大，一方面弃渣的堆放造成了大量的土地占压和植被破坏，另一方面形成大量新的水土流失策源地，对周边和下游造成严重的水土流失影响甚至构成安全威胁。据统计，近几年我国每年从陆地表面上搬动和迁移岩石、土壤的数量高达380亿t，约占全世界的28%，是世界平均水平的1.4倍。生产活动搬运表面物质的总量约是每年从河川径流中搬运至海洋泥沙数量的8倍。据调查统计，“十五”期间我国生产建设项目废弃的砂、石、土量就高达92亿t。特别是公路、铁路等线型分布的工程以及大中型水利水电工程、露天采矿工程，土石方挖填量大，弃渣量很大，这些进入江河湖库的弃渣会直接威胁防洪安全，而大量堆积的弃渣则会诱发滑坡，威胁生命财产和公共安全。

《水土保持法》第二十八条规定：“依法应当编制水土保持方案的生产建设项目，其生产建设活动中排弃的砂、石、土、矸石、尾矿、废渣等应当综合利用。不能综合利用，确需废弃的，应当堆放在水土保持方案确定的专门存放地，并采取措施保证不产生新的危害。”

根据规定生产项目产生的废弃物必须合理处置，处置方式主要有两种：

（1）综合利用废弃物。生产建设项目大多既有土石方的开挖，也有土石方的回填，在工程设计中要做到深入调查研究和统筹安排，尽可能实现综合利用，减少弃渣数量，不仅要在总量上实现挖填利用平衡，还要在标段上做到平衡，还可以与相邻项目间进行平衡，如将本工程多余土石方供给相邻的其他生产建设项目，就地消化土石方，尽可能不产生废弃物。废弃物综合利用不仅可大幅度减少开挖的范围和数量，还可大幅度减少弃渣占压土地的数量，起到防止水土流失、保护生态环境的作用。

（2）采用适当的防护措施保护废弃物，保证不产生新的危害。由于生产建设项目的废弃物具有堆放集中、数量大、物质松散、高差大、流失量大、危害大的特点，有的甚至危及生命财产和公共安全，因此不能综合利用的废弃物必须采取防护措施，如拦挡、护坡、排水、土地整治、植被等措施，以保证不产生新的危害，特别是不能有安全隐患和威胁。

第四节 水土流失治理

一、水土流失的治理原则

《水土保持法》第三条规定：“水土保持工作实行预防为主、保护优先、全面规划、综合治理、因地制宜、突出重点、科学管理、注重效益的方针。”这一条款规定了水土保持的工作方针，也是指导水土保持工作开展总的原则，具有提纲挈领、全面指导水土保持工作实践的作用。

1. 预防为主，保护优先，全面规划，综合治理

在水土保持管理工作中，要把水土流失的预防监督工作放在首位，坚持预防与监督，治理与开发一起抓，抓紧对现有水土流失区的治理，强化水土流失的监督、监测手段与方式，保护林草植被和水土等自然资源，切实制止“边治理边破坏”的不良现象，将不合理的人为活动造成的水土流失降低到最低限度。

在治理水土流失的过程中，对水土流失防治工作必须进行全面规划，不能靠单一的治理措施取得成效。对已发生水土流失的治理，必须坚持以小流域为单元，工程措施、生物措施和农业技术措施优化配置，山水田林路村综合治理，形成综合防护体系。

2. 因地制宜，突出重点，科学管理，注重效益

“因地制宜，突出重点”体现的是水土保持措施要因地制宜，防治工程要突出重点。水土流失治理，要根据各地的自然和社会经济条件，分类指导，科学确定当地水土流失防治工作的目标和关键措施。如黄土高原区，措施配置应以坡面梯田和沟道淤地坝为主，加强基本农田建设，荒山荒坡和退耕的陡坡地开展生态自然修复，或营造以适生灌木为主的水土保持林。

“科学管理，注重效益”体现的是对水土保持管理手段和水土保持工作效果的要求。随着现代化、信息化的发展，水土保持管理也要与时俱进，引入现代管理科学的理念和先进技术手段，促进水土保持由传统向现代的转变，提高管理效率。注重效益是水土保持工作的生命力。水土保持效益主要包括生态、经济和社会三大效益。在防治水土流失工作中要统筹兼顾三大效益，妥善处理国家生态建设、区域社会发展与当地群众增加经济收入需求三者的关系，把治理水土流失与改善民生、促进群众脱贫致富紧密结合起来，充分调动群众参与治理的积极性。

3. 全社会共同参与

在治理水土流失的过程中，除了要充分发挥政府及其主管部门的主导地位和作用外，全社会所有的公民都应当参与到治理水土流失的队伍中来。对此《水土保持法》第八条作出相应规定：“任何单位和个人都有保护水土资源、预防和治理水土流失的义务，并有权对破坏水土资源、造成水土流失的行为进行举报。”

4. 谁治理谁收益

《水土保持法》第三十四条规定了“谁治理谁收益”的原则，第一款规定“国家鼓励和支持承包治理荒山、荒沟、荒丘、荒滩，防治水土流失，保护和改善生态环境，促进土地资源的合理开发和可持续利用，并依法保护土地承包合同当事人的合法权益。”国家鼓励和支持承包治理荒山、荒沟、荒丘、荒滩，通过治理“四荒”取得经济收入或者收益，是承包治理者的合法权益，是国家对承包治理者劳动成果的尊重和保护，也体现了土地使用人责、权、利的统一。

二、治理水土流失的措施

1. 对水力、风力、重力侵蚀地区的水土流失治理

由于水力、风力和重力侵蚀的特点和规律不同，《水土保持法》针对不同侵蚀类型采取的水土保持技术路线也不同。

《水土保持法》第三十五条规定：“在水力侵蚀地区，地方各级人民政府及其有关部门应当组织单位和个人，以天然沟壑及其两侧山坡地形成的小流域为单元，因地制宜地采取工程措施、植物措施和保护性耕作等措施，进行坡耕地和沟道水土流失综合治理。在风力侵蚀地区，地方各级人民政府及其有关部门应当组织单位和个人，因地制宜地采取轮封轮牧、植树种草、设置人工沙障和网格林带等措施，建立防风固沙防护体系。在重力侵蚀地区，地方各级人民政府及其有关部门应当组织单位和个人，采取监测、径流排导、削坡减

载、支挡固坡、修建拦挡工程等措施，建立监测、预报、预警体系。”

在水力侵蚀地区一般采用由工程措施、植物措施和耕作措施组成的水土流失综合防治体系。水土保持工程措施指为防治水土流失而修建的工程设施，主要包括坡面治理工程、沟道治理工程、山洪排导工程和小型蓄水工程等。水土保持植物措施指为防治水土流失所采取的造林、种草及封禁育保护等生产活动，主要包括水土保持林、水源涵养林、薪炭林、等高植物篱等。水土保持耕作措施指在遭受水蚀的农田中，采用改变微地形，增加地面覆盖和土壤抗蚀力，实现保水、保土、保肥、改良土壤、提高农作物产量的农业耕作方法，主要包括等高耕作、沟垄耕作、垄作区田、覆盖种植、免耕、带状间作、草田轮作等。

风力侵蚀多发生于植被覆盖率较低、降水量少、生态脆弱的地区。预防和治理风力侵蚀，应按照风力侵蚀特点及规律，建立防风固沙防护体系。具体措施包括植树种草、轮封轮牧、设置人工沙障和网格林带等。

重力侵蚀主要包括崩塌、泻溜、滑坡和泥石流等形式，多发生在山地、丘陵、河谷及陡峻的斜坡。因此，需根据重力侵蚀产生的规律及产生的部位，因地制宜地治理重力侵蚀。具体措施包括：①根据重力侵蚀的形成机理和特点，建立预警预报体系，制定应急避险和抢险方案；②通过径流排导、拦截，阻止雨水入渗，减轻水流对坡体滑面或坡体裂隙的冲泡、浸润；③通过采用削坡减载、支挡固坡等措施稳定坡体。

从多年的水土保持实践来看，在水力、风力和重力侵蚀地区，根据不同侵蚀类型的特点及其流失规律，因害设防，因地制宜，建立综合防护体系不但能够增加植被覆盖度和蓄水量，降低土壤侵蚀模数，有效防治水土流失，减轻水土流失危害；而且还能够促进农林牧副渔各业的生产，加快群众脱贫致富的步伐，收到显著的水土保持生态效益、经济效益和社会效益。

2. 对荒山、荒沟、荒丘、荒滩的治理

治理开发“四荒”是预防和治理水土流失，保护和改善生态环境和农业生产条件，促进土地资源的合理开发、农民脱贫致富和农业可持续发展的一项重要战略措施。《水土保持法》第三十四条第一款和第二款规定：“国家鼓励和支持承包治理荒山、荒沟、荒丘、荒滩，防治水土流失，保护和改善生态环境，促进土地资源的合理开发和可持续利用，并依法保护土地承包合同当事人的合法权益。

承包治理荒山、荒沟、荒丘、荒滩和承包水土流失严重地区农村土地的，在依法签订的土地承包合同中应当包括预防和治理水土流失责任的内容。”

3. 对山区、丘陵区、风沙区等容易发生水土流失地区的治理

《水土保持法》第三十九条规定：“国家鼓励和支持在山区、丘陵区、风沙区以及容易发生水土流失的其他区域，采取下列有利于水土保持的措施：

（1）免耕、等高耕作、轮耕轮作、草田轮作、间作套种等。

（2）封禁抚育、轮封轮牧、舍饲圈养。

（3）发展沼气、节柴灶，利用太阳能、风能和水能，以煤、电、气代替薪柴等。

（4）从生态脆弱地区向外移民。

（5）其他有利于水土保持的措施。”

“其他有利于水土保持的措施”，是指以上提到的四类措施以外，有利于水土保持的措施，如生产建设单位采用的可以减少对地表扰动和破坏的新施工工艺、先进技术、新设备等。国家支持的这些水土保持措施，不但可以遏制了脆弱生态环境持续的恶化，而且可以提高植被覆盖率，降低水土流失强度，使这些生态环境脆弱地区走上了一条生态保护、生产发展、生活提高的良性发展之路。

4. 对生产建设活动造成水土流失的治理

《水土保持法》第三十八条：“对生产建设活动所占用土地的地表土应当进行分层剥离、保存和利用，做到土石方挖填平衡，减少地表扰动范围；对废弃的砂、石、土、矸石、尾矿、废渣等存放地，应当采取拦挡、坡面防护、防洪排导等措施。生产建设活动结束后，应当及时在取土场、开挖面和存放地的裸露土地上植树种草、恢复植被，对闭库的尾矿库进行复垦。”这里的表层土是指土壤剖面中最靠近地表的一个层次，该层土壤富含腐殖质，一般厚度20～30cm，黑土和黑钙土则有50～100cm。表层土是土壤层中含有最多有机质和微生物的地方，是地球上多数生态活动进行的地方，也是植物大部分根系生长、吸收养分的地方，因此，应有效控制生产建设期间可能产生的水土流失，保护表层土壤。

保护表层土壤方法主要有三方面：

（1）土石方挖填平衡，减少开挖和占地面积，减少地表扰动和对表层土的破坏。

（2）减少地表径流，最大限度地保护地貌植被，增加地表抗蚀性。

（3）对废弃的砂、石、土、渣、矸石、尾矿等存放地，通过采取遮盖，设置拦挡、排水沟、沉沙池、坡面防护等措施，减轻地表水对表层土壤的冲刷。

三、治理水土流失的责任

我国水土流失量大面广，治理任务艰巨而紧迫，仅靠国家治理还不够，应当鼓励公民、法人和其他组织通过多种形式参与水土流失治理，这样不仅可以广开渠道，增加水土流失治理的社会总投入，加快水土流失预防和治理进程，而且还可以提高社会公众的水土保持意识和法制观念，形成良好的水土保持社会氛围。《水土保持法》第三十三条规定：“国家鼓励单位和个人按照水土保持规划参与水土流失治理，并在资金、技术、税收等方面予以扶持。”

《水土保持法》有关水土流失治理责任的规定，主要有三个方面：

（1）水土流失地区的集体所有的土地承包给个人使用的，应当将治理水土流失的责任列入承包合同。（第三十四条第二款）

（2）按照谁承包治理谁受益的原则，农村集体经济组织、农民个人或者联户可以承包荒山、荒沟、荒丘、荒滩的水土流失的治理。（第三十四条第一款）

（3）企业、事业单位在建设和生产过程中，必须采取水土保持措施，对造成的水土流失负责治理。（第三十八条）

第五节 水土保持监测和监督

一、水土保持监测

水土保持监测是一项重要的基础性工作，是开展水土保持工作的重要基础和手段，也是国家生态保护与建设的重要基础。水土保持监测的作用主要体现在两方面：一是准确掌握水土流失预防和治理情况，分析和评价水土保持效果，为水土流失防治总体部署、规划布局、防治措施科学配置等提供科学依据；二是掌握生产建设项目造成水土流失情况、防治成效，为各级水行政主管部门有针对性地开展监督检查、案件查处等提供重要依据。水土保持监测数据和成果是服务于政府、服务于社会、服务于公众的，因此，水土保持监测是一项社会公益事业，各级人民政府及其水行政主管部门应加强领导，保障监测工作经费。《水土保持法》第四十条规定："县级以上人民政府水行政主管部门应当加强水土保持监测工作，发挥水土保持监测工作在政府决策、经济社会发展和社会公众服务中的作用。……"

1. 地方水土保持监测

发布地方水土保持监测公告的是水利部和省（区、市）水行政主管部门的法定职责。《水土保持法》第四十二条规定："国务院水行政主管部门和省、自治区、直辖市人民政府水行政主管部门应当根据水土保持监测情况，定期对下列事项进行公告：

（1）水土流失类型、面积、强度、分布状况和变化趋势。

（2）水土流失造成的危害。

（3）水土流失预防和治理情况。"

水土保持监测公告应定期发布，对全国、七大流域、较大区域的水土保持监测公告可每5年、10年发布一次，以满足国家5年发展规划、10年中期规划的需要；对水土流失重点预防区和重点治理区应发布年度水土保持监测公告；对特定区域、特定对象的监测，可适时发布。

水土保持监测公告的基本内容如下：

（1）水土流失情况，主要包括水力侵蚀、风力侵蚀、重力侵蚀、冻融侵蚀等各类侵蚀的面积、分布情况，各级侵蚀强度（微度、轻度、中度、强烈、极强烈、剧烈侵蚀）的面积、分布情况，并分析变化情况及趋势。

（2）水土流失造成的危害，如进入江河、湖泊、水库的泥沙量，发生崩塌、滑坡、泥石流的情况，严重水土流失灾害事件及造成生命财产损失情况等。

（3）水土流失预防和治理的情况，如重点预防和治理工程建设情况、保存情况、成效，重大政策、重要活动等。

2. 大中型生产建设项目的水土保持监测

《水土保持法》第四十一条第一款规定："对可能造成严重水土流失的大中型生产建设项目，生产建设单位应当自行或者委托具备水土保持监测资质的机构，对生产建设活动造成的水土流失进行监测，并将监测情况定期上报当地水行政主管部门。"

根据"谁造成水土流失，谁负责治理、谁负责监测"的原则，造成水土流失的生产建设单位有责任和义务开展水土保持监测。大中型生产建设项目一般对地表及地表植被破坏性较大、挖填土石方量较大，容易引发较为严重的水土流失，因此，是开展水土保持监测的重点。此外，水土保持法还规定，生产建设单位应定期将监测成果上报给当地水行政主管部门，有关水行政主管部门根据监测报告，不定期进行检查，发现问题及时提出整改要求。

二、水土保持监督检查

水土保持行政监督检查，是指县级以上人民政府水行政主管部门，依据法律、法规、规章及规范性文件或政府授权，对所辖区域内公民、法人和其他组织与水土保持有关的行为活动的合法性、有效性等的监察、督导、检查及处理的各项活动的总称，如实施水土保持行政许可、行政检查、行政处理等。行政检查是保障其他行政行为顺利实现的辅助和保障，在水土保持监督管理工作中，通过水土保持行政监督检查可以知晓生产建设单位是否按水土保持法律法规要求落实“三同时”制度，水土保持行政监督检查是做出和执行水土保持行政决定的前提和基础。

水土保持行政监督检查权同其他行政权力一样属公权力，出于维护公共利益的需要，水行政主管部门有权单方启动监督检查程序。《水土保持法》第四十三条：“县级以上人民政府水行政主管部门负责对水土保持情况进行监督检查。流域管理机构在其管辖范围内可以行使国务院水行政主管部门的监督检查职权。”从水土保持法的规定来看，水行政主管部门有义务依职权主动进行水土保持行政监督检查，水行政主管部门未按法律规定主动行使行政监督检查权的，属行政不作为。

实行监督检查是贯彻实施水土保持法律法规的重要手段。其检查的主要内容有以下几个方面：

（1）检查有关单位和个人在生产建设活动中是否造成或有可能造成水土流失。

（2）检查是否向水行政主管部门及其水土保持监督管理机构提交“水土保持方案报告书”或“水土保持报告表”。

（3）检查是否有水行政主管部门审批的“水土保持方案报告书”、“水土保持方案报告表”，即是否有水土保持方案合格证。

（4）对于一些有水土流失防治任务的企事业单位，检查是否定期向县级以上人民政府水行政主管部门通报水土流失防治工作的情况。

（5）对“三同时”制度执行情况的检查，包括四个方面：①检查防治费的用途是否正确到位；②检查措施落实情况，是否与水土保持方案中的要求相一致；③检查各项措施质量是否符合标准；④检查工程竣工时间，看方案报告中水土保持工程是否按规定与主体工程同时竣工。

（6）对防治费的收缴和使用的监督检查。防治费的使用一般由水行政主管部门安排，用于治理水土流失。为此，水行政主管部门应根据有关规定，自查经费的使用比例及范围，是否用于水土流失防治工作。

（7）对预防保护效益的检查。主要通过监测手段来完成，内容有四个方面：①水土流失在面积上和总量上的减少程度；②监测通过预防保护减少的水土流失危害及由此而减少的损失情况；③监测治理通过管护而发挥的效益；④统计通过监督工作，有关单位或个人对水土流失治理增加的投入。这项检查的目的是检查预防监督工程的效果。

三、水土流失防治费

水土流失防治费，是指企事业单位或个人在建设和生产过程中对造成水土流失采取防治措施所需的费用。水土保持补偿费是指生产建设单位在生产建设过程中损坏了原有的水土保持设施（水土保持设施包括工程措施、生物措施和农业措施）和具有一定保持水土功能的地貌、植被，从而降低或减弱其原有的水土保持功能，所必须为此补偿的费用。

1. 水土流失防治费的收费对象

对造成水土流失而无力治理的企事业单位或个人征收水土流失防治费，是水行政主管部门依法防治水土流失的具体行政行为。这种行为具有一定的法律保证力和约束力。水土流失防治费的收缴对象有三种情况：

（1）因技术或其他原因，不能或不便于自行治理的单位或个人。

（2）对已编报“水土保持方案”而不组织实施的企事业单位和个人。

（3）对非定点、流动式，自己治理不现实的建设单位或个人。

2. 水土流失补偿费的收缴

《水土保持法》第三十二条规定：“在山区、丘陵区、风沙区以及水土保持规划确定的容易发生水土流失的其他区域开办生产建设项目或者从事其他生产建设活动，损坏水土保持设施、地貌植被，不能恢复原有水土保持功能的，应当缴纳水土保持补偿费，专项用于水土流失预防和治理。……”水土保持补偿费不同于赔偿费，有关生产建设单位或个人在从事生产建设、资源开发以及其他活动中损坏了原地貌、植被和水土保持设施等，使原有的水土保持功能受到损失或降低，应给予补偿，由水行政主管部门在别处投资，另行防治，使水土保持整体功能不至于降低。

水土保持补偿费的收缴对象是指开办需要编制水土保持方案的生产建设项目或者从事其他可能造成水土流失活动的单位和个人。凡是生产建设活动中损坏水土保持设施和地貌植被，致使其水土保持功能丧失或者降低，且不能恢复其原有水土保持功能的，都应缴纳水土保持补偿费。补偿费的标准应高于当时建设这些水土保持设施时的投资额，这种补偿费与其所造成的水土保持经济损失等量。

3. 防治费的使用与管理

水土流失防治费的使用与管理是一项很复杂的工作，应当本着管理严格、使用合理的原则，真正把水土流失防治费收好、管好、用好。收缴的防治费应该主要用于水土流失的防治，不得挪作他用。因此，收缴的防治费应该统一列入预算外资金专户管理，由水行政主管部门按规定进行管理使用，凡动用该项资金，应事先由水行政主管部门向财政部门报计划和预算，经审批后，方可使用。

第六节　违反水土保持法规应承担的法律责任

《水土保持法》从第四十七条到第五十八条共有十二条，规定了违反水土保持法律规定应当承担的法律责任。

一、对可能造成水土流失活动的处罚

《水土保持法》第四十八条规定：“违反本法规定，在崩塌、滑坡危险区或者泥石流易发区从事取土、挖砂、采石等可能造成水土流失的活动的，由县级以上地方人民政府水行政主管部门责令停止违法行为，没收违法所得，对个人处一千元以上一万元以下的罚款，对单位处二万元以上二十万元以下的罚款。”

崩塌、滑坡危险区和泥石流易发区，不仅是水土流失易发的高危地区，而且也是水土

流失治理的难点地区。在这些地区从事取土、挖砂、采石等可能造成水土流失的活动，极易造成严重的水土流失，破坏生态环境，危害公共安全。因此明确予以禁止，一旦违反应予以行政处罚。行政处罚有以下三种：

（1）责令停止违法行为。即由县级以上人民政府水行政主管部门责令违法行为人停止在崩塌、滑坡危险区或者泥石流易发区从事取土、挖砂、采石等可能造成水土流失的违法行为。

（2）没收违法所得。违法所得是指公民、法人或其他组织从事违法行为或未履行法定义务而获得的财物。没收违法所得，是指行政机关依法将违法行为人因违法行为所获得的财物强制无偿收归国有的一种行政处罚。

（3）罚款。罚款是指行政处罚机关依法强制违法行为人当场或在一定期限内缴纳一定数额货币的处罚行为。在崩塌、滑坡危险区或者泥石流易发区从事取土、挖砂、采石等可能造成水土流失的活动，既有单位也有个人。对于不同的违法行为人，应当适用不同的罚款幅度，对个人处一千元以上一万元以下的罚款，对单位处二万元以上二十万元以下的罚款。

《水土保持法》第五十六条规定："违反本法规定，开办生产建设项目或者从事其他生产建设活动造成水土流失，不进行治理的，由县级以上人民政府水行政主管部门责令限期治理；逾期仍不治理的，县级以上人民政府水行政主管部门可以指定有治理能力的单位代为治理，所需费用由违法行为人承担。"

《水土保持法》第三十二条规定："开办生产建设项目或者从事其他生产建设活动造成水土流失的，应当进行治理。"生产建设单位造成水土流失拒不治理的，就违反了法定义务，应当承担行政责任。由县级以上人民政府水行政主管部门责令生产建设单位在一定期限内治理因其开办生产建设项目或者从事其他生产建设活动造成的水土流失；对于生产建设单位逾期仍不治理的，本条款规定了"代执行"的行政强制措施，即县级以上人民政府水行政主管部门可以指定有治理能力的单位代为治理，所需费用由违法行为人承担。

二、对开垦、开发禁止开垦陡坡地的处罚

《水土保持法》第四十九条规定："违反本法规定，在禁止开垦坡度以上陡坡地开垦种植农作物，或者在禁止开垦、开发的植物保护带内开垦、开发的，由县级以上地方人民政府水行政主管部门责令停止违法行为，采取退耕、恢复植被等补救措施；按照开垦或者开发面积，可以对个人处每平方米二元以下的罚款、对单位处每平方米十元以下的罚款。"

本条规定的违法行为包括两种：

（1）在禁止开垦坡度以上陡坡地开垦种植农作物。水土保持法第二十条规定，禁止在二十五度以上陡坡地开垦种植农作物。因此，本法规定的"禁止开垦坡度"为二十五度。由于各地自然地理条件差异较大，本法第二十条还规定省、自治区、直辖市根据本行政区域的实际情况，可以规定小于二十五度的禁止开垦坡度。此处所指的禁止开垦坡度即为各省、自治区、直辖市规定的禁止开垦坡度，没有规定小于二十五度禁止开垦坡度的则以二十五度为准。在禁止开垦坡度以上陡坡地开垦种植农作物，就是违法行为，应当承担法律责任。

（2）在禁止开垦、开发的植物保护带内开垦、开发。水土保持法第十八条规定，禁止开垦、开发植物保护带。植物保护带对于保护水土资源、维护生态安全具有重要作用。开垦、开发植物保护带造成严重的水土流失，治理、修复的难度极大，甚至造成生态环境不可逆转的恶化。因此禁止开垦、开发植物保护带，在禁止开垦、开发的植物保护带内开垦、开发，就是违法行为，应当承担法律责任。

违反以上两种行为所必须承担的行政责任主要包括以下三种：

（1）责令停止违法行为。即由县级以上地方人民政府水行政主管部门责令违法行为人停止在禁止开垦坡度以上陡坡地开垦种植农作物或者在禁止开垦、开发的植物保护带内开垦、开发的违法行为。

（2）采取退耕、恢复植被等补救措施。由县级以上地方人民政府水行政主管部门责令违法行为人采取退耕、恢复植被等补救措施。

（3）罚款。按照开垦或者开发面积，可以对个人处每平方米二元以下的罚款、对单位处每平方米十元以下的罚款。

三、对毁林、毁草开垦应当承担的法律责任

《水土保持法》第五十条规定："违反本法规定，毁林、毁草开垦的，依照《中华人民共和国森林法》《中华人民共和国草原法》的有关规定处罚。"

《水土保持法》第二十一条规定，禁止毁林、毁草开垦。《森林法》第二十三条规定，禁止毁林开垦。《草原法》第四十六条规定，禁止开垦草原。《水土保持法》、《森林法》、《草原法》三部法律从不同的角度规定了禁止毁林、毁草开垦。因此，毁林、毁草开垦，既是违反水土保持法的行为，也是违反森林法、草原法的行为，应当承担法律责任。

毁林、毁草开垦的法律责任可以依据《森林法》和《草原法》的相关规定。

四、对滥伐林木造成水土流失的处罚

《水土保持法》第五十二条规定："在林区采伐林木不依法采取防止水土流失措施的，由县级以上地方人民政府林业主管部门、水行政主管部门责令限期改正，采取补救措施；造成水土流失的，由水行政主管部门按照造成水土流失的面积处每平方米二元以上十元以下的罚款。"

采伐林木的违法行为分为两种情况：一是在林区采伐林木不依法采取防止水土流失措施、尚未造成水土流失的行为；二是在林区采伐林木不依法采取防止水土流失措施，且造成水土流失的行为。这两种违法行为都应当承担法律责任，但因其危害程度不同，承担的法律后果也有不同。前者承担的行政责任是责令限期改正和采取补救措施。责令限期改正是指县级以上地方人民政府林业主管部门、水行政主管部门责令违法行为人限期改正其违法行为，停止在林区采伐林木不依法采取防止水土流失措施或造成水土流失的行为；采取补救措施是指在林区采伐林木的应依法采取防止水土流失措施，具体包括：对采伐区和集材道采取防止水土流失的措施，并在采伐后及时更新造林；在林区采伐林木的，在采伐方案中增加水土保持措施；采伐方案经林业主管部门批准后，由林业主管部门和水行政主管部门监督实施。后者承担的行政责任是罚款，由水行政主管部门按照造成水土流失的面积处每平方米二元以上十元以下的罚款。

五、对水土保持设施不合格的生产建设项目的处罚

《水土保持法》第五十四条规定："违反本法规定，水土保持设施未经验收或者验收不合格将生产建设项目投产使用的，由县级以上人民政府水行政主管部门责令停止生产或者使用，直至验收合格，并处五万元以上五十万元以下的罚款。”

《水土保持法》第二十七条规定：“依法应当编制水土保持方案的生产建设项目中的水土保持设施，应当与主体工程同时设计、同时施工、同时投产使用；生产建设项目竣工验收，应当验收水土保持设施；水土保持设施未经验收或者验收不合格的，生产建设项目不得投产使用。”因此，违反上述规定，水土保持设施未经验收或者验收不合格将生产建设项目投产使用的，应当承担法律责任。相应的行政处罚包括：

（1）责令停止生产或者使用。即由县级以上人民政府水行政主管部门责令违法的生产建设项目立即停止生产或者使用，直至水土保持设施验收合格。

（2）罚款。由县级以上人民政府水行政主管部门对生产建设单位并处五万元以上五十万元以下的罚款。

六、水土流失赔偿

《水土保持法》第五十七条：“违反本法规定，拒不缴纳水土保持补偿费的，由县级以上人民政府水行政主管部门责令限期缴纳；逾期不缴纳的，自滞纳之日起按日加收滞纳部分万分之五的滞纳金，可以处应缴水土保持补偿费三倍以下的罚款。”水土保持补偿费是水土保持法规定的费种，具有法定性。当事人拒不缴纳水土保持补偿费，就是违反法定义务，是违法行为，应当承担法律责任。相应的行政责任包括：

（1）责令限期缴纳。即由县级以上人民政府水行政主管部门责令依据本法应当缴纳水土保持补偿费，但拒不缴纳的当事人在规定期限内缴纳水土保持补偿费。

（2）滞纳金。对于逾期仍不缴纳水土保持补偿费的，县级以上人民政府水行政主管部门自滞纳之日起，对其按日加收滞纳部分万分之五的滞纳金。滞纳金是指国家税费征收机关对不按规定期限缴纳法定税费的相关人，按滞纳天数加收滞纳税费款额一定比例的款项，是国家对逾期缴纳税费者的一种经济制裁。滞纳金具有法定性、强制性和惩罚性的特点。“法定性”是指滞纳金须由国家法律、法规明确规定，没有法定依据不得征收；“强制性”是指滞纳金的征收由国家强制力保障实施，征收主体是国家行政机关或司法机关；“惩罚性”是指滞纳金对超过规定期限未缴款而采取的惩罚性措施。滞纳金只能发生在国家机关与公民、法人或其他组织之间，不同于平等民事主体之间的“违约金”。

（3）罚款。违法行为人逾期不缴纳水土保持补偿费的，县级以上人民政府水行政主管部门可以处应缴水土保持补偿费三倍以下的罚款。这里的“可以”表明罚款是一种选择性的处罚，即县级以上人民政府水行政主管部门视违法行为的性质、情节、危害程度等多种因素，确定是否对违法行为人处以罚款。对于情节较轻、危害较小、态度较好、主动纠错的违法行为人，可以不予罚款；对于情节较重、危害较大、态度恶劣、屡教不改的违法行为人，可以处以应缴水土保持补偿费三倍以下的罚款。

思考题与习题

1. 什么是水土流失？水土流失产生的原因及危害有哪些？
2. 什么是水土保持？试述《水土保持法》经历的立法历程。
3. 水土保持规划的地位和作用是什么？

4. 预防水土流失需要做哪些工作?

5. 水土流失的治理原则是什么?

6. 对大中型生产建设项目的水土保持监测,《水土保持法》是怎样规定的?

7. 违反水土保持法规应承担的法律责任有哪些?

第九章　水行政执法

第一节　概　　述

一、水行政执法的概念及特征

水行政执法是指各级水行政主管部门、流域机构以及法律法规授权的或组织（以下统称为水行政执法机关），依照水法规的规定，在社会水事管理中对水行政管理相对人采取的直接影响其权利义务，或者对其权利的行使或义务履行情况进行直接监督检查的具体行政行为。

水行政执法的目的是为了贯彻执行国家法律和有关水法规，调整在开发、利用、保护、管理水资源和防治水害过程中所发生的各种社会经济关系，维护正常的水事秩序，保护水、水域和水工程，更好地为发展社会主义经济建设和提高人民物质文化生活服务。

水行政执法的特征体现在以下几方面：

（1）水行政执法的主体是县级以上地方人民政府水行政机关。水利工程管理单位和乡、镇水利管理站不能以自己的名义直接实施水行政执法，只能在县级以上地方人民政府水行政机关授权下，参与实施有关的水行政执法。

（2）水行政执法是围绕调整社会水事关系而实施的水行政管理方面的行政执法，而不是别的方面的执法。

（3）水行政执法是贯彻执行国家法律和有关水规法、水政策的具体行政行为，是水行政机关依法在其职权范围内，针对特定的人或事采取的某种行政措施。

（4）水行政执法只在水行政管理范围内，在水事关系调整方面对相对人的权利义务发生影响。

二、水行政执法的依据

水行政执法的依据主要是国家的法律和有关的水法规、水政策等。具体包括以下几方面：

（1）《宪法》的有关条款。《宪法》第 9 条规定："水流、滩涂等自然资源，都属于国家所有，即全民所有。""国家保障自然资源的合理利用。禁止任何组织或者个人用任何手段侵占或者破坏自然资源。"第 26 条规定："国家保护和改善生活环境和生态环境，防治污染和其他公害。"这些规定在水行政执法中，具有最高的法律效力。

（2）基本法的有关条款。《刑法》第 100 条、105 条、106 条、108 条、126 条、129 条规定了对决水、破坏河流、水源、航道和挪用国家防汛、抢险款物等犯罪行为的具体刑罚。但《刑法》的执法权在国家司法机关，不是行政执法权限范围，水行政执法中遇到涉及刑事犯罪的案件，应当及时举报、起诉，协助公检法的工作。《民法通则》第 81 条规定："国家所有的滩涂、水面等自然资源，使用单位有管理、保护、合理利用的义务。"第83条规定："不动产的相邻各方，应当按照有利生产、方便生活、团结互相，公平合理的精神，正确处理截水、排水，给相邻方造成妨碍损失的，应当停止侵害、排除妨碍，赔偿损失。"在水行政执法中，民法的基本精神完全适用。

（3）有关的专项法律。如《水法》、《水土保持法》、《水污染防治法》、《环境保护法》等，是专门和有关调整社会各类水事的专门法律，其中《水法》是关于水的基本法，是水行政执法的主要法律依据。

（4）有关的行政法规。国务院根据《宪法》和有关法律。就水事管理涉及的一些比较大的方面所制定的基本管理法规，如《河道管理条例》、《航道管理条例》、《防汛条例》、《水库大坝安全管理条例》、《大中型水利水电工程建设征地补偿和移民安置条例》、《水利工程水费核订、计收和管理规定》等，是水行政执法的重要依据。

（5）水利部行政规章。水利部是国务院水行政主管部门，担负着全国水事管理的主要职责，因而是发布水管理行政规章的主体。如《河道堤防工程管理通则》、《水闸工程管理通则》,《水库工程管理通则》、《水利水电工程管理条例》、《灌区管理办法》、《水政监察组织暨工作章程》、《违反水法规行政处罚暂行规定》、《违反水法规行政处罚程序暂行规定》等等。

需要说明的是，在水行政执法中，如果发生地方性法规或者地方性与水利部规章发生抵触的，或者国务院其他部、委规章与水利部规章发生抵触的，按照《行政诉讼法》第53条规定，由最高人民法院送请国务院作出解释或者裁决。

（6）地方性水管理法规。省级地方国家权力机关为了执行和补充中央的水行政立法而制定的地方性水管理法规，在本行政区域内的水行政执法中作为依据。

（7）省级地方国家行政机关根据法律、法规和同级地方性法规制定的地方性水管理规章，在本行政区域内应当作为依据。

（8）市、州、盟、县、旗人民政府根据有关法律、行政法规、地方性法规、规章中委任性条款规定和有关政策规定，结合本行政区域的实际而制定的水管理规范性文件，虽然它本身不是法律规范文件，而是行政规范文件，但是它的内容体现了有关水法规的规定是有关水法规的延伸，因此，在水行政执法中应当作为行政处理和监督、检查方面的执法依据，不作为行政处罚和行政强制执行方面的执法依据。

三、水行政执法的主体

行政执法的主体，是指具有行政主体资格的国家行政机关。首先，它必须是依据法律规定的条件和程序而设立的国家行政机关；其次，它必须依法享有对社会进行某种行政行为的权力，并能够对自己的行政行为承担法律责任。引入这个概念我们可以发现：县级以上地方人民政府水行政机关是水行政执法的主体。水利工程管理单位和乡、镇水利管理站不是水行政执法的主体，只能在县级以上地方人民政府水行政机关授权下，实施部分水行政执法工作。

1988年《水法》规定："国务院水行政主管部门负责全国水资源的统一管理工作。"第4款规定："县级以上地方人民政府水行政主管部门和其他有关部门，按照同级人民政府规定的职责分工，负责有关的水资源管理工作。"在实施过程中，许多水事活动是由国务院水行政主管部门和流域管理机构进行管理，由于没有赋予它们行政处罚权，使监督检查、查处违法行为遇到很大困难，而恰恰国务院水行政主管部门和流域管理机构管理的河流（河段）、水事活动都是重要的事务。因此，修改后的《水法》规定，水行政执法主体（包括监督检查和行政处罚）为县级以上人民政府水行政主管部门或者流域管理机构，将流域机构的水行政处罚权以法律的形式予以确认。

四、水行政执法的意义

（1）水行政执法是贯彻执行水法规的需要。《中华人民共和国水法》颁布实施以后，国家又相继制定和发布《水土保持法》和诸多配套法规、规章，如果没有水行政执法去保障贯彻执行，再好的水法规，也等于一纸空文。

（2）水行政执法是保护水工程的需要。1949年新中国成立以来，我国修建了大量的水工程，对保障社会主义建设和人民生命财产安全，发挥水利综合效益。起到了不可估量的作用。但是由于人为破坏、盗窃，致使工程效益减退，有的还危及防洪安全。因此，需要通过水行政执法，切实加强其安全保卫，使这些水工程进一步为民造福。

（3）水行政执法是维护水事秩序的需要。由于水的多功能性，涉及社会方方面面，构成复杂的水事关系和矛盾。如果没有水行政执法进行具体的调整，就不能维持国家正常的水事秩序。

（4）水行政执法是保障水行政机关履行职能的需要。水行政机关有决策和组织领导、管理、监督、服务、协调、保卫六大职能，没有哪一项职能能够离开水行政执法而达到尽如人意的程度。比如水行政机关在履行防汛抗洪的服务职能中，往往会遇到违章设障阻水的干扰，不通过水行政执法就难以解决问题。所以，水行政机关的职能行使，需要水行政执法作保障，否则，就难以实现水行政管理的高效率。

（5）水行政执法是加强水行政管理的需要。水行政执法与水行政管理紧密联系而又有原则区别。从行政管理学讲，行政管理包括事前宣传、教育、公告、警戒、指引、预防阶段和事后的处理、处罚、补救、赔偿的后阶段。没有执法手段，行政管理的前阶段就难以过渡到后阶段。过去管理部门在违法案件面前常常束手无策，原因就在于没有执法手段。从这一点讲，执法并不包办管理，而是管理工作的后盾。

第二节　水行政执法的内容和手段

一、水行政执法的内容

水行政执法的主要内容，有依法普查登记、确定相对管理人的合法权益；对新建、扩建、改建的水工程或与水有关的工程建设项目履行审查批准手续；对取用水及开采河道砂石等生产活动实施许可制度；水行政收费；水行政监督；查处水事违法行为等。

（一）水行政普查登记

水行政普查登记，是指水行政执法机关及其工作机构，就其法律、法规赋予的职责、职权，对执法环境和行政管理相对人进行普遍调查和全面登记的行为。这样，在确定行政管理相对人合法权益的同时，也树立了自身的执法主体地位，明确建立起水行政法律主体之间的权利义务关系，这是一项水行政执法的基础工作。比如，水资源行政执法，在其管辖范围内，水资源（地表水、地下水）储量有多少？时空分布情况如何？开发利用水资源的取用水户有多少？其用水量和相邻影响关系如何？这些问题没有普查登记清楚，水资源执法无从做起。又如水土保持行政执法，在其管辖范围内，坡度大于五度的土地山林面积有多大？权属及其管理人是谁？容易造成水土流失，影响水土保持的矿山企业单位及其已有水土流失危害面积的情况如何？这些问题搞不清楚，水土保持执法也无从谈起。同样，河道行政执法中河道砂石开采情况，水工程行政执法中的工程管理、保护范围和用水户情况，以及防汛行政执法中的抗洪抢险组织和易发洪水的险区情况等，都需要进行登记调查清楚，为水行政执法工作深入开展打好基础。

不过，水行政普查登记工作，目前尚缺乏具体配套的法规文件，使这项工作的开展还未有统一的程序和标准要求。

（二）水行政审批

水行政审批是指县级以上水行政机关，按照法律、法规、规章规定和开发利用水资源总体规划以及防洪方案标准，对在管辖范围内兴建水工程和与水有关的工程项目以及其他水事活动进行审查批准的行政管理行为。这项工作，是水行政机关代表国家行使行政管理部门权力的体现。例如，未经水行政主管部门批准，不得在河床、河滩内修建建筑物；在行洪、排涝河道和航道范围内开采砂石、砂金，必须报经河道主管部门批准；禁止围垦河流，确需围垦的，必须经过科学论证，并经省级以上人民政府批准；新建、扩建、改建的建设项目，需要申请取水许可的，建设单位在报送设计任务书时，应当附有审批取水申请的机关的书面意见等法律规范规定，都说明各级水行政机关必须认真做好这项工作，才能使管辖区域内的各项水事活动真正走上社会主义法制的轨道。

（三）水行政许可

水行政许可是指县级以上水行政机关，根据法律、法规和规章的规定，在其管理职权范围内准予相对人从事某方面水事活动的一种行政管理制度。比如，国家对直接从地下或者江湖取水的，实行取水许可制度；水利部、财政部和国家物价局联合发布的《河道采砂收费管理办法》提出了河道采砂许可制度；有的省和地方在水土保持行政执法中还提出了水土保持动工许可制度等。

水行政许可，是水行政机关的一种行政法律行为，以发许可证的形式实现，申请、变更、中止都必须经过法定的程序。在申请人如果认为符合许可条件而水行政机关不予许可时，还可以提起行政诉讼。因此，各级水行政机关应当认真依法实施这项制度，以便经得起司法部门的法律监督。

（四）水行政收费

水行政收费是指县级以上水行政机关和法律、法规授权的执法机构，根据法律、法规和规章的规定，在赋予相对人某种权利或行为能力的同时，课以相对人某种非惩戒性的纳费义务的行政行为。例如，使用供水工程供应的水，应当按照规定向供水单位缴纳水费；对城市直接从地下取水的单位，征收水资源费；其他直接从地下或者江河湖泊取水的，可以由省、自治区、直辖市人民政府决定征收水资源费；受益范围明确的堤防、护岸、水闸、圩垸、海塘和排涝工程设施，河道主管机关可以向受益的工商企业等单位和农户收取河道工程修建维护管理费；在河道管理范围内采砂、取土、淘金，必须按照经批准的范围和作业方式进行，并向河道主管机关缴纳管理费；企业事业单位在建设和生产过程中必须采取水土保持措施，对造成的水土流失负责治理，本单位无力治理的，由水行政主管部门治理，治理费用由造成水土流失的企事业单位负担等，都是法律规范规定。

水行政收费，虽然其中包含有的是纯行政性收费，有的是经营性收费，有的是补偿性收费，但是都属于执法收费。它是水行政机关对社会水事关系进行宏观控制和保证国家水利事业良性循环的重要措施。它规定相对人只要享受一种权利，就必须相应承担一种义务。因此，它与国家征税不同，没有减、免、缓权限的规定。水行政收费是水行政执法的一种体现，不收就意味着不执行国家法律、法规的规定，少收就等于“执法不严”。

（五）水行政监督

水行政监督，是指水行政机关依法对相对人的执法或遵守法律、法规和规章的情况所进行的检查监督活动。例如，县级以上地方人民政府水行政主管部门会同有关主管部门对本行政区域内的大坝安全实施监督；在汛期，河道、水库、闸坝、水运设施等水工程管理单位及其主管部门在执行汛期调度运用计划时，必须服从有管辖权的人民政府防汛指挥部的统一调度指挥或者监督；县级以上地方人民政府水行政主管部门的水土保持监督人员，有权对本地区的水土流失及其防治情况进行现场检查；水行政主管部门或者其他主管部门以及水工程管理单位的工作人员玩忽职守、滥用职权、徇私舞弊的，由其所在单位或者上级主管机关给予行政处分等，都是规定水行政监督活动的法律规范。

水行政监督，内涵分四层：

（1）水行政机关的监督活动，监督主体是县级以上各级水行政机关。

（2）是必须依据法律、法规、规章规定的程序进行监督。

（3）是监督相对人包括监督机关的下级机关、监督机关所属单位和水行政管理相对人。

（4）是监督检查的内容，即包括贯彻执行水法规的情况，也包括遵守水法规的情况。通过检查发现问题，及时处理。

因此，水行政监督是督促水行政机关有法必依，执法必严，违法必究和提高水行政管理相对人守法意识的有效措施。

（六）查处水事违法行为

查处水事违法行为是指水行政主管部门对在实施检查监督、群众举报和上级其他部门移送案件发现的违反水法规的违法行为，必须依法立案进行查处。这是水行政执法关键的内容，它体现了水行政执法的国家强制力。有人认为水行政执法的内容就是查处水事违法行为，这是不全面的。水行政执法此项内容，同其他内容是相辅相成的关系。其他内容是为了建立良好的水事管理秩序的目的，此项内容是提供国家强制力做保证。没有此项内容，其他内容执行不好；没有其他内容，此项内容便失掉意义。如，对取水单位和个人，拒绝向水行政主管部门提供取水有关资料或者提供假资料的；对未经批准随意取水、截水、阻水、排水的和在河库、滩地修建筑物的；对未经批准随意在河道堆放物料或弃置矿渣、垃圾的；对未经许可随意在河道内采砂、取土、淘金的；对损毁堤防、护岸、防汛设施、水文测量设施和哄抢水种植、水养殖产品的等违法行为。水行政执法机关都要根据事实情节给予责任人行政处罚，应给予治安管理处罚的，移送公安机关；构成犯罪的，依法追究刑事责任。只有通过法律手段对各种水事违法行为进行查处，强制约束水行政管理相对人必须按水法规定的正常管理秩序从事水事活动，才能实现水行政执法的最终目的。

二、水行政执法的手段

水行政执法的手段，主要有水政监察、行政处罚、移送公安司法机关、行政强制措施和行政强制执行五种。

（一）水政监察

水政监察就是水行政主管部门通过水政监察人员按照规定的授权范围，依法直接实施行政执法权的活动。

1. 水政监察的基本任务和职责

（1）宣传贯彻水法规。

（2）依法保护水、水域、水工程和其他有关设施，维护正常的水事秩序。

（3）依法对水事活动进行监督检查，对违反水法规的行为依法作出行政裁定、行政处罚或者采取其他行政措施。

（4）配合司法机关查处水事治安、刑事案件。

2. 水政监察具体实施

（1）进行现场检查、取证（包括物证、书证、视听材料等）。

（2）询问当事人和有关证人，作出笔录。

（3）要求被调查的单位和个人提供有关情况和材料。

（4）依法制止不法行为，并采取防止造成损害的处置措施。

（5）对违法行为和侵权行为依法作出行政裁定、行政处罚或者采取其他行政措施。

（二）水行政处罚

水行政处罚是县级以上地方人民政府水行政主管部门对违反水法规行为的责任人给予的一种行政制裁。水行政处罚的种类主要包括：警告、罚款、没收非法所得、吊销许可证、责令采取补救措施和赔偿损失等。

（1）警告，是水行政机关对违反水法规，不履行法定义务的相对人实施的一种申诫罚，适用相对人是国家公职人员时。

（2）罚款，是对违反水法规，不履行法定义务的相对人实施的一种财产罚。罚款的具体幅度由水行政机关在法律规定的限度内根据实际案情决定。1990年水利部发布的《违反水法规行政处罚暂行规定》中规定罚款有三个限度：对于未经批准非法围垦湖泊、河流的，擅自修建水工程，随意取水、截水、阻水、排水的，在河床、滩地或占用堤防、渠道修建建筑物的，在江河、湖泊、水库、渠道内弃置或堆放物料的，损毁堤防、防汛设施和水文测量设施的，以及哄抢水种植、养殖产品的，有以上情况之一者，就可以处1万元以下罚款；对于不申请许可在河道内随意采砂、取土、淘金的，除没收非法所得外，可以处3000元以下罚款；对于取水单位和个人，不提供取水资料或提供假资料的；不按取水许可规定取水的，拒绝或妨碍检查的，不安装量水设施的，有以上情况之一的可以处2000元以下罚款。

（3）没收非法所得，是指水行政机关对通过违反水法规行为已经获利的当事人的一种财产罚，其中包括没收实施违法行为的工具。

（4）吊销许可证，是限制或剥夺相对人特定行为能力的行为罚。即在相对人违反水法规后，处吊销取水许可证，采砂许可证或水土保持动工许可证等。

（5）责令赔偿损失、责令限期清除障碍、责令采取补救措施，由水行政机关对违反水法规的相对人作出的这种处理，也是对相对人违反水法规的一种义务罚。

（三）移送公安司法机关处理查处

水事违法行为时，相对人违反水法规同时，也违反治安管理处罚规定，水行政机关将移送公安机关处理；如果相对人违反水法规的行为，经过调查发现已构成犯罪，将及时移送司法机关依法追究刑事责任。

（四）水行政强制措施

水行政强制措施是指水行政机关（包括法律、法规授权的其他组织）依据法定的职权，采取强制手段限制特定的相对人行使某项权利而必须履行某项义务的处置行为。其特点：

（1）暂时性，即只要相对人依法履行某项义务，则立刻停止强制措施。

（2）强制性，即具有单方面性或强迫性。目前，法律、法规规定的水行政强制措施有以下几种情况：

第一种情况是《水法》第五十八条规定："县级以上人民政府或者其授权的部门在处理水事纠纷时，有权采取临时处置措施，有关各方或者当事人必须服从。"

第二种情况是1988年国务院颁布的《中华人民共和国河道管理条例》第三十六条规定，对河道管理范围内的阻水障碍物，按照"谁设障，谁清除"的原则，由河道主管机关提出清障计划和实施方案，由防汛指挥部责令设障者在规定的期限内清除，逾期不清除的，由防汛指挥部组织强行清除，并由设障者负担全部清障费用。

第三种情况是2003年7月3日国务院发展和改革委员会、水利部联合发布《水利工程水价管理办法》规定：用户应当按照国家有关规定及时交付水费。用水户逾期不交付水费的，应当按照规定支付违约金。用户在合理期限内经催交仍不交付水费和违约金的，供水经营者可以按照国家规定的程序中止供水。

（五）水行政强制执行

水行政强制执行是指水行政管理相对人，逾期不履行水行政法律、法规、规章上规定的义务，包括水行政机关作出的行政处罚决定，由有关机关或水行政主管部门依法强迫相对人履行而采用强制手段的活动。但目前水行政主管部门还没有强制执行手段，只能通过人民法院采取司法强制手段，即按《行政诉讼法》第六十六条规定："公民、法人或其他组织对具体行政行为在法定期限内不提起诉讼又不履行的，行政机关可以申请人民法院强制执行。"

第三节 水行政执法的分类

水行政执法就其内部执法职责分工，可分为水土保持、水资源、河道、水工程及防汛、水文行政执法等五大类。

一、水土保持行政执法

水土保持行政执法的任务，主要是在水行政机关统一领导下，具体贯彻执行《中华人民共和国水土保持法》，以及《水法》和其他法律、法规、规章的有关规范规定。通过必要的执法活动，预防水土流失，对已造成水土流失危害的面积进行有效地治理，制止工矿企业单位和个人盲目开垦和破坏地貌、植被，依法规范相对人的行为，做好水土保持工作。

水土保持行政执法有专业工作机构和执法队伍，执法时持水土保持检查证或水政监察证。执法队伍有时力量不足，可以动员当地群众协助执法。执法要求达到的水土保持预防和治理的标准，有专业技术标准。执法程序、处罚种类和幅度，遵循水行政执法的统一规定。

二、水资源行政执法

水资源行政执法的任务，是具体贯彻执行《水法》法律规范规定内容，及其配套法规规章和有关法律规范规定。在依法进行考察、勘探、调查、评价水资源储量、编制地区、流域综合规划和长期供水计划的基础上，通过必要的执法手段，实行计划用水、厉行节约用水，制止乱采滥用和浪费水资源，调整用水相邻关系，实现开发利用水资源和防治水害，应当全面规划、统筹兼顾、综合利用、讲求效益，提高全社会保护和利用水资源自觉性，形成良好的法制氛围。

水资源行政执法，有专业工作机构。执法队伍是水行政执法机关的水政监察组织，执法时持水政监察证。执法要求达到水资源管理的标准，有专业技术标准。执法程序，处罚种类和幅度，遵循水行政执法的统一规定。

三、河道行政执法

河道行政执法的任务，是具体贯彻执行《水法》和《中华人民共和国河道管理条例》，以及配套法规、规章和有关的法律规范规定。通过必要的执法手段，管理河道，根据河道流域总体规划和防洪标准对过河交叉工程和水源开发利用及防洪工程依法实施审批制度；保护河道自然资源和护岸林木及堤防工程，制止非法开采河道砂石、土料和打击盗窃破坏护岸林木及石料的活动；为有计划地疏通河道，对申请开采砂石的，实施审批许可制度，制止在河道弃置、堆放物料和随意修建筑物；对于造成行洪障碍在限期内不清除的，经批准以同级政府防汛指挥部的名义可采取强制清除措施。

河道行政执法，有专业的工作机构，隶属于水行政主管机关，具体负责河道管理工作。执法队伍是水行政执法机关统一领导下的水政监察组织，水政监察员持证对管辖范围内的河道事务进行监督检查，查处违法案件。执法力量不足时，可以在乡村一级设立河管员协助河道执法。执法要求达到的标准，有河道管理的专业技术标准。执法程序、处罚的种类和幅度，遵循水行政执法的统一规定。

四、水工程及防汛行政执法

水工程及防汛行政执法的任务，是具体贯彻执行《水法》和配套法规《水库大坝安全管理条例》、《中华人民共和国防汛条例》、《水利工程水费核订、计收和管理办法》以及其他法规、规章有关的法律规范规定。通过必要执法手段，保护和维持各种类型的水工程正常有效的运行，制定和实施防御洪水方案，组织和指挥人民群众抗洪抢险，尽力避免和减少洪水灾害的损失。

水工程行政执法，国务院法规授权水工程管理单位可以实施；防汛行政执法，由县级以上防汛指挥部实施，带有一定的综合性广泛性，既有水行政执法的内容，也有公安行政执法和司法执法的内容，但由于各级人民政府防汛指挥部的办事机构都设在同级水行政主管部门，故防汛行政执法主要是水行政执法的任务。水工程和防汛行政执法队伍，均属于水行政执法机关的水政监察组织。水政监察员持证对管辖范围内的水工程和防汛抗洪进行执法，保护水工程，制止在水工程管理和保护范围内进行爆破、打井、采石、取土等危害水工程安全的活动；制止破坏水工程的行为；实施防汛抗洪工作监督检查；对违法的相对人进行处罚和处理；对拒绝缴纳工程水费的相对人实施限制供水和停止供水的强制措施；对造成行洪障碍在限期内拒绝清除的，实施强行清除的措施等。执法要求达到的标准，各类工程有不同的管理标准，防汛要求实行“安全第一，常备不懈，以防为主，全力抢险”的方针和“听从指挥，服从命令”的正常防汛抗洪秩序。执法的程序，处罚的种类和幅度，遵循水行政执法的统一规定。

五、水文行政执法

水文行政执法的任务，是具体执法《水法》法律规范内容，以及保证洪水汛情监测和传递工作的正常进行。

水文行政执法，有专业的工作机构，而且全国多数水文工作机构都是省水行政主管部门和水利部流域机构直属管辖，市、县一级水行政机关无直接管辖权。因此，执法队伍是其主管水行政机关的水政监察组织。水政监察员持证执法，制止破坏水文监测设施，在水文测验河段及水文测站的管理范围和保护范围内禁止任何单位和个人侵占和进行爆破、采石、取土等影响水文监测质量的活动，查处违法案件。执法要求达到的标准，有水文专业技术标准。执法的程序，处罚的种类和幅度，遵循水行政执法的统一规定。

第四节　水行政违法及其责任

一、水行政违法

行政违法可分管理方面的行政违法和被管理方面的行政违法两种情况。这里讲的水行政违法，是指管理方面的行政违法，即指水行政机关违反行政法律规范，损害国家利益和社会组织、公民合法权益，尚未构成犯罪的违法行为。

水行政违法，可以分为水行政机关的行政违法及其行政工作人员的行政违法两种。水行政机关是代表国家实施水行政管理的主体，然而它的管理行为是通过其所属行政工作人员的行为来表现的。当行政工作人员按照水行政机关的意志实施行政行为时，该行为属于水行政机关的行政行为，如果违法，则属于水行政机关的行政违法；当行政工作人员违背水行政机关的意志进行行政活动时，行为属于工作人员的个人行为，如果违法只能属于行政工作人员的行政违法。

水行政机关及其工作人员的行政违法还可分为实体上的行政违法和程序上的行政违法两部分。

（一）实体上水行政违法的主要表现

（1）行政失职。这是一种不作为形式的行政违法，也就是水行政机关及其工作人员依法应该办的事情而不办。比如建设单位关于水事的建设项目呈报到水行政机关，水行政机关迟迟不予审批；管理相对人申请取水许可或者采砂许可的，申请书已报到水行政机关，水行政机关不发给许可证，也不告知原因；水库、水闸等水工程放水、停水，事先应通知而没有通知上下游有关部门做好避免事故的准备工作等，都是水行政机关和水工程管理单位的行政失职违法。

（2）行政越权。行政机关及其工作人员的行政权限，均有严格的法律规定。如果水行政机关行使了应由其他行政机关行使的职权，或者下级机关行使了上级机关的职权，还有罚款超越了法定的幅度等，都属于行政越权违法。

（3）滥用职权。行政机关及其工作人员的行政行为没有超越职权，但其行政行为的目的和理由不正当，或出于报复或贪图私利，便是滥用职权。比如，相对人违反水法规行为的情节轻微，但水行政机关的执法人员出于非正当原因，却给予了很重的行政处罚，就构成水行政滥用职权违法。

（4）过失违法。水行政机关的行政行为没有超越权限，主观动机和目的也没有恶意，但行政行为的实施出现失误，造成行为的结果违反了法律，则构成过失违法。

（二）程序上水行政违法的主要表现

（1）过程违法。是指水行政机关及其工作人员的行政行为没有经过法定的步骤，或单方附加了不应该经过的步骤。例如，水行政处罚，应当先调查取证，认定违法事实，后作出处罚决定；倘若相反，先作出处罚决定，再去补取证据，认定事实，这便是过程违法。

（2）形式违法。水行政机关及其工作人员的行政行为，如果违反了法定的形式，便是形式违法。比如，实施取水许可制度，法定要通过审查申请和发放取水许可证的书面形式批准，而水行政管理人员只通过口头的形式批准，则构成水行政行为的形式违法。

二、水行政违法的责任

水行政违法的行政行为发生以后，可能给国家和社会造成损害。比如，使有的建设项目工期拖延；使有的公民、法人和社会组织取用水的合法权益不能实现；有的甚至引发重大事故，给人民生活和生产造成威胁等。这样，必然会同时引起群众举报，或向人民法院起诉，或引起政府首长、人大常委会机关的追查等诸多麻烦。因此，水行政违法引起的法律后果，应当受到追究。追究水行政违法的法律责任，主要从两个方面来体现：一是对行政违法行为人，即水行政机关及其工作人员的处理或处分；二是因违法行为对行为相对人造成的精神上和物质上的损害，负责给予补救或赔偿，即追究承担处理性行政责任和补救性行政责任。

处理性行政责任包括：撤销原决定，通报批评，行政处分。

补救性行政责任包括：承认错误，赔礼道歉，恢复名誉，消除影响，履行职能，纠正不当，返还利益，行政赔偿等。

思 考 题 与 习 题

1. 解释水行政执法的概念及特征。
2. 水行政执法的依据和主体各是什么？
3. 水行政执法的内容和手段各是什么？
4. 水行政执法就其内部执法职责分工，可分为几类？
5. 在管理方面，水行政违法分几种？具体表现形式是什么？
6. 水行政违法的责任有哪些？

第十章　水事纠纷调处及水事法律责任

第一节　水事纠纷调处的原则与方式

一、调处水事纠纷的程序

《水法》对调处水事纠纷的程序有三条规定：

（1）第五十六条规定："不同行政区域之间发生水事纠纷的，应当协商处理；协商不成的，由上一级人民政府裁决，有关各方必须遵照执行。"

（2）第五十七条规定："单位之间、个人之间、单位与个人之间发生的水事纠纷，应当协商解决；当事人不愿协商或者协商不成的，可以申请县级以上地方人民政府或者其授权的部门调解，也可以直接向人民法院提起民事诉讼。县级以上地方人民政府或者其授权的部门调解不成的，当事人可以向人民法院提起民事诉讼。"

（3）第五十八条规定："县级以上人民政府或者共授权的部门在处理水事纠纷时，有权采取临时处理措施，有关各方或者当事人必须服从。"

地区之间的水事纠纷，当事人各方都是以地方人民政府为代表，涉及不同地区之间的水事权益，它不是一般的民事纠纷，而是一种行政争议。因此，地区之间的水事纠纷发生后，应当按照行政管理的组织原则，首先由当事各方本着团结协作、互谅互让的精神进行协商，协商不成的，由当事双方共同的上一级人民政府处理。上级人民政府可以委托有关主管部门处理，但处理决定须以人民政府的名义作出。上一级人民政府或其委托的主管部门作出的处理决定，除涉及水资源使用权属外，具有终审裁决的法律地位，各方当事人无论是否满意，都不得起诉或复议，必须无条件服从。但在实践中，纠纷的真正当事人（村委会、有关单位）如果对于上一级人民政府作出的处理决定不服的，还是以自己的名义，向复议机关提出复议，向法院提起诉讼。这实际上是与法律不符的。

单位之间、个人之间、单位与个人之间发生的水事纠纷，是属于民事性质的纠纷。这类纠纷既受水法调整，也受民法调整，按照处理民事关系的法律规范，首先由当事人双方协商，也可以由当事人双方提请当地人民政府或其授权的主管部门调解，协商或调解不成的，当事人既可以提请政府和有关部门处理，也可以直接向人民法院起诉，当事人对有关人民政府或其授权的主管部门的处理决定不服的，可以在接到通知之日起 15 日内，向人民法院起诉。值得注意的是：当事人双方或一方对调解或者处理决定不服的，如向人民法院起诉，应把对方当事人作为民事被告向法院起诉，而不能把人民政府或者其授权的主管部门列为行政诉讼中的被告向法院起诉；如果当事人对人民政府或者授权的主管部门，就水资源使用权归属问题所作的处理决定不服的，可以依法向人民法院提起行政诉讼。

二、调处水事纠纷的原则

为了有效地调处水事纠纷，必须掌握以下基本原则。

(1) 遵循小局服从大局、小利服从大利的原则。即在不损害大局和大利的前提下，人民政府或者其授权的主管部门有责任保护地区、单位和个人的合法权益。一切兴修水利和防治水害的活动都必须从全局出发，树立全局的观点，为了全局的利益不惜牺牲局部利益。但对于为顾全大局而作出让利或者牺牲的一方，国家或受益地区应给予适当的补偿。

(2) 统筹兼顾、协调发展的原则。由于水资源与其他自然资源不同，它是可再生的动态资源，地表水与地下水互相转化，上下游、左右岸、干支流之间水资源的开发利用互相影响，加之水的多功能性特点，必须统一规划，兼顾各行业、各地区的要求，协调发展。

(3) 尊重历史、照顾现实的原则。所谓尊重历史，是指在调处水事纠纷时，应对历史上，纠纷双方防洪、灌溉、供水等方面的情况开展调查，对历史上已经处理过的有关协议要予以充分考虑。照顾现实是指调处纠纷要从实际出发，在尊重历史的基础上，可根据社会、经济、人口及自然条件的变化，依法作出调整，以维护纠纷双方的合法权益。例如，有一自然村原先利用河水作为生活用水，但这几年，由于河网水质恶化，经防疫部门检测，已无法作为生活用水水源，后该村擅自从邻村的引水管道上接水，引起了纠纷。县水行政主管部门在调处该用水纠纷时，充分考虑了该村原有用水习惯，当有确凿证据，证明该村的原有水源无法再用时，应根据客观情况做好邻村工作，在不影响其生活用水的前提下，重新调整水量分配方案，以解决燃眉之急。

(4) 维持原状的原则。为了防止矛盾激化，避免械斗事件，在水事纠纷解决之前，当事人双方不得单方面改变水的现状。这实际是一种“冷处理”的方法，在当时情况紧急的情况下所采取的措施。其本身还是处于不稳定状态，需要我们抓紧调解或作出处理决定。

(5) 强调组织的原则。处理地区之间的水事纠纷，应当强调组织原则。首先，在水事纠纷发生以后，当事双方的人民政府和有关主管部门不得互相推诿，必须及时采取措施，做好干部群众的思想工作，防止矛盾激化，事态扩大。对借机抢夺公私财物，危害公共安全和非法阻碍、干扰执行公务的相对人应依法追究法律责任，不得庇护。对参与调解纠纷的双方代表，要站在全局的立场，树立法制观念，摆事实，讲科学；要发扬团结治水的精神，力争协商一致，在协商不成时，依法提请上级主管机关处理，一经处理，双方必须服从，不能以种种理由久拖不决或讨价还价。

历史的经验证明，解决水事纠纷，关键在于干部。各级领导干部只要本着对国家负责，对人民负责，以大局为重，以安定团结为重的态度，做深入细致的思想工作，自觉地克服狭隘的本位主义和地方观点，严格依法办事。做到有令则行、有禁则止，做遵纪守法的模范，做团结治水的带头人。这样，任何复杂的水事纠纷都能得到顺利解决。

三、查处水调解案件的方式

查处水调解案件的方式，即解决水事纠纷的几种原则方法：有协商解决、调解解决和水行政裁决处理。

(一) 协商解决水事纠纷

《水法》规定，地区之间发生的水事纠纷，应当本着互谅互让、团结协作的精神协商处理；单位之间、个人之间、单位与个人之间发生的水事纠纷，应当通过协商或者调解解决。协商与调解不同。协商只需要水行政主管部门为其创造一定的条件，或者做一些必要的说服动员工作，促使纠纷双方：坐在一起共同协商，并就纠纷事项达成协议，最后形成协议书。协商不需要第三者必须参加。但是必须说明，其具体协议事项应经水行政主管部门审查，必须是有关解决双方纠纷的具体事项，必须符合法律规定的原则。协议书经纠纷双方签字生效。

（二）调解解决水事纠纷

水事纠纷的调解解决，是水行政司法手段之一，是县级以上人民政府水行政机关依法在纠纷双方自愿的基础上，作为第三人居间调解，促使当事人友好协商，互谅互让，达成协议，消除纠纷。其特点：

（1）由水行政机关主持调解，而与法庭调解、人民调解不同。

（2）以自愿为原则，始终不具有强制性。

（3）既解决一部分民事纠纷，也解决一部分行政争议，后者主要是行政补偿和赔偿的争议。

（4）必须依法进行。

（5）是诉讼外调解，不是诉讼必经程序，不能限制当事人的诉讼权。

水调解案件的处理结果是形成调解书。在调解书上，既有纠纷双方签字，又有调解人签章方能生效。

（三）水行政裁决处理水事纠纷

《水法》规定，地区之间的水事纠纷，协商不成的，由上一级人民政府处理；单位与个人之间的水事纠纷，当事人不愿通过协商、调解解决或者协商调解不成的，可以请求县级以上地方人民政府或者其授权的主管部门处理。这种政府或其授权的主管部门的处理行为就是一种行政裁决，行政裁决是行政司法性质。县级以上人民政府水行政主管部门对于协商、调解不成、争执不下、议而不决的水事纠纷，依法实施裁决，有利于避免造成更大的损失。

水行政裁决的特征：

（1）是县级以上地方人民政府授权的水行政主管部门主持进行的。

（2）裁决的案件是与合同无关的水调解案件。

（3）水行政裁决，对于单位之间、个人之间、单位与个人之间的水事纠纷不属于终审裁决。当事人不服，可以向人民法院提起行政诉讼。

水行政裁决的内容，是水行政主管部门根据水事纠纷当事人双方的陈述和调查的结果，对纠纷当事人的行为事实给对方和他人造成的妨碍和经济损失的补偿事项，依法作出公正合理的裁决。

水行政主管部门对水事纠纷当事人不愿意通过调解解决的纠纷，而就其行为给对方和他人造成损失的赔偿问题作出的裁决，文书一经送达，则具有单方性和强制性的法律效力，属于具体行政行为，当事人必须执行。根据最高人民法院《关于贯彻执行（中华人民共和国行政诉讼法）若干问题的意见（试行）》第四项规定："公民、法人或者其他组织对行政机关就赔偿问题所作的裁决不服的，可以向人民法院提起行政诉讼。"因此，这时的水调篇案件已经转化为水行政案件。水事纠纷当事人，如对水行政机关就其赔偿问题作出的裁决不服，可以向作出裁决机关的上一级主管部门申请复议，也可以向人民法院提起诉讼。

对地区之间水事纠纷的水行政裁决处理，由共同的上一级人民政府作出，与单位之间、个人间、单位与个人之间水事纠纷的水行政裁决不同，不允许纠纷双方提起诉讼，应视为终审裁决。

第二节　查处水调解案件的程序

根据《水法》第五十六至五十八条解决水事纠纷程序的原则规定，查处水调解案件的具体程序，对于单位间、个人间、单位与个人间的以及地区之间的两种类型的水事纠纷，应当是两种不同的程序。

一、第一种类型的水调解案件查处程序

第一种类型，包括单位之间、个人之间，单位与个人之间水事纠纷的水调解案件查处程序。这种案件类似人民法院审理的民事案件。故其查处程序应参照民事案件的审理程序进行。

（一）申请与受理

水事纠纷当事人应当向水行政机关递交调解申请书。调解申请书类似民事权益受到侵害的当事人的起诉状，应当写明下列事项：

（1）申请人的姓名、性别、年龄、职业、住址等（法人或者其他组织的名称、地址和其法定代表人的姓名、职务）。

（2）被申请人（纠纷对方）的姓名或名称等基本情况。

（3）调解请求和所根据的事实与理由。

（4）证据和证据来源，证人姓名和住所。

（5）提出调解申请的日期。

《水事纠纷调解申请书》的格式如下。

水事纠纷调解申请书

申请人：……（姓名或名称等基本情况）

被申请人：……（姓名或名称等基本情况）

（当事人基本情况，如个人则包括姓名、性别、年龄、职业、住址；如单位则包括名称、地址、法定代表人姓名、职务、电话）

调解请求：……（主要写明请求调解纠纷要为自身利益具体解决什么问题）

事实与理由：……（详细写明纠纷对方的行为事实及对自身权益的危害或影响）

证据和证据来源，证人姓名住址：……

此致

×××水务局

申请人（全称）

××××年××月××日

水行政机关接到调解申请后，应迅速就下列问题进行审核：

（1）申请人请求调解的纠纷属于水事纠纷，并危害其合法权益。

（2）有明确的被申请人（纠纷对方）。

（3）有具体的调解请求和事实证据。

（4）属于本行政管辖范围。

水行政机关审查调解申请，符合上述条件的，应立即报告同级人民政府，取得授权后，即决定受理立案；如果没有取得授权，或者调解申请书不符合其中之一项条件，则不予受理，并须及时将原因告知申请人；对调解申请书内容不全的，应发还申请人，要求补正。

（二）立案

水行政主管部门决定受理的水调解案件，应由水行政机构填写《水调解案件立案呈批表》，提出调解委员会名单和指定调解承办人员，并请求水行政机关主管领导批准立案。

水调解案件经批准立案后，水行政机关应及时将《水事纠纷调解申请书》副本和答辩通知书发送被申请人，限期提出答辩书。同时向申请人发送立案通知书，要求双方在水事纠纷解决之前，不得单方面改变水的现状，不得扩大、激化矛盾。

纠纷当事人一方人数众多的共同调解，可通知当事人推行代表人参加调解，代表人参加调解的行为对代表的当事人发生效力。

水事纠纷调解答辩书

被申请人：……（如是个人则写明姓名、性别、年龄、职业、住址；如是单位则写明名称、地址、法定代表人姓名、职务、电话）

因××（调解申请人姓名）的《水事纠纷调解申请书》提出答辩如下：……（这部分是此件的主要内容，要为调解申请人提出造成纠纷的行为事实辩护，举证说明原因和根据，同时具体写明证据和证据的来源、证人姓名和住址。）

此致

×××水务局

被申请人（全称）

××××年××月××日

（三）调查取证

调解承办人员要认真审阅水调解案件文书等有关材料，写出调查提纲，收集纠纷当事人行为事实的一切证据。包括历史的和当时的：

（1）书证。

（2）物证。

（3）视听材料。

（4）证人证言。

（5）当事人陈述。

（6）鉴定结论。

（7）现场勘测笔录。

通过调查取证，迅速找出引起纠纷的症结和纠纷行为事实对纠纷对方、他人的危害以及是否违法。

案件调查结束后，承办人员应写出《水调解案件调查报告》，并视案情分别提出处理意见。

（1）纠纷当事人一方或双方行为事实违法：转入水行政案件查处程序，依法作出行政处罚决定。

（2）纠纷行为事实未构成违法，但对纠纷对方和他人造成明显经济损失或妨碍，应当提出采取补救措施和赔偿的协商调解方案。

（3）被申请人的行为事实既没违法，又没有对申请人构成明显危害或妨碍，应当说服纠纷双方自行协商和解。

（4）预计调解不成时，应就其赔偿和解决纠纷事项提出具体的裁决处理意见。

《水调解案件调查报告》的格式，可以采用与《水行政案件调查报告》相同的格式。

（四）案件评议

水调解案件的调查材料和调查报告经水政机构审查后，由水政机构建议，水行政机关领导主持调解委员会议，承办人员作详细汇报。然后，根据调解委员会集体讨论，水行政机关领导对水调解案件提出处理意见。案件承办人员要对案件集体讨论情况制作笔录。

（五）动员协商争议

根据调查掌握的事实，对纠纷当事人双方进行说服动员，分清是非，讲清道理，说明利害关系，本着团结为重、增进睦邻关系的原则，给他们一段时间，尽可能自行协商解决争议。如能自行和解，要形成协议书，协议书事项应经调解承办人员审查，双方签字或盖章后生效。

（六）调解解决

当事人双方不愿意协商或者协商不成，则由调解承办人员根据水行政机关领导对案件提出的处理意见，主持纠纷双方在自愿的原则下进行调解。调解达成的协议，包括解决纠纷的方法、对纠纷损害采取补救或赔偿的方式、数额及期限等事项，协议内容不得违反法律规定。

调解承办人员应当制作调解书。调解书的格式如下。

水事纠纷调解书

×水×字（　）××号

调解申请人：……（姓名或名称等基本情况）

被申请人：……（姓名或名称等基本情况）

（当事人基本情况如是个人则包括姓名、性别、年龄、职业、住址；如果是单位则包括名称、地址，法定代表人姓名、职务、电话）

案由：……（简要写明水事纠纷的名称种类）

……（简要写明水事纠纷当事人的请求和案件的事实）

本案在查处过程中，经（县级以上）政府授权本局主持调解，双方当事人自愿达成协议如下：

……（为本件的主要部分，即当事人自愿达成解决争议的协议条款，包括双方责任分担，履行期限等有关内容，要注意表述明确、具体、便于履行）

上述协议，符合有关法律规定，本局予以确认。

本调解书经双方当事人签收后，即具有法律效力。

水行政机关全称（印）

××××年××月××日

（七）水行政裁决

对水调解案件的纠纷当事人各方不愿通过协商解决争议、经调解未达成协议的，其地方人民政府水行政主管部门，可以就当事人的纠纷行为事实为对方和他人造成妨碍或损害的补救和赔偿，依法作出水行政裁决。制作《水事纠纷处理决定通知书》发送纠纷双方和有关当事人。《水事纠纷处理决定通知书》的内容和格式如下。

水事纠纷处理决定通知书

×水裁字（ ）××号

申请人：……（姓名或名称等基本情况）

被申请人：……（姓名或名称等基本情况）

（当事人基本情况如个人包括姓名、性别、年龄、职业、住址；如单位则包括名称、地址、法定代表人姓名、职务、电话）

因××（申请人）请求处理与××（被申请人）在××（地点）……（有关水事活动行为名称）发生的水事纠纷一案，已经（县级以上）政府授权本局调查处理，现已审理完毕。

申请人请求，……（申请人请求处理问题的具体内容）；被申请人辩称，……（答辩书或调解时坚持的主要观点），经我局派人主持调解，双方各持己见，调解未成。

查明：……（比较详细地写明调查取证的结果，主要证明两点事实，一是造成水事纠纷的行为事实；二是纠纷行为对对方和他人造成妨碍或损害的事实）。

本局认为……（写明适用法律条款和作出裁决的理由），作出处理决定如下：

……（裁决内容要逐条分列，要明确具体、便于履行）。

如对本处理决定不服，可在接到本通知之日起15日内，向×××水利局（裁决机关的上一级主管部门）申请复议，也可以直接向人民法院起诉。

水行政机关全称（盖章）

××××年××月××日

（八）送达

《水事纠纷调解书》或《水事纠纷处理决定通知书》发送纠纷当事人，要有送达回证，由受送达人在送达回证上记明收到日期，签名或盖章。受送达人签收日期为送达日期。本人不在的，交其同住的成年家属或所在单位签收；受送达人是法人或其他组织的，交其收发部门签收。邮寄送达的以挂号回执上注明的收件日期为送达日期。

（九）回访

《水事纠纷调解书》或《水事纠纷处理决定通知书》送达超过15日后，水调解案件承办人员应当对纠纷当事人的执行情况进行回访，并形成回访笔录。

（十）强制执行

如果当事人对水行政裁决逾期不申请复议，不起诉又不执行时，作出裁决的水行政主管部门为了维护行政执法的尊严，应当申请人民法院强制执行。执行结束后，人民法院将执行情况书面通知申请执行的水行政机关。如果当事人申请复议或向人民法院起诉，在复议机关和人民法院没有通知停止执行时，也不影响执行或强制执行。但原作出行政裁决的水行政机关应当积极参加复议或应诉，并认真收集复议或应诉过程中有关案件的各种材料和资料。

（十一）结案

水调解案件查处的上述程序完成后，承办人员应及时填写《水调解案件结案报告》和《结案审批表》，经领导批准结案。结案后，承办人员要将案件有关资料整理编目装订，立卷归档。

此类水调解案件，从立案到结案，期间不应超过3个月。

《水调解案件结案报告》的格式如下。

水调解案件结案报告

调解期间：××××年××月××日至××××年××月××日

办案机构：××××　承办人员：×××　×××

案由：……（简单填写水事纠纷名称种类）

简要案情及调查经过：……（摘要抄写调查报告的有关内容）

处理情况：……（填写处理方式及具体内容，如协商、调解、裁决、处理等方式和具体内容）

执行情况：……（这是结案报告的重要内容，写通过回访等活动掌握的情况，并要推断出是否有反复的可能）

结案建议：……

承办人员：×××　×××

××××年××月××日

二、第二种类型水调解案件的查处

这种类型的水调解案件，是指发生在地区之间的水事纠纷案件，实质是地方政府间行政争端的行政处理过程，不受司法监督。

地区之间发生的水事纠纷，包括各乡镇间、各县（区）间、各市（地）间，各省和直辖市之间发生的水事纠纷。《水法》对此类水事纠纷没有规定调解程序，只规定由当事各方协商解决，协商不成的，由上一级人民政府处理。但前面讲过，凡水事纠纷都是因为当事人一方的水事活动引起的。那么，地区之间发生的水事纠纷，也必然起源于其中当事一方的水事活动。各级水行政主管部门包括乡镇水利管理部门，其重要职能之一，就是负责管理行政管辖范围内的水事活动。所以，发生地区间的水事纠纷，当事一方的水行政主管部门，应当最先了解情况。水行政主管部门对本地区与其他地区发生的水事纠纷，应当迅速查清原因；通告对方水行政主管部门，互相制止本方引起纠纷的水事活动，同时行文报告政府领导和上一级水行政主管部门，以便得到及时处理和解决。

地区之间的水事纠纷，经过当事各方多次协商，始终不能达成一致协议的，分别坚持本地区应当多得一些利益，而客观条件又有限，在这种情况下，上一级人民政府只能根据历史和当时的实际，制定合理的分配方案，形成水行政处理决定，一次性处理完毕。例如，水利部处理的《晋、冀、豫三省漳河水量纠纷案》就是这种情况。

第三节　水事法律责任概述

法律责任指公民、法人、企事业单位、国家机关及其工作人员实施了违法行为而应承担的法律后果。承担法律责任的结果是接受法律制裁。违法行为是产生法律责任的前提，法律制裁是承担法律责任的必然结果。

水事法律、法规的法律责任是指公民、法人、企事业单位、国家机关及其工作人员，不履行水事法律、法规规定的义务，或者实施了水事法律、法规禁止的行为，并具备了违法行为的构成条件，应当承担由此引起的法律后果，受到国家法律制裁。违反水法的行为，依其侵犯的客体、违法性质及危害程度不同，分为民事违法、行政违法和刑事违法。应承担的法律责任相应为民事责任、行政责任和刑事责任。国家给予的制裁相应为民事法律制裁、行政法律制裁和刑事法律制裁。

一、水事违法行为

1. 水事违法行为的概念及构成要件

人们在水事活动中的行为可以分为合法行为和违法行为。合法行为是指符合水事法律、法规规定的，对社会有益或至少无害的，受到水事法律、法规保护的行为。在很多情况下，合法行为是一种有意识的自觉行为，其自觉的性质、程度和动机，构成合法行为的主观方面。当水事活动的参加者按照水事法律、法规的要求作出合乎法律要求的行为时，就可以认为水事法律、法规在水事活动中建立了法律秩序。

与之相对的水事违法行为，也称水事违法，是指在水事活动中发生的、有社会危害性的、有过错的不合法行为。不履行法定义务，违反水事法律、法规的禁止性规定，滥用权利等，都可以构成水事违法。任何水事违法行为都应当受到法律的制裁。

对违法一般有广义和狭义两种理解。广义的违法是指一切违法，包括一般违法和严重违法（即犯罪）。狭义的违法是指一般违法，不包括犯罪。

不论是一般违法还是严重违法，作为一种社会现象，都是由特定的要件构成的。违法构成是引起法律后果所必须具备的法律事实系统，是一种特殊的事实构成。只有具备这一事实系统的全部事实（要件），才能构成违法。水事违法行为的构成要件有：

（1）违法侵犯的客体。任何水事违法都被侵犯的客体，即水事违法必须是在不同程度上侵犯了水事法律、法规所保护的社会水事关系。

（2）违法的客观方面。水事违法必须是行为人在水事活动中违反水事法律、法规和其他法律法规规定的行为，既可以是积极的作为，也可以是消极的不作为。被视为水事违法的作为和不作为，必须具备两个特点：一是它必须表现为人的外在活动，单纯的思想意识活动是不能构成违法的；二是它必须表现为对水事法律、法规规定的违反，即做了水事法律、法规所禁止的行为，或者没有做水事法律、法规所要求的行为。

（3）违法的主体。水事违法者必须是具有法定责任能力的主体。水事违法必须是违反水法规定的、有社会危害性的、有过错的行为，但并不是任何人的这种行为都会构成水事违法。根据我国法律规定，能够成为违法主体的自然人必须是达到法定年龄并具有责任能力的人，能够成为违法主体的组织必须是能够独立承担法律责任的法人。如果行为者没有法定责任能力，就不能成为水事违法主体。

（4）违法的主观方面。水事违法必须是行为者出于故意或过失，即行为者在主观方面有过错。这种过错包括故意和过失两种思想心理状态。明知自己的行为会发生危害社会的结果，并且希望或者放任这种结果发生，因而构成水事违法的，是故意违法。应当预见自己的行为可能发生危害社会的结果，因为疏忽大意而没有预见，或者已经预见而轻信能够避免，以致发生这种结果而构成违法的，是过失违法。如果某种行为在客观上虽然造成了危害社会的后果，但是行为人不是出于故意或者过失，而是由于不可抗力或者不能预见的原因所引起的则不能认为是水事违法。

上述构成水事违法的四个要素，是相互联系、相互制约、缺一不可的。缺少哪一个要素，都不能构成水事违法。

2. 水事违法行为的分类

根据水事违法的性质和危害程度，一般可将其分为水事行政违法、民事违法、刑事违法和违宪。

（1）水事行政违法是指违反了水事行政法律规范而应当承担水事行政责任的行为。水事行政违法属于一般违法。水事行政违法的主要由水行政机关认定，涉及违反《治安管理处罚条例》或其他行政法律规范的行为，由公安机关或其他行政机关确定。对其中某些违法的认定，如果行为人不服，可提请法院解决。另一部分水事行政违法是指水行政机关、法律法规授权的机关或组织、受委托的组织及其执法人员违反纪律，但尚不构成犯罪的行为，这种违法的责任由行政法律规范加以规定。

（2）水事民事违法是指在水事活动中，违反民事法律应当承担民事责任的行为。民事违法亦属于一般违法。水事活动涉及的民事违法，主要是指不法侵犯他人的财产权。

（3）水事刑事违法也称犯罪，是指在水事活动中，危害社会的、违反《刑法》并且应当受到刑罚处罚的行为。犯罪在所有的水事违法活动中，对社会的危害性最大，是严重违法。

（4）违宪。《宪法》是我国根本大法，上述行政违法、民事违法和刑事违法无疑都是违反宪法的，但是它们并不是这里所讲的特定意义上的违宪行为。水事领域的违宪行为是一种特殊的违法行为，它主要是指下列两种行为：一是指国家机关制定的水事方面的法律、法规、规章、决定、命令和决议等，与宪法的原则和内容相抵触；二是指重要的国家机关领导在水事领域行使职权的过程中的行为与宪法的原则和内容相抵触。违宪行为通常危害全局，后果严重。

违法行为是产生法律责任的前提。任何水事违法行为都应当承担相应的法律责任，受到法律的追究，这是依法行政、依法治水的本质要求。

二、水事法律责任的概念及特点

水事法律责任，是指水事违法者对自己实施的水事违法行为依法所必须承担的法律后果。这种法律责任是同水事违法行为密切联系在一起的，是一种追溯性的责任。水事法律责任具有如下特点：

（1）水事法律责任与水事违法行为相联系，只有对水事违法者才能追究其法律责任，违法是承担法律责任的根据。不构成违法，不承担惩罚性的责任。

（2）水事法律责任是一定的国家机关代表国家对水事违法实行法律制裁的根据，在法律上有明确具体的规定。对不同的水事违法行为，法律规定有不同的法律责任，违法者只对其违法行为承担法律规定的相应责任。

（3）水事法律责任体现了水事违法者与国家机关之间的关系。水事法律责任意味着一定的国家机关要代表国家查清水事违法行为的性质、特点、情节，水事法律责任具有国家强制性，是由国家强制力予以保障的，因此，只能由国家司法机关、水行政机关、公安机关或其他行政机关来追究水事法律责任，其他任何组织和个人都无此项权力。

水事法律责任具有国家强制力，但这并不等于说一切水事法律责任的实现均由国家强制力直接介入，比如民事责任可以由当事人自行协商解决。只有在当事人没有或无法自行协商解决时，才出现国家强制保证实施法律责任的追究和执行，即进行法律制裁。

（4）水事法律责任还意味着国家对水事违法行为的否定性反应和谴责。根据水事违法的性质和危害不同，水事违法者所承担的水事法律责任不同。行政违法承担行政法律责任，民事违法承担民事法律责任，刑事违法承担刑事法律责任，违宪承担违宪法律责任。

水事领域的违宪法律责任，简称违宪责任，是指违反宪法规定所应承担的法律责任。违宪责任的基本形式有：撤销同宪法相抵触的法律、法规、规章、决定、命令、决议等，罢免国家机关的领导人员等。违宪责任的确认，通常由特定的宪法监督机构来进行。在我国，监督宪法实施的权力属于全国人民代表大会及其常务委员会。

三、水事法律制裁的概念及分类

水事法律制裁是指水行政机关、司法机关和其他专门机关对水事违法者依其所应当承担的水事法律责任而采取的强制性措施。水事法律制裁与水事法律责任一样，也是基于水事违法行为才产生的。没有水事违法，就不能追究水事法律责任，也谈不上实施水事法律制裁。水事法律责任是一般的法律规定，水事法律制裁是针对个案的实际处置。水事法律制裁是水事法律责任在现实中的实施。在追究水事违法者的水事法律责任时，可视其违法情节、危害程度、主观方面等具体情况，依法减免或从重、加重制裁。

水事法律制裁包括恢复权利性措施和对构成水事违法、犯罪者实施的惩罚性措施。恢复权利性的制裁旨在消除非法行为造成的损害，恢复被侵犯的合法权利，保证已有义务的履行。惩罚性的制裁旨在使违法者承担受惩罚的责任，即追加承受不利后果的新的义务。

这两者有时单独存在，有时同时并存。

根据水事违法者所应当承担的水事法律责任的性质和实施法律制裁的主体的不同，可以将水事法律制裁分为水事行政制裁、民事制裁和刑事制裁。这三种水事法律制裁的具体方式对应相应的水事法律责任中的具体方式。

第四节　水事行政法律责任

一、水事行政法律责任的概念及其特征

水事行政法律责任，简称水事行政责任，是指水行政主体在行使水行政管理职权的过程中，以及公民、法人或其他组织在水事活动中，违反水事行政法律规范而应承担的一种法律后果，具有以下特征：

（1）承担水事行政责任的主体是水事法律关系主体，主要有水行政机关（包括流域机构、法律法规授权的机关和组织，下同）、公民、法人和其他组织。

（2）水事行政责任是水事法律关系主体在水事活动中，违反了水事行政法律规范产生的。水事行政责任不仅仅是水事法律关系主体不履行水事专门法律规范，如《水法》、《防洪法》所规定的义务应承担的法律后果，还包括在水事活动中，违反其他行政法律规范所规定的义务而应承担的法律后果，如治安管理处罚。

（3）水事行政责任是一种独立的法律责任。水事行政责任作为一种法律责任，具有强制性，是由行政机关，即水行政机关或公安机关等其他行政机关来追究。水事行政责任是以水事行政法律规范所规定的职权、义务为基础，在水事活动中，水事行政法律规范所确定的责任、义务以及方式与内容是追究水事行政责任的依据。因此，水事行政责任不同于水事民事责任与刑事责任，彼此之间也不能相互替代。

二、水事行政违法的种类

水事行政违法可按不同标准，从不同角度作不同的分类。如按违法主体的不同，分为水行政主体违法和水行政相对人违法；按行为方式的不同，分为作为违法和不作为违法；按行政内容、形式的不同，分为实体违法和程序违法；按行政的范围，分为内部违法和外部违法等。

1. 水行政机关的行政违法行为

（1）水行政失职，又称放弃职权。这是一种不作为违法行为，是指水行政机关在行使行政权、进行行政管理活动中有义务作出某种管理行为，以履行法定职责，却拒不履行，因而使相对人或国家的利益遭到损害。

（2）水行政越权。与水行政失职相反，这是一种作为的违法行为。它是指水行政机关超越法定的权限范围或者被法律、法规授权的组织超越法律、法规授权的范围作出行政管理行为，进行行政管理活动。

（3）滥用职权行为。滥用职权行为是指水行政机关有这项职权，但是水行政执法人员在行使该项权力时，违反该项法律的立法原则和宗旨，以致损害了相对人的合法权益或国家的利益。如水行政机关有权对破坏水工程及堤防、护岸等有关设施，毁坏防汛设施、水文监测设施以及导航、助航设施的公民进行询问调查和依法处罚，但是如果水行政执法人

员在讯问中采取了刑讯逼供的手段，就违反了《行政处罚法》的有关规定和立法目的、宗旨，属于滥用职权。

（4）适用法律、法规错误。适用法律、法规错误指水行政机关适用了不应使用的法律条文。如适用了已失效的法律法规，或者本应适用此法却适用了彼法等。

（5）违反法定程序。违反法定程序指水行政机关行使行政权不按法定的手段、方式和程序办事。程序违法往往会影响法定主体权利义务关系的实现，不能有效地保护水行政相对人的合法权益和国家与公众的利益。

（6）主要证据不足。主要证据不足指水行政机关作出行政行为，用来定案的证据不充分，或者认定案件事实不清。

2. 水行政执法人员的行政违法行为

（1）执行职务上的违法。如玩忽职守、滥用职权、执法犯法、贻误工作、对抗上级、压制批评、打击报复、弄虚作假、侵犯群众利益、泄露国家机密等。

（2）财产方面的违法。如贪污、受贿、以权谋私、挥霍公款、浪费国家资财等。

3. 水行政相对人的行政违法行为

（1）违反了水事专门法律规范的行为。一般而言，水事行政违法行为包括危害或损害水资源、水域、水工程、水土保持生态环境、防汛抗旱、水文监测设施等违法行为。

（2）违反了《治安管理处罚条例》的行为，主要包括以下几个方面：

1）侵占、毁坏水工程及堤防、护岸等有关设施，毁坏防汛、水文监测、水文地质监测设施的行为。

2）在水工程保护范围内，从事爆破、打井、采石、取土等影响水工程运行和危害水工程安全的活动。

3）在水事纠纷发生及其处理过程中煽动闹事、结伙斗殴、抢夺或者损坏公私财物、非法限制他人人身自由的。

4）拒绝、阻碍国家工作人员依法执行公务，并使用暴力、威胁方法的。

（3）违反了其他相关行政法律规范的行为。

三、水行政执法责任

水行政执法责任是指水行政机关在水行政执法过程中，由于违法或不当执法行为给公民、法人或其他组织的合法权益造成损害所应承担的责任。水行政执法责任分为水行政机关执法责任和水行政执法人员执法责任。水行政机关的违法或不当执法行为，由水行政机关自身承担水行政执法责任；被委托的组织的违法或不当执法行为，由委托的水行政机关承担水行政执法责任，再由委托的水行政机关依据委托关系追究该组织的相关责任；水行政执法人员的违法或不当执法行为，由所属的水行政机关承担赔偿责任，再由该水行政机关对有故意或重大过失的执法人员行使追偿权。执法人员属于被委托组织的，按水行政机关—被委托组织—执法人员的顺序承担执法责任。

1. 水行政机关承担水行政执法责任

水行政执法机关承担行政执法责任的方式很多，主要有下列几种：

（1）撤销或部分撤销原水行政执法行为。此种方式的前提是原水行政执法行为完全违法或部分违法。

(2) 变更原水行政执法行为或重新作出新的水行政执法行为。这一方式主要针对原水行政执法行为程序违法或实体上有不当之处的水行政执法行为。重新作出水行政执法行为时，要对原来的不当或遗漏之处加以补正。

(3) 停止侵害。水行政执法机关的具体水行政行为在被认定之前已经执行的，在认定违法后，应立即停止执行；如不停止执行，相对人可申请有关国家机关强制停止执行。

(4) 返还财产。即由水行政机关负责将非法获得的罚款、非法收取的费用、非法没收的财物归还给相对人；非法冻结的账号应予解冻，非法查封的财产予以启封以及归还非法没收的证照等。

(5) 恢复原状。恢复原状包括工作的恢复，住房的恢复，被损坏的、遗失的财产的重作、修理与重换等。

(6) 恢复名誉。因违法的具体水行政行为而使公民、法人或其他组织的名誉权遭受损害的，水行政机关应予恢复。

(7) 赔礼道歉。即由水行政机关承担道义上的补救责任，向被侵害的当事人认错，取得对方的谅解。这种方式可与恢复名誉同时使用，也可以单独使用。

(8) 赔偿损失。即水行政机关对其给相对人造成的损失作金钱上的赔偿。相关内容见“水行政赔偿”部分。

上述几种方式可以单独使用，也可以将其中的某些项合并使用，应根据具体情况而定。

2. 水行政执法人员承担行政执法责任

水行政执法人员承担行政执法责任的方式主要有以下几种：

(1) 行政处分。这是行政机关对行政执法人员违法行为所广泛实施的一种制裁措施。行政处分有警告、记过、记大过、降级、撤职和开除等几种。

(2) 剥夺执法资格。如吊扣或收缴水行政执法证件，调离执法岗位等。

(3) 经济赔偿。水行政机关在向行政相对人履行赔偿责任之后，对有过错的水行政执法人员可以进行追偿。水行政执法机关根据执法人员个人应负责任的大小，责令执法人员承担赔偿费用的全部或部分。

四、水行政相对人承担的行政责任

水行政相对人承担的水事行政责任主要以下几种：

1. 水行政处罚

水行政处罚是相对人承担水事违法行政责任的一种重要方式。根据《水行政处罚实施办法》，其具体内容包括：警告、罚款、吊销许可证、没收非法所得等类别。

2. 治安管理处罚

《水法》、《防洪法》均作出规定，对违反水事法律、法规的规定同时违反《治安管理处罚条例》的行为，应当由公安机关依照《治安管理处罚条例》的规定给予治安处罚，其具体内容包括：警告、罚款、拘留和劳动教养等类别。

3. 履行法定义务

相对人因为怠于履行水事法律、法规所规定的法定义务而构成水事行政违法行为的，水行政主体可以责令其履行该项义务。如果相对人在法定时间期限内仍然不履行的，水行政主体可以依法采取强制措施。

4. 恢复原状

相对人的水事行政违法行为改变水资源的所有权、使用权等权属状态的，或者以此取得一定财产的，水行政主体可以责令其恢复原状并返还财产。

5. 赔偿损失

相对人的水事行政违法行为给国家造成损失的，应当依法承担赔偿责任。

水行政主体在对相对人适用上述水事行政责任类别与方式时，既可以单独适用一种，也可以同时适用多种。

第五节　水事民事法律责任

一、水事民事法律责任的概念及其特征

民事权利与每个公民息息相关。《民法通则》规定："公民从出生时起到死亡时，具有民事权利能力，依法享有民事权利，承担民事义务"。民事权利是公民的基本权利。水事活动中涉及的民事权利主要是财产权。财产权主要包括物权和债权。物权是民事主体依法对特定的物进行管理支配并享受物之利益的排他性财产权利。物权的核心部分是所有权，即所有人依法对所有物享有占有、使用、收益和处分 4 项权能。民事中的债，是指按照合同的约定或法律的规定在特定的当事人之间产生的权利与义务关系。享有权利的人是债权人，负有义务的人是债务人。债权人享有请求债务人为一定行为或不为一定行为的权利即债权。

水事民事法律责任是指水事法律关系主体在水事活动中，侵犯了他人的合法民事权利而依法应当承担的法律责任。水事民事责任的法律特征如下：

（1）水事民事责任主要是补偿性的，行为人承担民事责任的方式主要是财产性的经济补偿，而以非财产性的排除措施为辅。

（2）水事民事责任一般都采用损失填补和恢复原状为原则，经济赔偿的数额一般只能等于而不能高于受害人所受到的损失。

（3）水事民事责任的经济赔偿是为补偿受害人所受到的损失，赔偿一般都归属受害人。

（4）除了法律规定外，允许当事人自由处分其权利，当事人可以自行协商，国家一般不加干涉。

二、水事民事违法行为

1. 公民、法人和其他组织的水事民事违法行为

《水法》、《防洪法》、《水土保持法》等水事法律、法规规定了公民、法人或其他组织在水资源开发利用与保护、防治水害、防治水土流失过程中，侵犯他人的合法民事权益而应承担的民事责任的情形。概括起来主要有以下内容。

（1）侵犯了他人的合法权益。体现在以下方面：

1）引水、截（蓄）水、排水，损害公共利益或者他人的合法权益的。

2）侵占、毁坏水工程及堤防、护岸等有关设施，毁坏防汛、水文监测、水文地质监

测设施，或在水工程保护范围内，从事影响水工程运行和危害水工程安全的爆破、打井、采石、取土等活动，对他人造成损失的。

3）开采矿藏或者建设地下工程，因疏干排水导致地下水水位下降、水源枯竭或者地面塌陷，对他人生活和生产造成损失的。

4）造成水土流失，直接损害单位和个人的合法利益的。

（2）侵犯了水行政主体和水利工程管理单位的合法权益。公民、法人或其他组织破坏、损毁水利设施，如堤防、水闸、护岸、抽水站、排水沟系等防洪工程和水文、通信设施以及防汛备用的器材、物料，侵犯了水行政主体和水利工程管理单位对水利设施的所有权和使用权的。

（3）侵犯了水事法律关系参与者的合法权益。《水法》规定："使用水工程供应的水，应当按照国家规定向供水单位缴纳水费。"该规定是典型的以工程拦蓄的水为对象的民事法律关系。供水单位和用水户之间的关系依照法律的规定，采用合同或其他形式而确定的供用水法律关系。在这个法律关系中，供水单位和用水者之间的关系除了受水事法律规范的约束，还受民事法律规范的约束。供水单位和用水者各自享有不同的民事权利，履行不同的民事义务，供水单位享有向用水者收取水费的权利，但是必须依约向用水者供水；用水者享有依约取用水的权利，但是必须依约向供水单位按时足额缴纳水费，否则，就属于不承担义务的违约行为。《防洪法》、《水土保持法》等水事法律、法规也有类似的规定。

（4）侵犯了水利投资者的合法权益。为了搞好水利建设，国家允许公民、法人或其他组织，从事水利项目的投资。法律规范应当保护投资者合法的投资收益权。这些规定是我国《民法通则》规定财产收益权原则在水事活动中的具体运用与体现，是党和国家为调动全社会共同兴办水利的集中体现。

2. 水行政机关的水事民事违法行为

（1）侵犯水利工程移民的合法权益。水工程淹没使公民、法人或其他组织为兴建水工程作出了牺牲，其合法权益应当受到法律的保护。这一规定体现了法律公平、公正原则，也体现了平等保护合法权益的民法精神。

（2）行政侵权。行政侵权是水行政主体及其工作人员在行使水事管理职权过程中造成他人损害所应当承担的责任。当然，当事人可以在提起水行政复议或水行政诉讼时提出行政赔偿，也可以按照《民法通则》的规定通过民事途径予以解决。

三、水事民事法律责任类型

根据水事法律规范和民事法律规定，水事民事责任有以下类型。

1. 制止性的民事责任

（1）停止侵害。此种方式适用于侵害行为还在继续进行的情况，其目的是制止侵害行为的继续和防止损害的进一步扩大。

（2）排除妨碍。此种方式适用于权利人因受到非法妨碍而无法正常行使权利的情况。

（3）消除危险。这是一项预防措施，适用于虽然未造成实质性的损害，但是将来可能甚至必然造成侵害的情况。

2. 补救性的民事责任

（1）返还财产。此种方式适用侵权行为人因其侵权行为而从受害人处实际取得财产的，如盗窃水文测验设施的，侵权行为人应当返还所取得的财产。

（2）恢复原状。这适用于侵权行为人侵害权利人的水利设施、水工程等财物而且有可能、也有必要恢复的情况。

（3）赔偿损失。这是一项适用比较广泛的承担责任方式。凡是侵权行为人造成权利人经济上受到损失的，用别的责任方式无法弥补的都可以采取这种责任方式。

3. 其他的民事责任

（1）支付违约金。此种方式主要适用于在水事合同法律关系中的责任，当然，水事法律、法规和民事法律规范有特殊规定以及当事人双方有特别约定的也可以适用。

（2）消除影响、恢复名誉、赔礼道歉。这几种责任方式在水事相邻关系中较普遍，当然，在适用时大都按照民事法律规范的规定执行。

第六节　水事刑事法律责任

一、水事刑事法律责任的概念及特征

水事刑事法律责任简称水事刑事责任，是指在水事活动中，行为人实施了刑事法律规范所禁止的行为而应承担的一种法律后果，具有以下法律特征：

（1）刑事责任是一种由犯罪行为所引起的法律效应，是一种强制犯罪人向国家承担的法律责任。

（2）刑事责任是一种性质最为严重、制裁后果最为严厉的法律责任。

（3）行为人是否承担刑事责任，只能由司法机关按照刑事诉讼程序依照法律的规定加以决定。

（4）承担刑事责任的一般要给予刑事处罚。

二、水事刑事犯罪的类型

1. 公民、法人或其他组织水事刑事犯罪类型

在目前所颁布的水事法律、法规中，《水法》、《水污染防治法》、《水土保持法》和《防洪法》等规定了行为人承担刑事责任的情况，归纳起来主要有以下典型类型。

（1）违反水环境保护方面的规定，构成犯罪的。水不仅仅是一种自然资源，而且也是一种重要的环境要素，《刑法》对环境保护作了规定，有助于环境的保护，尤其是水环境的保护。在司法实践中，因为违反此规定而受到刑事制裁、承担刑事责任的典型案例将会逐渐增多。

（2）违反河道保护方面的规定，构成犯罪的。这主要是指在河道管理范围内堆放阻碍行洪物体，修建围堤、阻水渠道、阻水道路，未经批准在河道管理范围从事影响河势稳定及堤防安全的采砂等活动，围垦湖泊、河流，擅自砍伐护堤林木等，造成严重后果的。

（3）违反防汛救灾方面的规定，构成犯罪的。主要犯罪行为有：

1）不按照天然流势或者防御洪水方案、蓄滞洪方案与措施等防汛调度方案泄洪、排涝、蓄滞洪而造成严重后果的。

2）盗窃或抢夺防汛物料、水工程器材，贪污、挪用国家救灾、抢险、防汛、移民安置款物，情节严重的。

(4) 违反水工程与设施的保护规定，构成犯罪的。主要犯罪行为有：

1) 侵占、毁坏水工程及堤防、护岸相关设施，毁坏防汛、水文监测、水文地质监测、导（助）航设施的，已经或可能造成严重社会后果的。

2) 在水工程保护范围内从事爆破、打井、采石、取土等对水工程有严重威胁或已经造成严重后果的。

(5) 违反水事纠纷调处的规定，构成犯罪的。在水事纠纷发生及其处理过程中煽动闹事、结伙斗殴、抢夺或者损坏公共财物、非法限制他人人身自由，情节严重的。

(6) 违反移民安置的规定，构成犯罪的。在征地补偿和移民安置过程中，扰乱公共秩序，致使工作、生产不能正常进行，情节严重的。

(7) 暴力抗法，构成犯罪的。这主要是指以暴力、威胁方法阻碍水行政执法人员依法执行职务的，或阻碍、威胁水行政执法人员依法执行职务、情节严重的。

2. 水行政机关工作人员水事犯罪类型

通常是指水行政机关工作人员、水工程与设施管理人员以及其他国家工作人员玩忽职守、滥用职权、徇私舞弊，对公共财产、国家和人民利益造成重大损失的。

三、水事刑事责任的类型根据

《刑法》规定，刑罚分主刑和附加刑两大类。主刑的种类有：管制、拘役、有期徒刑、无期徒刑、死刑。附加刑的种类有：罚金、剥夺政治权利、没收财产。

思考题与习题

1. 调处水事纠纷的原则是什么？
2. 查处水调解案件的方式有几种？
3. 水调解案件的查处程序有几种类型？
4. 水事违法行为分几种类型？
5. 水事行政法律责任的特征是什么？
6. 水事民事法律责任的特征是什么？
7. 水事刑事法律责任的特征是什么？

附录一　相关法规

中华人民共和国水法

（1988年1月21日第六届全国人民代表大会常务委员会第二十四次会议通过　2002年8月29日第九届全国人民代表大会常务委员会第二十九次会议修订通过）

目　录

第一章　总　　则

第一条　为了合理开发、利用、节约和保护水资源，防治水害，实现水资源的可持续利用，适应国民经济和社会发展的需要，制定本法。

第二条　在中华人民共和国领域内开发、利用、节约、保护、管理水资源，防治水害，适用本法。

本法所称水资源，包括地表水和地下水。

第三条　水资源属于国家所有。水资源的所有权由国务院代表国家行使。农村集体经济组织的水塘和由农村集体经济组织修建管理的水库中的水，归各该农村集体经济组织使用。

第四条　开发、利用、节约、保护水资源和防治水害，应当全面规划、统筹兼顾、标本兼治、综合利用、讲求效益，发挥水资源的多种功能，协调好生活、生产经营和生态环境用水。

第五条　县级以上人民政府应当加强水利基础设施建设，并将其纳入本级国民经济和社会发展计划。

第六条　国家鼓励单位和个人依法开发、利用水资源，并保护其合法权益。开发、利用水资源的单位和个人有依法保护水资源的义务。

第七条　国家对水资源依法实行取水许可制度和有偿使用制度。但是，农村集体经济组织及其成员使用本集体经济组织的水塘、水库中的水除外。国务院水行政主管部门负责全国取水许可制度和水资源有偿使用制度的组织实施。

第八条 国家厉行节约用水，大力推行节约用水措施，推广节约用水新技术、新工艺，发展节水型工业、农业和服务业，建立节水型社会。

各级人民政府应当采取措施，加强对节约用水的管理，建立节约用水技术开发推广体系，培育和发展节约用水产业。

单位和个人有节约用水的义务。

第九条 国家保护水资源，采取有效措施，保护植被，植树种草，涵养水源，防治水土流失和水体污染，改善生态环境。

第十条 国家鼓励和支持开发、利用、节约、保护、管理水资源和防治水害的先进科学技术的研究、推广和应用。

第十一条 在开发、利用、节约、保护、管理水资源和防治水害等方面成绩显著的单位和个人，由人民政府给予奖励。

第十二条 国家对水资源实行流域管理与行政区域管理相结合的管理体制。

国务院水行政主管部门负责全国水资源的统一管理和监督工作。

国务院水行政主管部门在国家确定的重要江河、湖泊设立的流域管理机构（以下简称流域管理机构），在所管辖的范围内行使法律、行政法规规定的和国务院水行政主管部门授予的水资源管理和监督职责。

县级以上地方人民政府水行政主管部门按照规定的权限，负责本行政区域内水资源的统一管理和监督工作。

第十三条 国务院有关部门按照职责分工，负责水资源开发、利用、节约和保护的有关工作。

县级以上地方人民政府有关部门按照职责分工，负责本行政区域内水资源开发、利用、节约和保护的有关工作。

第二章 水资源规划

第十四条 国家制定全国水资源战略规划。

开发、利用、节约、保护水资源和防治水害，应当按照流域、区域统一制定规划。规划分为流域规划和区域规划。流域规划包括流域综合规划和流域专业规划；区域规划包括区域综合规划和区域专业规划。

前款所称综合规划，是指根据经济社会发展需要和水资源开发利用现状编制的开发、利用、节约、保护水资源和防治水害的总体部署。前款所称专业规划，是指防洪、治涝、灌溉、航运、供水、水力发电、竹木流放、渔业、水资源保护、水土保持、防沙治沙、节约用水等规划。

第十五条 流域范围内的区域规划应当服从流域规划，专业规划应当服从综合规划。

流域综合规划和区域综合规划以及与土地利用关系密切的专业规划，应当与国民经济和社会发展规划以及土地利用总体规划、城市总体规划和环境保护规划相协调，兼顾各地区、各行业的需要。

第十六条　制定规划，必须进行水资源综合科学考察和调查评价。水资源综合科学考察和调查评价，由县级以上人民政府水行政主管部门会同同级有关部门组织进行。

县级以上人民政府应当加强水文、水资源信息系统建设。县级以上人民政府水行政主管部门和流域管理机构应当加强对水资源的动态监测。

基本水文资料应当按照国家有关规定予以公开。

第十七条　国家确定的重要江河、湖泊的流域综合规划，由国务院水行政主管部门会同国务院有关部门和有关省、自治区、直辖市人民政府编制，报国务院批准。跨省、自治区、直辖市的其他江河、湖泊的流域综合规划和区域综合规划，由有关流域管理机构会同江河、湖泊所在地的省、自治区、直辖市人民政府水行政主管部门和有关部门编制，分别经有关省、自治区、直辖市人民政府审查提出意见后，报国务院水行政主管部门审核；国务院水行政主管部门征求国务院有关部门意见后，报国务院或者其授权的部门批准。

前款规定以外的其他江河、湖泊的流域综合规划和区域综合规划，由县级以上地方人民政府水行政主管部门会同同级有关部门和有关地方人民政府编制，报本级人民政府或者其授权的部门批准，并报上一级水行政主管部门备案。

专业规划由县级以上人民政府有关部门编制，征求同级其他有关部门意见后，报本级人民政府批准。其中，防洪规划、水土保持规划的编制、批准，依照防洪法、水土保持法的有关规定执行。

第十八条　规划一经批准，必须严格执行。

经批准的规划需要修改时，必须按照规划编制程序经原批准机关批准。

第十九条　建设水工程，必须符合流域综合规划。在国家确定的重要江河、湖泊和跨省、自治区、直辖市的江河、湖泊上建设水工程，其工程可行性研究报告报请批准前，有关流域管理机构应当对水工程的建设是否符合流域综合规划进行审查并签署意见；在其他江河、湖泊上建设水工程，其工程可行性研究报告报请批准前，县级以上地方人民政府水行政主管部门应当按照管理权限对水工程的建设是否符合流域综合规划进行审查并签署意见。水工程建设涉及防洪的，依照防洪法的有关规定执行；涉及其他地区和行业的，建设单位应当事先征求有关地区和部门的意见。

第三章　水资源开发利用

第二十条　开发、利用水资源，应当坚持兴利与除害相结合，兼顾上下游、左右岸和有关地区之间的利益，充分发挥水资源的综合效益，并服从防洪的总体安排。

第二十一条　开发、利用水资源，应当首先满足城乡居民生活用水，并兼顾农业、工业、生态环境用水以及航运等需要。

在干旱和半干旱地区开发、利用水资源，应当充分考虑生态环境用水需要。

第二十二条　跨流域调水，应当进行全面规划和科学论证，统筹兼顾调出和调入流域的用水需要，防止对生态环境造成破坏。

第二十三条　地方各级人民政府应当结合本地区水资源的实际情况，按照地表水与地下水统一调度开发、开源与节流相结合、节流优先和污水处理再利用的原则，合理组织开发、综合利用水资源。

国民经济和社会发展规划以及城市总体规划的编制、重大建设项目的布局，应当与当地水资源条件和防洪要求相适应，并进行科学论证；在水资源不足的地区，应当对城市规模和建设耗水量大的工业、农业和服务业项目加以限制。

第二十四条 在水资源短缺的地区，国家鼓励对雨水和微咸水的收集、开发、利用和对海水的利用、淡化。

第二十五条 地方各级人民政府应当加强对灌溉、排涝、水土保持工作的领导，促进农业生产发展；在容易发生盐碱化和渍害的地区，应当采取措施，控制和降低地下水的水位。

农村集体经济组织或者其成员依法在本集体经济组织所有的集体土地或者承包土地上投资兴建水工程设施的，按照谁投资建设谁管理和谁受益的原则，对水工程设施及其蓄水进行管理和合理使用。

农村集体经济组织修建水库应当经县级以上地方人民政府水行政主管部门批准。

第二十六条 国家鼓励开发、利用水能资源。在水能丰富的河流，应当有计划地进行多目标梯级开发。

建设水力发电站，应当保护生态环境，兼顾防洪、供水、灌溉、航运、竹木流放和渔业等方面的需要。

第二十七条 国家鼓励开发、利用水运资源。在水生生物洄游通道、通航或者竹木流放的河流上修建永久性拦河闸坝，建设单位应当同时修建过鱼、过船、过木设施，或者经国务院授权的部门批准采取其他补救措施，并妥善安排施工和蓄水期间的水生生物保护、航运和竹木流放，所需费用由建设单位承担。

在不通航的河流或者人工水道上修建闸坝后可以通航的，闸坝建设单位应当同时修建过船设施或者预留过船设施位置。

第二十八条 任何单位和个人引水、截（蓄）水、排水，不得损害公共利益和他人的合法权益。

第二十九条 国家对水工程建设移民实行开发性移民的方针，按照前期补偿、补助与后期扶持相结合的原则，妥善安排移民的生产和生活，保护移民的合法权益。

移民安置应当与工程建设同步进行。建设单位应当根据安置地区的环境容量和可持续发展的原则，因地制宜，编制移民安置规划，经依法批准后，由有关地方人民政府组织实施。所需移民经费列入工程建设投资计划。

第四章 水资源、水域和水工程的保护

第三十条 县级以上人民政府水行政主管部门、流域管理机构以及其他有关部门在制定水资源开发、利用规划和调度水资源时，应当注意维持江河的合理流量和湖泊、水库以及地下水的合理水位，维护水体的自然净化能力。

第三十一条 从事水资源开发、利用、节约、保护和防治水害等水事活动，应当遵守经批准的规划；因违反规划造成江河和湖泊水域使用功能降低、地下水超采、地面沉降、水体污染的，应当承担治理责任。

开采矿藏或者建设地下工程，因疏于排水导致地下水水位下降、水源枯竭或者地面塌

陷，采矿单位或者建设单位应当采取补救措施；对他人生活和生产造成损失的，依法给予补偿。

第三十二条 国务院水行政主管部门会同国务院环境保护行政主管部门、有关部门和有关省、自治区、直辖市人民政府，按照流域综合规划、水资源保护规划和经济社会发展要求，拟定国家确定的重要江河、湖泊的水功能区划，报国务院批准。跨省、自治区、直辖市的其他江河、湖泊的水功能区划，由有关流域管理机构会同江河、湖泊所在地的省、自治区、直辖市人民政府水行政主管部门、环境保护行政主管部门和其他有关部门拟定，分别经有关省、自治区、直辖市人民政府审查提出意见后，由国务院水行政主管部门会同国务院环境保护行政主管部门审核，报国务院或者其授权的部门批准。

前款规定以外的其他江河、湖泊的水功能区划，由县级以上地方人民政府水行政主管部门会同同级人民政府环境保护行政主管部门和有关部门拟定，报同级人民政府或者其授权的部门批准，并报上一级水行政主管部门和环境保护行政主管部门备案。

县级以上人民政府水行政主管部门或者流域管理机构应当按照水功能区对水质的要求和水体的自然净化能力，核定该水域的纳污能力，向环境保护行政主管部门提出该水域的限制排污总量意见。

县级以上地方人民政府水行政主管部门和流域管理机构应当对水功能区的水质状况进行监测，发现重点污染物排放总量超过控制指标的，或者水功能区的水质未达到水域使用功能对水质的要求的，应当及时报告有关人民政府采取治理措施，并向环境保护行政主管部门通报。

第三十三条 国家建立饮用水水源保护区制度。省、自治区、直辖市人民政府应当划定饮用水水源保护区，并采取措施，防止水源枯竭和水体污染，保证城乡居民饮用水安全。

第三十四条 禁止在饮用水水源保护区内设置排污口。

在江河、湖泊新建、改建或者扩大排污口，应当经过有管辖权的水行政主管部门或者流域管理机构同意，由环境保护行政主管部门负责对该建设项目的环境影响报告书进行审批。

第三十五条 从事工程建设，占用农业灌溉水源、灌排工程设施，或者对原有灌溉用水、供水水源有不利影响的，建设单位应当采取相应的补救措施；造成损失的，依法给予补偿。

第三十六条 在地下水超采地区，县级以上地方人民政府应当采取措施，严格控制开采地下水。在地下水严重超采地区，经省、自治区、直辖市人民政府批准，可以划定地下水禁止开采或者限制开采区。在沿海地区开采地下水，应当经过科学论证，并采取措施，防止地面沉降和海水入侵。

第三十七条 禁止在江河、湖泊、水库、运河、渠道内弃置、堆放阻碍行洪的物体和种植阻碍行洪的林木及高秆作物。

禁止在河道管理范围内建设妨碍行洪的建筑物、构筑物以及从事影响河势稳定、危害河岸堤防安全和其他妨碍河道行洪的活动。

第三十八条 在河道管理范围内建设桥梁、码头和其他拦河、跨河、临河建筑物、构筑物，铺设跨河管道、电缆，应当符合国家规定的防洪标准和其他有关的技术要求，工程建设方案应当依照防洪法的有关规定报经有关水行政主管部门审查同意。

因建设前款工程设施，需要扩建、改建、拆除或者损坏原有水工程设施的，建设单位应当负担扩建、改建的费用和损失补偿。但是，原有工程设施属于违法工程的除外。

第三十九条　国家实行河道采砂许可制度。河道采砂许可制度实施办法，由国务院规定。

在河道管理范围内采砂，影响河势稳定或者危及堤防安全的，有关县级以上人民政府水行政主管部门应当划定禁采区和规定禁采期，并予以公告。

第四十条　禁止围湖造地。已经围垦的，应当按照国家规定的防洪标准有计划地退地还湖。

禁止围垦河道。确需围垦的，应当经过科学论证，经省、自治区、直辖市人民政府水行政主管部门或者国务院水行政主管部门同意后，报本级人民政府批准。

第四十一条　单位和个人有保护水工程的义务，不得侵占、毁坏堤防、护岸、防汛、水文监测、水文地质监测等工程设施。

第四十二条　县级以上地方人民政府应当采取措施，保障本行政区域内水工程，特别是水坝和堤防的安全，限期消除险情。水行政主管部门应当加强对水工程安全的监督管理。

第四十三条　国家对水工程实施保护。国家所有的水工程应当按照国务院的规定划定工程管理和保护范围。

国务院水行政主管部门或者流域管理机构管理的水工程，由主管部门或者流域管理机构商有关省、自治区、直辖市人民政府划定工程管理和保护范围。

前款规定以外的其他水工程，应当按照省、自治区、直辖市人民政府的规定，划定工程保护范围和保护职责。

在水工程保护范围内，禁止从事影响水工程运行和危害水工程安全的爆破、打井、采石、取土等活动。

第五章　水资源配置和节约使用

第四十四条　国务院发展计划主管部门和国务院水行政主管部门负责全国水资源的宏观调配。全国的和跨省、自治区、直辖市的水中长期供求规划，由国务院水行政主管部门会同有关部门制订，经国务院发展计划主管部门审查批准后执行。地方的水中长期供求规划，由县级以上地方人民政府水行政主管部门会同同级有关部门依据上一级水中长期供求规划和本地区的实际情况制订，经本级人民政府发展计划主管部门审查批准后执行。

水中长期供求规划应当依据水的供求现状、国民经济和社会发展规划、流域规划、区域规划，按照水资源供需协调、综合平衡、保护生态、厉行节约、合理开源的原则制定。

第四十五条　调蓄径流和分配水量，应当依据流域规划和水中长期供求规划，以流域为单元制定水量分配方案。

跨省、自治区、直辖市的水量分配方案和旱情紧急情况下的水量调度预案，由流域管理机构商有关省、自治区、直辖市人民政府制订，报国务院或者其授权的部门批准后执行。其他跨行政区域的水量分配方案和旱情紧急情况下的水量调度预案，由共同的上一级人民政府水行政主管部门商有关地方人民政府制订，报本级人民政府批准后执行。

水量分配方案和旱情紧急情况下的水量调度预案经批准后，有关地方人民政府必须执行。

在不同行政区域之间的边界河流上建设水资源开发、利用项目，应当符合该流域经批准的水量分配方案，由有关县级以上地方人民政府报共同的上一级人民政府水行政主管部门或者有关流域管理机构批准。

第四十六条 县级以上地方人民政府水行政主管部门或者流域管理机构应当根据批准的水量分配方案和年度预测来水量，制定年度水量分配方案和调度计划，实施水量统一调度；有关地方人民政府必须服从。

国家确定的重要江河、湖泊的年度水量分配方案，应当纳入国家的国民经济和社会发展年度计划。

第四十七条 国家对用水实行总量控制和定额管理相结合的制度。

省、自治区、直辖市人民政府有关行业主管部门应当制订本行政区域内行业用水定额，报同级水行政主管部门和质量监督检验行政主管部门审核同意后，由省、自治区、直辖市人民政府公布，并报国务院水行政主管部门和国务院质量监督检验行政主管部门备案。

县级以上地方人民政府发展计划主管部门会同同级水行政主管部门，根据用水定额、经济技术条件以及水量分配方案确定的可供本行政区域使用的水量，制定年度用水计划，对本行政区域内的年度用水实行总量控制。

第四十八条 直接从江河、湖泊或者地下取用水资源的单位和个人，应当按照国家取水许可制度和水资源有偿使用制度的规定，向水行政主管部门或者流域管理机构申请领取取水许可证，并缴纳水资源费，取得取水权。但是，家庭生活和零星散养、圈养畜禽饮用等少量取水的除外。

实施取水许可制度和征收管理水资源费的具体办法，由国务院规定。

第四十九条 用水应当计量，并按照批准的用水计划用水。

用水实行计量收费和超定额累进加价制度。

第五十条 各级人民政府应当推行节水灌溉方式和节水技术，对农业蓄水、输水工程采取必要的防渗漏措施，提高农业用水效率。

第五十一条 工业用水应当采用先进技术、工艺和设备，增加循环用水次数，提高水的重复利用率。

国家逐步淘汰落后的、耗水量高的工艺、设备和产品，具体名录由国务院经济综合主管部门会同国务院水行政主管部门和有关部门制定并公布。生产者、销售者或者生产经营中的使用者应当在规定的时间内停止生产、销售或者使用列入名录的工艺、设备和产品。

第五十二条 城市人民政府应当因地制宜采取有效措施，推广节水型生活用水器具，降低城市供水管网漏失率，提高生活用水效率；加强城市污水集中处理，鼓励使用再生水，提高污水再生利用率。

第五十三条 新建、扩建、改建建设项目，应当制订节水措施方案，配套建设节水设施。节水设施应当与主体工程同时设计、同时施工、同时投产。

供水企业和自建供水设施的单位应当加强供水设施的维护管理，减少水的漏失。

第五十四条 各级人民政府应当积极采取措施，改善城乡居民的饮用水条件。

第五十五条 使用水工程供应的水，应当按照国家规定向供水单位缴纳水费。供水价格应当按照补偿成本、合理收益、优质优价、公平负担的原则确定。具体办法由省级以上人民政府价格主管部门会同同级水行政主管部门或者其他供水行政主管部门依据职权制定。

第六章 水事纠纷处理与执法监督检查

第五十六条 不同行政区域之间发生水事纠纷的，应当协商处理；协商不成的，由上一级人民政府裁决，有关各方必须遵照执行。在水事纠纷解决前，未经各方达成协议或者共同的上一级人民政府批准，在行政区域交界线两侧一定范围内，任何一方不得修建排水、阻水、取水和截（蓄）水工程，不得单方面改变水的现状。

第五十七条 单位之间、个人之间、单位与个人之间发生的水事纠纷，应当协商解决；当事人不愿协商或者协商不成的，可以申请县级以上地方人民政府或者其授权的部门调解，也可以直接向人民法院提起民事诉讼。县级以上地方人民政府或者其授权的部门调解不成的，当事人可以向人民法院提起民事诉讼。

在水事纠纷解决前，当事人不得单方面改变现状。

第五十八条 县级以上人民政府或者其授权的部门在处理水事纠纷时，有权采取临时处置措施，有关各方或者当事人必须服从。

第五十九条 县级以上人民政府水行政主管部门和流域管理机构应当对违反本法的行为加强监督检查并依法进行查处。

水政监督检查人员应当忠于职守，秉公执法。

第六十条 县级以上人民政府水行政主管部门、流域管理机构及其水政监督检查人员履行本法规定的监督检查职责时，有权采取下列措施：

（一）要求被检查单位提供有关文件、证照、资料；

（二）要求被检查单位就执行本法的有关问题作出说明；

（三）进入被检查单位的生产场所进行调查；

（四）责令被检查单位停止违反本法的行为，履行法定义务。

第六十一条 有关单位或者个人对水政监督检查人员的监督检查工作应当给予配合，不得拒绝或者阻碍水政监督检查人员依法执行职务。

第六十二条 水政监督检查人员在履行监督检查职责时，应当向被检查单位或者个人出示执法证件。

第六十三条 县级以上人民政府或者上级水行政主管部门发现本级或者下级水行政主管部门在监督检查工作中有违法或者失职行为的，应当责令其限期改正。

第七章 法 律 责 任

第六十四条 水行政主管部门或者其他有关部门以及水工程管理单位及其工作人员，

利用职务上的便利收取他人财物、其他好处或者玩忽职守，对不符合法定条件的单位或者个人核发许可证、签署审查同意意见，不按照水量分配方案分配水量，不按照国家有关规定收取水资源费，不履行监督职责，或者发现违法行为不予查处，造成严重后果，构成犯罪的，对负有责任的主管人员和其他直接责任人员依照刑法的有关规定追究刑事责任；尚不够刑事处罚的，依法给予行政处分。

第六十五条 在河道管理范围内建设妨碍行洪的建筑物、构筑物，或者从事影响河势稳定、危害河岸堤防安全和其他妨碍河道行洪的活动的，由县级以上人民政府水行政主管部门或者流域管理机构依据职权，责令停止违法行为，限期拆除违法建筑物、构筑物，恢复原状；逾期不拆除、不恢复原状的，强行拆除，所需费用由违法单位或者个人负担，并处一万元以上十万元以下的罚款。

未经水行政主管部门或者流域管理机构同意，擅自修建水工程，或者建设桥梁、码头和其他拦河、跨河、临河建筑物、构筑物，铺设跨河管道、电缆，且防洪法未作规定的，由县级以上人民政府水行政主管部门或者流域管理机构依据职权，责令停止违法行为，限期补办有关手续；逾期不补办或者补办未被批准的，责令限期拆除违法建筑物、构筑物；逾期不拆除的，强行拆除，所需费用由违法单位或者个人负担，并处一万元以上十万元以下的罚款。

虽经水行政主管部门或者流域管理机构同意，但未按照要求修建前款所列工程设施的，由县级以上人民政府水行政主管部门或者流域管理机构依据职权，责令限期改正，按照情节轻重，处一万元以上十万元以下的罚款。

第六十六条 有下列行为之一，且防洪法未作规定的，由县级以上人民政府水行政主管部门或者流域管理机构依据职权，责令停止违法行为，限期清除障碍或者采取其他补救措施，处一万元以上五万元以下的罚款：

（一）在江河、湖泊、水库、运河、渠道内弃置、堆放阻碍行洪的物体和种植阻碍行洪的林木及高秆作物的；

（二）围湖造地或者未经批准围垦河道的。

第六十七条 在饮用水水源保护区内设置排污口的，由县级以上地方人民政府责令限期拆除、恢复原状；逾期不拆除、不恢复原状的，强行拆除、恢复原状，并处五万元以上十万元以下的罚款。

未经水行政主管部门或者流域管理机构审查同意，擅自在江河、湖泊新建、改建或者扩大排污口的，由县级以上人民政府水行政主管部门或者流域管理机构依据职权，责令停止违法行为，限期恢复原状，处五万元以上十万元以下的罚款。

第六十八条 生产、销售或者在生产经营中使用国家明令淘汰的落后的、耗水量高的工艺、设备和产品的，由县级以上地方人民政府经济综合主管部门责令停止生产、销售或者使用，处二万元以上十万元以下的罚款。

第六十九条 有下列行为之一的，由县级以上人民政府水行政主管部门或者流域管理机构依据职权，责令停止违法行为，限期采取补救措施，处二万元以上十万元以下的罚款；情节严重的，吊销其取水许可证：

（一）未经批准擅自取水的；

（二）未依照批准的取水许可规定条件取水的。

第七十条　拒不缴纳、拖延缴纳或者拖欠水资源费的，由县级以上人民政府水行政主管部门或者流域管理机构依据职权，责令限期缴纳；逾期不缴纳的，从滞纳之日起按日加收滞纳部分千分之二的滞纳金，并处应缴或者补缴水资源费一倍以上五倍以下的罚款。

第七十一条　建设项目的节水设施没有建成或者没有达到国家规定的要求，擅自投入使用的，由县级以上人民政府有关部门或者流域管理机构依据职权，责令停止使用，限期改正，处五万元以上十万元以下的罚款。

第七十二条　有下列行为之一，构成犯罪的，依照刑法的有关规定追究刑事责任；尚不够刑事处罚，且防洪法未作规定的，由县级以上地方人民政府水行政主管部门或者流域管理机构依据职权，责令停止违法行为，采取补救措施，处一万元以上五万元以下的罚款；违反治安管理处罚条例的，由公安机关依法给予治安管理处罚；给他人造成损失的，依法承担赔偿责任：

（一）侵占、毁坏水工程及堤防、护岸等有关设施，毁坏防汛、水文监测、水文地质监测设施的；

（二）在水工程保护范围内，从事影响水工程运行和危害水工程安全的爆破、打井、采石、取土等活动的。

第七十三条　侵占、盗窃或者抢夺防汛物资，防洪排涝、农田水利、水文监测和测量以及其他水工程设备和器材，贪污或者挪用国家救灾、抢险、防汛、移民安置和补偿及其他水利建设款物，构成犯罪的，依照刑法的有关规定追究刑事责任。

第七十四条　在水事纠纷发生及其处理过程中煽动闹事、结伙斗殴、抢夺或者损坏公私财物、非法限制他人人身自由，构成犯罪的，依照刑法的有关规定追究刑事责任；尚不够刑事处罚的，由公安机关依法给予治安管理处罚。

第七十五条　不同行政区域之间发生水事纠纷，有下列行为之一的，对负有责任的主管人员和其他直接责任人员依法给予行政处分：

（一）拒不执行水量分配方案和水量调度预案的；

（二）拒不服从水量统一调度的；

（三）拒不执行上一级人民政府的裁决的；

（四）在水事纠纷解决前，未经各方达成协议或者上一级人民政府批准，单方面违反本法规定改变水的现状的。

第七十六条　引水、截（蓄）水、排水，损害公共利益或者他人合法权益的，依法承担民事责任。

第七十七条　对违反本法第三十九条有关河道采砂许可制度规定的行政处罚，由国务院规定。

第八章　附　　则

第七十八条　中华人民共和国缔结或者参加的与国际或者国境边界河流、湖泊有关的国际条约、协定与中华人民共和国法律有不同规定的，适用国际条约、协定的规定。但是，中华人民共和国声明保留的条款除外。

第七十九条 本法所称水工程，是指在江河、湖泊和地下水源上开发、利用、控制、调配和保护水资源的各类工程。

第八十条 海水的开发、利用、保护和管理，依照有关法律的规定执行。

第八十一条 从事防洪活动，依照防洪法的规定执行。

水污染防治，依照水污染防治法的规定执行。

第八十二条 本法自2002年10月1日起施行。

中华人民共和国水土保持法

（1991 年 6 月 29 日第七届全国人民代表大会常务委员会第二十次会议通过　2010 年 12 月 25 日第十一届全国人民代表大会常务委员会第十八次会议修订）

目　　录

第一章　总　　则

第一条　为了预防和治理水土流失，保护和合理利用水土资源，减轻水、旱、风沙灾害，改善生态环境，保障经济社会可持续发展，制定本法。

第二条　在中华人民共和国境内从事水土保持活动，应当遵守本法。

本法所称水土保持，是指对自然因素和人为活动造成水土流失所采取的预防和治理措施。

第三条　水土保持工作实行预防为主、保护优先、全面规划、综合治理、因地制宜、突出重点、科学管理、注重效益的方针。

第四条　县级以上人民政府应当加强对水土保持工作的统一领导，将水土保持工作纳入本级国民经济和社会发展规划，对水土保持规划确定的任务，安排专项资金，并组织实施。

国家在水土流失重点预防区和重点治理区，实行地方各级人民政府水土保持目标责任制和考核奖惩制度。

第五条　国务院水行政主管部门主管全国的水土保持工作。

国务院水行政主管部门在国家确定的重要江河、湖泊设立的流域管理机构（以下简称流域管理机构），在所管辖范围内依法承担水土保持监督管理职责。

县级以上地方人民政府水行政主管部门主管本行政区域的水土保持工作。

县级以上人民政府林业、农业、国土资源等有关部门按照各自职责，做好有关的水土流失预防和治理工作。

第六条　各级人民政府及其有关部门应当加强水土保持宣传和教育工作，普及水土保持科学知识，增强公众的水土保持意识。

第七条　国家鼓励和支持水土保持科学技术研究，提高水土保持科学技术水平，推广先进的水土保持技术，培养水土保持科学技术人才。

第八条 任何单位和个人都有保护水土资源、预防和治理水土流失的义务，并有权对破坏水土资源、造成水土流失的行为进行举报。

第九条 国家鼓励和支持社会力量参与水土保持工作。

对水土保持工作中成绩显著的单位和个人，由县级以上人民政府给予表彰和奖励。

第二章 规 划

第十条 水土保持规划应当在水土流失调查结果及水土流失重点预防区和重点治理区划定的基础上，遵循统筹协调、分类指导的原则编制。

第十一条 国务院水行政主管部门应当定期组织全国水土流失调查并公告调查结果。

省、自治区、直辖市人民政府水行政主管部门负责本行政区域的水土流失调查并公告调查结果，公告前应当将调查结果报国务院水行政主管部门备案。

第十二条 县级以上人民政府应当依据水土流失调查结果划定并公告水土流失重点预防区和重点治理区。

对水土流失潜在危险较大的区域，应当划定为水土流失重点预防区；对水土流失严重的区域，应当划定为水土流失重点治理区。

第十三条 水土保持规划的内容应当包括水土流失状况、水土流失类型区划分、水土流失防治目标、任务和措施等。

水土保持规划包括对流域或者区域预防和治理水土流失、保护和合理利用水土资源作出的整体部署，以及根据整体部署对水土保持专项工作或者特定区域预防和治理水土流失作出的专项部署。

水土保持规划应当与土地利用总体规划、水资源规划、城乡规划和环境保护规划等相协调。

编制水土保持规划，应当征求专家和公众的意见。

第十四条 县级以上人民政府水行政主管部门会同同级人民政府有关部门编制水土保持规划，报本级人民政府或者其授权的部门批准后，由水行政主管部门组织实施。

水土保持规划一经批准，应当严格执行；经批准的规划根据实际情况需要修改的，应当按照规划编制程序报原批准机关批准。

第十五条 有关基础设施建设、矿产资源开发、城镇建设、公共服务设施建设等方面的规划，在实施过程中可能造成水土流失的，规划的组织编制机关应当在规划中提出水土流失预防和治理的对策和措施，并在规划报请审批前征求本级人民政府水行政主管部门的意见。

第三章 预 防

第十六条 地方各级人民政府应当按照水土保持规划，采取封育保护、自然修复等措施，组织单位和个人植树种草，扩大林草覆盖面积，涵养水源，预防和减轻水土流失。

第十七条 地方各级人民政府应当加强对取土、挖砂、采石等活动的管理，预防和减轻水土流失。

禁止在崩塌、滑坡危险区和泥石流易发区从事取土、挖砂、采石等可能造成水土流失的活动。崩塌、滑坡危险区和泥石流易发区的范围，由县级以上地方人民政府划定并公告。崩塌、滑坡危险区和泥石流易发区的划定，应当与地质灾害防治规划确定的地质灾害易发区、重点防治区相衔接。

第十八条 水土流失严重、生态脆弱的地区，应当限制或者禁止可能造成水土流失的生产建设活动，严格保护植物、沙壳、结皮、地衣等。

在侵蚀沟的沟坡和沟岸、河流的两岸以及湖泊和水库的周边，土地所有权人、使用权人或者有关管理单位应当营造植物保护带。禁止开垦、开发植物保护带。

第十九条 水土保持设施的所有权人或者使用权人应当加强对水土保持设施的管理与维护，落实管护责任，保障其功能正常发挥。

第二十条 禁止在二十五度以上陡坡地开垦种植农作物。在二十五度以上陡坡地种植经济林的，应当科学选择树种，合理确定规模，采取水土保持措施，防止造成水土流失。

省、自治区、直辖市根据本行政区域的实际情况，可以规定小于二十五度的禁止开垦坡度。禁止开垦的陡坡地的范围由当地县级人民政府划定并公告。

第二十一条 禁止毁林、毁草开垦和采集发菜。禁止在水土流失重点预防区和重点治理区铲草皮、挖树兜或者滥挖虫草、甘草、麻黄等。

第二十二条 林木采伐应当采用合理方式，严格控制皆伐；对水源涵养林、水土保持林、防风固沙林等防护林只能进行抚育和更新性质的采伐；对采伐区和集材道应当采取防止水土流失的措施，并在采伐后及时更新造林。

在林区采伐林木的，采伐方案中应当有水土保持措施。采伐方案经林业主管部门批准后，由林业主管部门和水行政主管部门监督实施。

第二十三条 在五度以上坡地植树造林、抚育幼林、种植中药材等，应当采取水土保持措施。

在禁止开垦坡度以下、五度以上的荒坡地开垦种植农作物，应当采取水土保持措施。具体办法由省、自治区、直辖市根据本行政区域的实际情况规定。

第二十四条 生产建设项目选址、选线应当避让水土流失重点预防区和重点治理区；无法避让的，应当提高防治标准，优化施工工艺，减少地表扰动和植被损坏范围，有效控制可能造成的水土流失。

第二十五条 在山区、丘陵区、风沙区以及水土保持规划确定的容易发生水土流失的其他区域开办可能造成水土流失的生产建设项目，生产建设单位应当编制水土保持方案，报县级以上人民政府水行政主管部门审批，并按照经批准的水土保持方案，采取水土流失预防和治理措施。没有能力编制水土保持方案的，应当委托具备相应技术条件的机构编制。

水土保持方案应当包括水土流失预防和治理的范围、目标、措施和投资等内容。

水土保持方案经批准后，生产建设项目的地点、规模发生重大变化的，应当补充或者修改水土保持方案并报原审批机关批准。水土保持方案实施过程中，水土保持措施需要作出重大变更的，应当经原审批机关批准。

生产建设项目水土保持方案的编制和审批办法，由国务院水行政主管部门制定。

第二十六条 依法应当编制水土保持方案的生产建设项目，生产建设单位未编制水土保持方案或者水土保持方案未经水行政主管部门批准的，生产建设项目不得开工建设。

第二十七条 依法应当编制水土保持方案的生产建设项目中的水土保持设施，应当与主体工程同时设计、同时施工、同时投产使用；生产建设项目竣工验收，应当验收水土保持设施；水土保持设施未经验收或者验收不合格的，生产建设项目不得投产使用。

第二十八条 依法应当编制水土保持方案的生产建设项目，其生产建设活动中排弃的砂、石、土、矸石、尾矿、废渣等应当综合利用；不能综合利用，确需废弃的，应当堆放在水土保持方案确定的专门存放地，并采取措施保证不产生新的危害。

第二十九条 县级以上人民政府水行政主管部门、流域管理机构，应当对生产建设项目水土保持方案的实施情况进行跟踪检查，发现问题及时处理。

第四章 治　　理

第三十条 国家加强水土流失重点预防区和重点治理区的坡耕地改梯田、淤地坝等水土保持重点工程建设，加大生态修复力度。

县级以上人民政府水行政主管部门应当加强对水土保持重点工程的建设管理，建立和完善运行管护制度。

第三十一条 国家加强江河源头区、饮用水水源保护区和水源涵养区水土流失的预防和治理工作，多渠道筹集资金，将水土保持生态效益补偿纳入国家建立的生态效益补偿制度。

第三十二条 开办生产建设项目或者从事其他生产建设活动造成水土流失的，应当进行治理。

在山区、丘陵区、风沙区以及水土保持规划确定的容易发生水土流失的其他区域开办生产建设项目或者从事其他生产建设活动，损坏水土保持设施、地貌植被，不能恢复原有水土保持功能的，应当缴纳水土保持补偿费，专项用于水土流失预防和治理。专项水土流失预防和治理由水行政主管部门负责组织实施。水土保持补偿费的收取使用管理办法由国务院财政部门、国务院价格主管部门会同国务院水行政主管部门制定。

生产建设项目在建设过程中和生产过程中发生的水土保持费用，按照国家统一的财务会计制度处理。

第三十三条 国家鼓励单位和个人按照水土保持规划参与水土流失治理，并在资金、技术、税收等方面予以扶持。

第三十四条 国家鼓励和支持承包治理荒山、荒沟、荒丘、荒滩，防治水土流失，保护和改善生态环境，促进土地资源的合理开发和可持续利用，并依法保护土地承包合同当事人的合法权益。

承包治理荒山、荒沟、荒丘、荒滩和承包水土流失严重地区农村土地的，在依法签订的土地承包合同中应当包括预防和治理水土流失责任的内容。

第三十五条 在水力侵蚀地区，地方各级人民政府及其有关部门应当组织单位和个人，以天然沟壑及其两侧山坡地形成的小流域为单元，因地制宜地采取工程措施、植物措施和保护性耕作等措施，进行坡耕地和沟道水土流失综合治理。

在风力侵蚀地区，地方各级人民政府及其有关部门应当组织单位和个人，因地制宜地采取轮封轮牧、植树种草、设置人工沙障和网格林带等措施，建立防风固沙防护体系。

在重力侵蚀地区，地方各级人民政府及其有关部门应当组织单位和个人，采取监测、径流排导、削坡减载、支挡固坡、修建拦挡工程等措施，建立监测、预报、预警体系。

第三十六条 在饮用水水源保护区，地方各级人民政府及其有关部门应当组织单位和个人，采取预防保护、自然修复和综合治理措施，配套建设植物过滤带，积极推广沼气，开展清洁小流域建设，严格控制化肥和农药的使用，减少水土流失引起的面源污染，保护饮用水水源。

第三十七条 已在禁止开垦的陡坡地上开垦种植农作物的，应当按照国家有关规定退耕，植树种草；耕地短缺、退耕确有困难的，应当修建梯田或者采取其他水土保持措施。

在禁止开垦坡度以下的坡耕地上开垦种植农作物的，应当根据不同情况，采取修建梯田、坡面水系整治、蓄水保土耕作或者退耕等措施。

第三十八条 对生产建设活动所占用土地的地表土应当进行分层剥离、保存和利用，做到土石方挖填平衡，减少地表扰动范围；对废弃的砂、石、土、矸石、尾矿、废渣等存放地，应当采取拦挡、坡面防护、防洪排导等措施。生产建设活动结束后，应当及时在取土场、开挖面和存放地的裸露土地上植树种草、恢复植被，对闭库的尾矿库进行复垦。

在干旱缺水地区从事生产建设活动，应当采取防止风力侵蚀措施，设置降水蓄渗设施，充分利用降水资源。

第三十九条 国家鼓励和支持在山区、丘陵区、风沙区以及容易发生水土流失的其他区域，采取下列有利于水土保持的措施：

（一）免耕、等高耕作、轮耕轮作、草田轮作、间作套种等；

（二）封禁抚育、轮封轮牧、舍饲圈养；

（三）发展沼气、节柴灶，利用太阳能、风能和水能，以煤、电、气代替薪柴等；

（四）从生态脆弱地区向外移民；

（五）其他有利于水土保持的措施。

第五章 监测和监督

第四十条 县级以上人民政府水行政主管部门应当加强水土保持监测工作，发挥水土保持监测工作在政府决策、经济社会发展和社会公众服务中的作用。县级以上人民政府应当保障水土保持监测工作经费。

国务院水行政主管部门应当完善全国水土保持监测网络，对全国水土流失进行动态监测。

第四十一条 对可能造成严重水土流失的大中型生产建设项目，生产建设单位应当自行或者委托具备水土保持监测资质的机构，对生产建设活动造成的水土流失进行监测，并将监测情况定期上报当地水行政主管部门。

从事水土保持监测活动应当遵守国家有关技术标准、规范和规程，保证监测质量。

第四十二条 国务院水行政主管部门和省、自治区、直辖市人民政府水行政主管部门应当根据水土保持监测情况，定期对下列事项进行公告：

（一）水土流失类型、面积、强度、分布状况和变化趋势；

（二）水土流失造成的危害；

（三）水土流失预防和治理情况。

第四十三条 县级以上人民政府水行政主管部门负责对水土保持情况进行监督检查。流域管理机构在其管辖范围内可以行使国务院水行政主管部门的监督检查职权。

第四十四条 水政监督检查人员依法履行监督检查职责时，有权采取下列措施：

（一）要求被检查单位或者个人提供有关文件、证照、资料；

（二）要求被检查单位或者个人就预防和治理水土流失的有关情况作出说明；

（三）进入现场进行调查、取证。

被检查单位或者个人拒不停止违法行为，造成严重水土流失的，报经水行政主管部门批准，可以查封、扣押实施违法行为的工具及施工机械、设备等。

第四十五条 水政监督检查人员依法履行监督检查职责时，应当出示执法证件。被检查单位或者个人对水土保持监督检查工作应当给予配合，如实报告情况，提供有关文件、证照、资料；不得拒绝或者阻碍水政监督检查人员依法执行公务。

第四十六条 不同行政区域之间发生水土流失纠纷应当协商解决；协商不成的，由共同的上一级人民政府裁决。

第六章 法律责任

第四十七条 水行政主管部门或者其他依照本法规定行使监督管理权的部门，不依法作出行政许可决定或者办理批准文件的，发现违法行为或者接到对违法行为的举报不予查处的，或者有其他未依照本法规定履行职责的行为的，对直接负责的主管人员和其他直接责任人员依法给予处分。

第四十八条 违反本法规定，在崩塌、滑坡危险区或者泥石流易发区从事取土、挖砂、采石等可能造成水土流失的活动的，由县级以上地方人民政府水行政主管部门责令停止违法行为，没收违法所得，对个人处一千元以上一万元以下的罚款，对单位处二万元以上二十万元以下的罚款。

第四十九条 违反本法规定，在禁止开垦坡度以上陡坡地开垦种植农作物，或者在禁止开垦、开发的植物保护带内开垦、开发的，由县级以上地方人民政府水行政主管部门责令停止违法行为，采取退耕、恢复植被等补救措施；按照开垦或者开发面积，可以对个人处每平方米二元以下的罚款、对单位处每平方米十元以下的罚款。

第五十条 违反本法规定，毁林、毁草开垦的，依照《中华人民共和国森林法》、《中华人民共和国草原法》的有关规定处罚。

第五十一条 违反本法规定，采集发菜，或者在水土流失重点预防区和重点治理区铲草皮、挖树兜、滥挖虫草、甘草、麻黄等的，由县级以上地方人民政府水行政主管部门责令停止违法行为，采取补救措施，没收违法所得，并处违法所得一倍以上五倍以下的罚款；没有违法所得的，可以处五万元以下的罚款。

在草原地区有前款规定违法行为的，依照《中华人民共和国草原法》的有关规定处罚。

第五十二条 在林区采伐林木不依法采取防止水土流失措施的，由县级以上地方人民政府林业主管部门、水行政主管部门责令限期改正，采取补救措施；造成水土流失的，由水行政主管部门按照造成水土流失的面积处每平方米二元以上十元以下的罚款。

第五十三条 违反本法规定，有下列行为之一的，由县级以上人民政府水行政主管部门责令停止违法行为，限期补办手续；逾期不补办手续的，处五万元以上五十万元以下的罚款；对生产建设单位直接负责的主管人员和其他直接责任人员依法给予处分：

（一）依法应当编制水土保持方案的生产建设项目，未编制水土保持方案或者编制的水土保持方案未经批准而开工建设的；

（二）生产建设项目的地点、规模发生重大变化，未补充、修改水土保持方案或者补充、修改的水土保持方案未经原审批机关批准的；

（三）水土保持方案实施过程中，未经原审批机关批准，对水土保持措施作出重大变更的。

第五十四条 违反本法规定，水土保持设施未经验收或者验收不合格将生产建设项目投产使用的，由县级以上人民政府水行政主管部门责令停止生产或者使用，直至验收合格，并处五万元以上五十万元以下的罚款。

第五十五条 违反本法规定，在水土保持方案确定的专门存放地以外的区域倾倒砂、石、土、矸石、尾矿、废渣等的，由县级以上地方人民政府水行政主管部门责令停止违法行为，限期清理，按照倾倒数量处每立方米十元以上二十元以下的罚款；逾期仍不清理的，县级以上地方人民政府水行政主管部门可以指定有清理能力的单位代为清理，所需费用由违法行为人承担。

第五十六条 违反本法规定，开办生产建设项目或者从事其他生产建设活动造成水土流失，不进行治理的，由县级以上人民政府水行政主管部门责令限期治理；逾期仍不治理的，县级以上人民政府水行政主管部门可以指定有治理能力的单位代为治理，所需费用由违法行为人承担。

第五十七条 违反本法规定，拒不缴纳水土保持补偿费的，由县级以上人民政府水行政主管部门责令限期缴纳；逾期不缴纳的，自滞纳之日起按日加收滞纳部分万分之五的滞纳金，可以处应缴水土保持补偿费三倍以下的罚款。

第五十八条 违反本法规定，造成水土流失危害的，依法承担民事责任；构成违反治安管理行为的，由公安机关依法给予治安管理处罚；构成犯罪的，依法追究刑事责任。

第七章 附 则

第五十九条 县级以上地方人民政府根据当地实际情况确定的负责水土保持工作的机构，行使本法规定的水行政主管部门水土保持工作的职责。

第六十条 本法自 2011 年 3 月 1 日起施行。

中华人民共和国水污染防治法

（1984年5月11日第六届全国人民代表大会常务委员会第五次会议通过　根据1996年5月15日第八届全国人民代表大会常务委员会第十九次会议《关于修改〈中华人民共和国水污染防治法〉的决定》修正　2008年2月28日第十届全国人民代表大会常务委员会第三十二次会议修订）

目　　录

第一章　总　　则

第一条　为了防治水污染，保护和改善环境，保障饮用水安全，促进经济社会全面协调可持续发展，制定本法。

第二条　本法适用于中华人民共和国领域内的江河、湖泊、运河、渠道、水库等地表水体以及地下水体的污染防治。

海洋污染防治适用《中华人民共和国海洋环境保护法》。

第三条　水污染防治应当坚持预防为主、防治结合、综合治理的原则，优先保护饮用水水源，严格控制工业污染、城镇生活污染，防治农业面源污染，积极推进生态治理工程建设，预防、控制和减少水环境污染和生态破坏。

第四条　县级以上人民政府应当将水环境保护工作纳入国民经济和社会发展规划。县级以上地方人民政府应当采取防治水污染的对策和措施，对本行政区域的水环境质量负责。

第五条　国家实行水环境保护目标责任制和考核评价制度，将水环境保护目标完成情况作为对地方人民政府及其负责人考核评价的内容。

第六条　国家鼓励、支持水污染防治的科学技术研究和先进适用技术的推广应用，加强水环境保护的宣传教育。

第七条　国家通过财政转移支付等方式，建立健全对位于饮用水水源保护区区域和江河、湖泊、水库上游地区的水环境生态保护补偿机制。

第八条　县级以上人民政府环境保护主管部门对水污染防治实施统一监督管理。

交通主管部门的海事管理机构对船舶污染水域的防治实施监督管理。

县级以上人民政府水行政、国土资源、卫生、建设、农业、渔业等部门以及重要江河、湖泊的流域水资源保护机构，在各自的职责范围内，对有关水污染防治实施监督管理。

第九条　排放水污染物，不得超过国家或者地方规定的水污染物排放标准和重点水污染物排放总量控制指标。

第十条　任何单位和个人都有义务保护水环境，并有权对污染损害水环境的行为进行检举。

县级以上人民政府及其有关主管部门对在水污染防治工作中做出显著成绩的单位和个人给予表彰和奖励。

第二章　水污染防治的标准和规划

第十一条　国务院环境保护主管部门制定国家水环境质量标准。

省、自治区、直辖市人民政府可以对国家水环境质量标准中未作规定的项目，制定地方标准，并报国务院环境保护主管部门备案。

第十二条　国务院环境保护主管部门会同国务院水行政主管部门和有关省、自治区、直辖市人民政府，可以根据国家确定的重要江河、湖泊流域水体的使用功能以及有关地区的经济、技术条件，确定该重要江河、湖泊流域的省界水体适用的水环境质量标准，报国务院批准后施行。

第十三条　国务院环境保护主管部门根据国家水环境质量标准和国家经济、技术条件，制定国家水污染物排放标准。

省、自治区、直辖市人民政府对国家水污染物排放标准中未作规定的项目，可以制定地方水污染物排放标准；对国家水污染物排放标准中已作规定的项目，可以制定严于国家水污染物排放标准的地方水污染物排放标准。地方水污染物排放标准须报国务院环境保护主管部门备案。

向已有地方水污染物排放标准的水体排放污染物的，应当执行地方水污染物排放标准。

第十四条　国务院环境保护主管部门和省、自治区、直辖市人民政府，应当根据水污染防治的要求和国家或者地方的经济、技术条件，适时修订水环境质量标准和水污染物排放标准。

第十五条　防治水污染应当按流域或者按区域进行统一规划。国家确定的重要江河、湖泊的流域水污染防治规划，由国务院环境保护主管部门会同国务院经济综合宏观调控、水行政等部门和有关省、自治区、直辖市人民政府编制，报国务院批准。

前款规定外的其他跨省、自治区、直辖市江河、湖泊的流域水污染防治规划，根据国家确定的重要江河、湖泊的流域水污染防治规划和本地实际情况，由有关省、自治区、直辖市人民政府环境保护主管部门会同同级水行政等部门和有关市、县人民政府编制，经有关省、自治区、直辖市人民政府审核，报国务院批准。

省、自治区、直辖市内跨县江河、湖泊的流域水污染防治规划，根据国家确定的重要江河、湖泊的流域水污染防治规划和本地实际情况，由省、自治区、直辖市人民政府环境保护主管部门会同同级水行政等部门编制，报省、自治区、直辖市人民政府批准，并报国务院备案。

经批准的水污染防治规划是防治水污染的基本依据，规划的修订须经原批准机关批准。

县级以上地方人民政府应当根据依法批准的江河、湖泊的流域水污染防治规划，组织制定本行政区域的水污染防治规划。

第十六条 国务院有关部门和县级以上地方人民政府开发、利用和调节、调度水资源时，应当统筹兼顾，维持江河的合理流量和湖泊、水库以及地下水体的合理水位，维护水体的生态功能。

第三章 水污染防治的监督管理

第十七条 新建、改建、扩建直接或者间接向水体排放污染物的建设项目和其他水上设施，应当依法进行环境影响评价。

建设单位在江河、湖泊新建、改建、扩建排污口的，应当取得水行政主管部门或者流域管理机构同意；涉及通航、渔业水域的，环境保护主管部门在审批环境影响评价文件时，应当征求交通、渔业主管部门的意见。

建设项目的水污染防治设施，应当与主体工程同时设计、同时施工、同时投入使用。水污染防治设施应当经过环境保护主管部门验收，验收不合格的，该建设项目不得投入生产或者使用。

第十八条 国家对重点水污染物排放实施总量控制制度。

省、自治区、直辖市人民政府应当按照国务院的规定削减和控制本行政区域的重点水污染物排放总量，并将重点水污染物排放总量控制指标分解落实到市、县人民政府。市、县人民政府根据本行政区域重点水污染物排放总量控制指标的要求，将重点水污染物排放总量控制指标分解落实到排污单位。具体办法和实施步骤由国务院规定。

省、自治区、直辖市人民政府可以根据本行政区域水环境质量状况和水污染防治工作的需要，确定本行政区域实施总量削减和控制的重点水污染物。

对超过重点水污染物排放总量控制指标的地区，有关人民政府环境保护主管部门应当暂停审批新增重点水污染物排放总量的建设项目的环境影响评价文件。

第十九条 国务院环境保护主管部门对未按照要求完成重点水污染物排放总量控制指标的省、自治区、直辖市予以公布。省、自治区、直辖市人民政府环境保护主管部门对未按照要求完成重点水污染物排放总量控制指标的市、县予以公布。

县级以上人民政府环境保护主管部门对违反本法规定、严重污染水环境的企业予以公布。

第二十条 国家实行排污许可制度。

直接或者间接向水体排放工业废水和医疗污水以及其他按照规定应当取得排污许可证方可排放的废水、污水的企业事业单位，应当取得排污许可证；城镇污水集中处理设施的运营单位，也应当取得排污许可证。排污许可的具体办法和实施步骤由国务院规定。

禁止企业事业单位无排污许可证或者违反排污许可证的规定向水体排放前款规定的废水、污水。

第二十一条 直接或者间接向水体排放污染物的企业事业单位和个体工商户，应当按照国务院环境保护主管部门的规定，向县级以上地方人民政府环境保护主管部门申报登记拥有的水污染物排放设施、处理设施和在正常作业条件下排放水污染物的种类、数量和浓度，并提供防治水污染方面的有关技术资料。

企业事业单位和个体工商户排放水污染物的种类、数量和浓度有重大改变的，应当及时申报登记；其水污染物处理设施应当保持正常使用；拆除或者闲置水污染物处理设施的，应当事先报县级以上地方人民政府环境保护主管部门批准。

第二十二条 向水体排放污染物的企业事业单位和个体工商户，应当按照法律、行政法规和国务院环境保护主管部门的规定设置排污口；在江河、湖泊设置排污口的，还应当遵守国务院水行政主管部门的规定。

禁止私设暗管或者采取其他规避监管的方式排放水污染物。

第二十三条 重点排污单位应当安装水污染物排放自动监测设备，与环境保护主管部门的监控设备联网，并保证监测设备正常运行。排放工业废水的企业，应当对其所排放的工业废水进行监测，并保存原始监测记录。具体办法由国务院环境保护主管部门规定。

应当安装水污染物排放自动监测设备的重点排污单位名录，由设区的市级以上地方人民政府环境保护主管部门根据本行政区域的环境容量、重点水污染物排放总量控制指标的要求以及排污单位排放水污染物的种类、数量和浓度等因素，商同级有关部门确定。

第二十四条 直接向水体排放污染物的企业事业单位和个体工商户，应当按照排放水污染物的种类、数量和排污费征收标准缴纳排污费。

排污费应当用于污染的防治，不得挪作他用。

第二十五条 国家建立水环境质量监测和水污染物排放监测制度。国务院环境保护主管部门负责制定水环境监测规范，统一发布国家水环境状况信息，会同国务院水行政等部门组织监测网络。

第二十六条 国家确定的重要江河、湖泊流域的水资源保护工作机构负责监测其所在流域的省界水体的水环境质量状况，并将监测结果及时报国务院环境保护主管部门和国务院水行政主管部门；有经国务院批准成立的流域水资源保护领导机构的，应当将监测结果及时报告流域水资源保护领导机构。

第二十七条 环境保护主管部门和其他依照本法规定行使监督管理权的部门，有权对管辖范围内的排污单位进行现场检查，被检查的单位应当如实反映情况，提供必要的资料。检查机关有义务为被检查的单位保守在检查中获取的商业秘密。

第二十八条 跨行政区域的水污染纠纷，由有关地方人民政府协商解决，或者由其共同的上级人民政府协调解决。

第四章 水污染防治措施

第一节 一般规定

第二十九条 禁止向水体排放油类、酸液、碱液或者剧毒废液。

禁止在水体清洗装贮过油类或者有毒污染物的车辆和容器。

第三十条 禁止向水体排放、倾倒放射性固体废物或者含有高放射性和中放射性物质的废水。

向水体排放含低放射性物质的废水，应当符合国家有关放射性污染防治的规定和标准。

第三十一条 向水体排放含热废水，应当采取措施，保证水体的水温符合水环境质量标准。

第三十二条 含病原体的污水应当经过消毒处理；符合国家有关标准后，方可排放。

第三十三条 禁止向水体排放、倾倒工业废渣、城镇垃圾和其他废弃物。

禁止将含有汞、镉、砷、铬、铅、氰化物、黄磷等的可溶性剧毒废渣向水体排放、倾倒或者直接埋入地下。

存放可溶性剧毒废渣的场所，应当采取防水、防渗漏、防流失的措施。

第三十四条 禁止在江河、湖泊、运河、渠道、水库最高水位线以下的滩地和岸坡堆放、存贮固体废弃物和其他污染物。

第三十五条 禁止利用渗井、渗坑、裂隙和溶洞排放、倾倒含有毒污染物的废水、含病原体的污水和其他废弃物。

第三十六条 禁止利用无防渗漏措施的沟渠、坑塘等输送或者存贮含有毒污染物的废水、含病原体的污水和其他废弃物。

第三十七条 多层地下水的含水层水质差异大的，应当分层开采；对已受污染的潜水和承压水，不得混合开采。

第三十八条 兴建地下工程设施或者进行地下勘探、采矿等活动，应当采取防护性措施，防止地下水污染。

第三十九条 人工回灌补给地下水，不得恶化地下水质。

第二节 工业水污染防治

第四十条 国务院有关部门和县级以上地方人民政府应当合理规划工业布局，要求造成水污染的企业进行技术改造，采取综合防治措施，提高水的重复利用率，减少废水和污染物排放量。

第四十一条 国家对严重污染水环境的落后工艺和设备实行淘汰制度。

国务院经济综合宏观调控部门会同国务院有关部门，公布限期禁止采用的严重污染水环境的工艺名录和限期禁止生产、销售、进口、使用的严重污染水环境的设备名录。

生产者、销售者、进口者或者使用者应当在规定的期限内停止生产、销售、进口或者使用列入前款规定的设备名录中的设备。工艺的采用者应当在规定的期限内停止采用列入前款规定的工艺名录中的工艺。

依照本条第二款、第三款规定被淘汰的设备，不得转让给他人使用。

第四十二条 国家禁止新建不符合国家产业政策的小型造纸、制革、印染、染料、炼焦、炼硫、炼砷、炼汞、炼油、电镀、农药、石棉、水泥、玻璃、钢铁、火电以及其他严重污染水环境的生产项目。

第四十三条 企业应当采用原材料利用效率高、污染物排放量少的清洁工艺，并加强管理，减少水污染物的产生。

第三节 城镇水污染防治

第四十四条 城镇污水应当集中处理。

县级以上地方人民政府应当通过财政预算和其他渠道筹集资金，统筹安排建设城镇污水集中处理设施及配套管网，提高本行政区域城镇污水的收集率和处理率。

国务院建设主管部门应当会同国务院经济综合宏观调控、环境保护主管部门，根据城乡规划和水污染防治规划，组织编制全国城镇污水处理设施建设规划。县级以上地方人民政府组织建设、经济综合宏观调控、环境保护、水行政等部门编制本行政区域的城镇污水处理设施建设规划。县级以上地方人民政府建设主管部门应当按照城镇污水处理设施建设规划，组织建设城镇污水集中处理设施及配套管网，并加强对城镇污水集中处理设施运营的监督管理。

城镇污水集中处理设施的运营单位按照国家规定向排污者提供污水处理的有偿服务，收取污水处理费用，保证污水集中处理设施的正常运行。向城镇污水集中处理设施排放污水、缴纳污水处理费用的，不再缴纳排污费。收取的污水处理费用应当用于城镇污水集中处理设施的建设和运行，不得挪作他用。

城镇污水集中处理设施的污水处理收费、管理以及使用的具体办法，由国务院规定。

第四十五条 向城镇污水集中处理设施排放水污染物，应当符合国家或者地方规定的水污染物排放标准。

城镇污水集中处理设施的出水水质达到国家或者地方规定的水污染物排放标准的，可以按照国家有关规定免缴排污费。

城镇污水集中处理设施的运营单位，应当对城镇污水集中处理设施的出水水质负责。

环境保护主管部门应当对城镇污水集中处理设施的出水水质和水量进行监督检查。

第四十六条 建设生活垃圾填埋场，应当采取防渗漏等措施，防止造成水污染。

第四节 农业和农村水污染防治

第四十七条 使用农药，应当符合国家有关农药安全使用的规定和标准。

运输、存贮农药和处置过期失效农药，应当加强管理，防止造成水污染。

第四十八条 县级以上地方人民政府农业主管部门和其他有关部门，应当采取措施，指导农业生产者科学、合理地施用化肥和农药，控制化肥和农药的过量使用，防止造成水污染。

第四十九条 国家支持畜禽养殖场、养殖小区建设畜禽粪便、废水的综合利用或者无害化处理设施。

畜禽养殖场、养殖小区应当保证其畜禽粪便、废水的综合利用或者无害化处理设施正常运转，保证污水达标排放，防止污染水环境。

第五十条 从事水产养殖应当保护水域生态环境，科学确定养殖密度，合理投饵和使用药物，防止污染水环境。

第五十一条 向农田灌溉渠道排放工业废水和城镇污水，应当保证其下游最近的灌溉取水点的水质符合农田灌溉水质标准。

利用工业废水和城镇污水进行灌溉，应当防止污染土壤、地下水和农产品。

第五节 船舶水污染防治

第五十二条 船舶排放含油污水、生活污水，应当符合船舶污染物排放标准。从事海洋航运的船舶进入内河和港口的，应当遵守内河的船舶污染物排放标准。

船舶的残油、废油应当回收，禁止排入水体。

禁止向水体倾倒船舶垃圾。

船舶装载运输油类或者有毒货物，应当采取防止溢流和渗漏的措施，防止货物落水造成水污染。

第五十三条 船舶应当按照国家有关规定配置相应的防污设备和器材，并持有合法有效的防止水域环境污染的证书与文书。

船舶进行涉及污染物排放的作业，应当严格遵守操作规程，并在相应的记录簿上如实记载。

第五十四条 港口、码头、装卸站和船舶修造厂应当备有足够的船舶污染物、废弃物的接收设施。从事船舶污染物、废弃物接收作业，或者从事装载油类、污染危害性货物船舱清洗作业的单位，应当具备与其运营规模相适应的接收处理能力。

第五十五条 船舶进行下列活动，应当编制作业方案，采取有效的安全和防污染措施，并报作业地海事管理机构批准：

（一）进行残油、含油污水、污染危害性货物残留物的接收作业，或者进行装载油类、污染危害性货物船舱的清洗作业；

（二）进行散装液体污染危害性货物的过驳作业；

（三）进行船舶水上拆解、打捞或者其他水上、水下船舶施工作业。

在渔港水域进行渔业船舶水上拆解活动，应当报作业地渔业主管部门批准。

第五章 饮用水水源和其他特殊水体保护

第五十六条 国家建立饮用水水源保护区制度。饮用水水源保护区分为一级保护区和二级保护区；必要时，可以在饮用水水源保护区外围划定一定的区域作为准保护区。

饮用水水源保护区的划定，由有关市、县人民政府提出划定方案，报省、自治区、直辖市人民政府批准；跨市、县饮用水水源保护区的划定，由有关市、县人民政府协商提出划定方案，报省、自治区、直辖市人民政府批准；协商不成的，由省、自治区、直辖市人民政府环境保护主管部门会同同级水行政、国土资源、卫生、建设等部门提出划定方案，征求同级有关部门的意见后，报省、自治区、直辖市人民政府批准。

跨省、自治区、直辖市的饮用水水源保护区，由有关省、自治区、直辖市人民政府商有关流域管理机构划定；协商不成的，由国务院环境保护主管部门会同同级水行政、国土资源、卫生、建设等部门提出划定方案，征求国务院有关部门的意见后，报国务院批准。

国务院和省、自治区、直辖市人民政府可以根据保护饮用水水源的实际需要，调整饮用水水源保护区的范围，确保饮用水安全。有关地方人民政府应当在饮用水水源保护区的边界设立明确的地理界标和明显的警示标志。

第五十七条 在饮用水水源保护区内，禁止设置排污口。

第五十八条 禁止在饮用水水源一级保护区内新建、改建、扩建与供水设施和保护水源无关的建设项目；已建成的与供水设施和保护水源无关的建设项目，由县级以上人民政府责令拆除或者关闭。

禁止在饮用水水源一级保护区内从事网箱养殖、旅游、游泳、垂钓或者其他可能污染饮用水水体的活动。

第五十九条 禁止在饮用水水源二级保护区内新建、改建、扩建排放污染物的建设项目；已建成的排放污染物的建设项目，由县级以上人民政府责令拆除或者关闭。

在饮用水水源二级保护区内从事网箱养殖、旅游等活动的，应当按照规定采取措施，防止污染饮用水水体。

第六十条 禁止在饮用水水源准保护区内新建、扩建对水体污染严重的建设项目；改建建设项目，不得增加排污量。

第六十一条 县级以上地方人民政府应当根据保护饮用水水源的实际需要，在准保护区内采取工程措施或者建造湿地、水源涵养林等生态保护措施，防止水污染物直接排入饮用水水体，确保饮用水安全。

第六十二条 饮用水水源受到污染可能威胁供水安全的，环境保护主管部门应当责令有关企业事业单位采取停止或者减少排放水污染物等措施。

第六十三条 国务院和省、自治区、直辖市人民政府根据水环境保护的需要，可以规定在饮用水水源保护区内，采取禁止或者限制使用含磷洗涤剂、化肥、农药以及限制种植养殖等措施。

第六十四条 县级以上人民政府可以对风景名胜区水体、重要渔业水体和其他具有特殊经济文化价值的水体划定保护区，并采取措施，保证保护区的水质符合规定用途的水环境质量标准。

第六十五条 在风景名胜区水体、重要渔业水体和其他具有特殊经济文化价值的水体的保护区内，不得新建排污口。在保护区附近新建排污口，应当保证保护区水体不受污染。

第六章 水污染事故处置

第六十六条 各级人民政府及其有关部门，可能发生水污染事故的企业事业单位，应当依照《中华人民共和国突发事件应对法》的规定，做好突发水污染事故的应急准备、应急处置和事后恢复等工作。

第六十七条 可能发生水污染事故的企业事业单位，应当制定有关水污染事故的应急方案，做好应急准备，并定期进行演练。

生产、储存危险化学品的企业事业单位，应当采取措施，防止在处理安全生产事故过程中产生的可能严重污染水体的消防废水、废液直接排入水体。

第六十八条 企业事业单位发生事故或者其他突发性事件，造成或者可能造成水污染事故的，应当立即启动本单位的应急方案，采取应急措施，并向事故发生地的县级以上地方人民政府或者环境保护主管部门报告。环境保护主管部门接到报告后，应当及时向本级人民政府报告，并抄送有关部门。

造成渔业污染事故或者渔业船舶造成水污染事故的，应当向事故发生地的渔业主管部门报告，接受调查处理。其他船舶造成水污染事故的，应当向事故发生地的海事管理机构报告，接受调查处理；给渔业造成损害的，海事管理机构应当通知渔业主管部门参与调查处理。

第七章 法 律 责 任

第六十九条 环境保护主管部门或者其他依照本法规定行使监督管理权的部门，不依法作出行政许可或者办理批准文件的，发现违法行为或者接到对违法行为的举报后不予查处的，或者有其他未依照本法规定履行职责的行为的，对直接负责的主管人员和其他直接责任人员依法给予处分。

第七十条 拒绝环境保护主管部门或者其他依照本法规定行使监督管理权的部门的监督检查，或者在接受监督检查时弄虚作假的，由县级以上人民政府环境保护主管部门或者其他依照本法规定行使监督管理权的部门责令改正，处一万元以上十万元以下的罚款。

第七十一条 违反本法规定，建设项目的水污染防治设施未建成、未经验收或者验收不合格，主体工程即投入生产或者使用的，由县级以上人民政府环境保护主管部门责令停止生产或者使用，直至验收合格，处五万元以上五十万元以下的罚款。

第七十二条 违反本法规定，有下列行为之一的，由县级以上人民政府环境保护主管部门责令限期改正；逾期不改正的，处一万元以上十万元以下的罚款：

（一）拒报或者谎报国务院环境保护主管部门规定的有关水污染物排放申报登记事项的；

（二）未按照规定安装水污染物排放自动监测设备或者未按照规定与环境保护主管部门的监控设备联网，并保证监测设备正常运行的；

（三）未按照规定对所排放的工业废水进行监测并保存原始监测记录的。

第七十三条 违反本法规定，不正常使用水污染物处理设施，或者未经环境保护主管部门批准拆除、闲置水污染物处理设施的，由县级以上人民政府环境保护主管部门责令限期改正，处应缴纳排污费数额一倍以上三倍以下的罚款。

第七十四条 违反本法规定，排放水污染物超过国家或者地方规定的水污染物排放标准，或者超过重点水污染物排放总量控制指标的，由县级以上人民政府环境保护主管部门按照权限责令限期治理，处应缴纳排污费数额二倍以上五倍以下的罚款。

限期治理期间，由环境保护主管部门责令限制生产、限制排放或者停产整治。限期治理的期限最长不超过一年；逾期未完成治理任务的，报经有批准权的人民政府批准，责令关闭。

第七十五条 在饮用水水源保护区内设置排污口的，由县级以上地方人民政府责令限期拆除，处十万元以上五十万元以下的罚款；逾期不拆除的，强制拆除，所需费用由违法者承担，处五十万元以上一百万元以下的罚款，并可以责令停产整顿。

除前款规定外，违反法律、行政法规和国务院环境保护主管部门的规定设置排污口或者私设暗管的，由县级以上地方人民政府环境保护主管部门责令限期拆除，处二万元以上十万元以下的罚款；逾期不拆除的，强制拆除，所需费用由违法者承担，处十万元以上五十万元以下的罚款；私设暗管或者有其他严重情节的，县级以上地方人民政府环境保护主管部门可以提请县级以上地方人民政府责令停产整顿。

未经水行政主管部门或者流域管理机构同意，在江河、湖泊新建、改建、扩建排污口的，由县级以上人民政府水行政主管部门或者流域管理机构依据职权，依照前款规定采取措施、给予处罚。

第七十六条 有下列行为之一的，由县级以上地方人民政府环境保护主管部门责令停止违法行为，限期采取治理措施，消除污染，处以罚款；逾期不采取治理措施的，环境保护主管部门可以指定有治理能力的单位代为治理，所需费用由违法者承担：

（一）向水体排放油类、酸液、碱液的；

（二）向水体排放剧毒废液，或者将含有汞、镉、砷、铬、铅、氰化物、黄磷等的可溶性剧毒废渣向水体排放、倾倒或者直接埋入地下的；

（三）在水体清洗装贮过油类、有毒污染物的车辆或者容器的；

（四）向水体排放、倾倒工业废渣、城镇垃圾或者其他废弃物，或者在江河、湖泊、运河、渠道、水库最高水位线以下的滩地、岸坡堆放、存贮固体废弃物或者其他污染物的；

（五）向水体排放、倾倒放射性固体废物或者含有高放射性、中放射性物质的废水的；

（六）违反国家有关规定或者标准，向水体排放含低放射性物质的废水、热废水或者含病原体的污水的；

（七）利用渗井、渗坑、裂隙或者溶洞排放、倾倒含有毒污染物的废水、含病原体的污水或者其他废弃物的；

（八）利用无防渗漏措施的沟渠、坑塘等输送或者存贮含有毒污染物的废水、含病原体的污水或者其他废弃物的。

有前款第三项、第六项行为之一的，处一万元以上十万元以下的罚款；有前款第一项、第四项、第八项行为之一的，处二万元以上二十万元以下的罚款；有前款第二项、第五项、第七项行为之一的，处五万元以上五十万元以下的罚款。

第七十七条 违反本法规定，生产、销售、进口或者使用列入禁止生产、销售、进口、使用的严重污染水环境的设备名录中的设备，或者采用列入禁止采用的严重污染水环境的工艺名录中的工艺的，由县级以上人民政府经济综合宏观调控部门责令改正，处五万元以上二十万元以下的罚款；情节严重的，由县级以上人民政府经济综合宏观调控部门提出意见，报请本级人民政府责令停业、关闭。

第七十八条 违反本法规定，建设不符合国家产业政策的小型造纸、制革、印染、染料、炼焦、炼硫、炼砷、炼汞、炼油、电镀、农药、石棉、水泥、玻璃、钢铁、火电以及其他严重污染水环境的生产项目的，由所在地的市、县人民政府责令关闭。

第七十九条 船舶未配置相应的防污染设备和器材，或者未持有合法有效的防止水域环境污染的证书与文书的，由海事管理机构、渔业主管部门按照职责分工责令限期改正，处二千元以上二万元以下的罚款；逾期不改正的，责令船舶临时停航。

船舶进行涉及污染物排放的作业，未遵守操作规程或者未在相应的记录簿上如实记载的，由海事管理机构、渔业主管部门按照职责分工责令改正，处二千元以上二万元以下的罚款。

第八十条 违反本法规定，有下列行为之一的，由海事管理机构、渔业主管部门按照职责分工责令停止违法行为，处以罚款；造成水污染的，责令限期采取治理措施，消除污染；逾期不采取治理措施的，海事管理机构、渔业主管部门按照职责分工可以指定有治理能力的单位代为治理，所需费用由船舶承担：

（一）向水体倾倒船舶垃圾或者排放船舶的残油、废油的；

（二）未经作业地海事管理机构批准，船舶进行残油、含油污水、污染危害性货物残留物的接收作业，或者进行装载油类、污染危害性货物船舱的清洗作业，或者进行散装液体污染危害性货物的过驳作业的；

（三）未经作业地海事管理机构批准，进行船舶水上拆解、打捞或者其他水上、水下船舶施工作业的；

（四）未经作业地渔业主管部门批准，在渔港水域进行渔业船舶水上拆解的。

有前款第一项、第二项、第四项行为之一的，处五千元以上五万元以下的罚款；有前款第三项行为的，处一万元以上十万元以下的罚款。

第八十一条 有下列行为之一的，由县级以上地方人民政府环境保护主管部门责令停止违法行为，处十万元以上五十万元以下的罚款；并报经有批准权的人民政府批准，责令拆除或者关闭：

（一）在饮用水水源一级保护区内新建、改建、扩建与供水设施和保护水源无关的建设项目的；

（二）在饮用水水源二级保护区内新建、改建、扩建排放污染物的建设项目的；

（三）在饮用水水源准保护区内新建、扩建对水体污染严重的建设项目，或者改建建设项目增加排污量的。

在饮用水水源一级保护区内从事网箱养殖或者组织进行旅游、垂钓或者其他可能污染饮用水水体的活动的，由县级以上地方人民政府环境保护主管部门责令停止违法行为，处二万元以上十万元以下的罚款。个人在饮用水水源一级保护区内游泳、垂钓或者从事其他可能污染饮用水水体的活动的，由县级以上地方人民政府环境保护主管部门责令停止违法行为，可以处五百元以下的罚款。

第八十二条 企业事业单位有下列行为之一的，由县级以上人民政府环境保护主管部门责令改正；情节严重的，处二万元以上十万元以下的罚款：

（一）不按照规定制定水污染事故的应急方案的；

（二）水污染事故发生后，未及时启动水污染事故的应急方案，采取有关应急措施的。

第八十三条　企业事业单位违反本法规定，造成水污染事故的，由县级以上人民政府环境保护主管部门依照本条第二款的规定处以罚款，责令限期采取治理措施，消除污染；不按要求采取治理措施或者不具备治理能力的，由环境保护主管部门指定有治理能力的单位代为治理，所需费用由违法者承担；对造成重大或者特大水污染事故的，可以报经有批准权的人民政府批准，责令关闭；对直接负责的主管人员和其他直接责任人员可以处上一年度从本单位取得的收入百分之五十以下的罚款。

对造成一般或者较大水污染事故的，按照水污染事故造成的直接损失的百分之二十计算罚款；对造成重大或者特大水污染事故的，按照水污染事故造成的直接损失的百分之三十计算罚款。

造成渔业污染事故或者渔业船舶造成水污染事故的，由渔业主管部门进行处罚；其他船舶造成水污染事故的，由海事管理机构进行处罚。

第八十四条　当事人对行政处罚决定不服的，可以申请行政复议，也可以在收到通知之日起十五日内向人民法院起诉；期满不申请行政复议或者起诉，又不履行行政处罚决定的，由作出行政处罚决定的机关申请人民法院强制执行。

第八十五条　因水污染受到损害的当事人，有权要求排污方排除危害和赔偿损失。

由于不可抗力造成水污染损害的，排污方不承担赔偿责任；法律另有规定的除外。

水污染损害是由受害人故意造成的，排污方不承担赔偿责任。水污染损害是由受害人重大过失造成的，可以减轻排污方的赔偿责任。

水污染损害是由第三人造成的，排污方承担赔偿责任后，有权向第三人追偿。

第八十六条　因水污染引起的损害赔偿责任和赔偿金额的纠纷，可以根据当事人的请求，由环境保护主管部门或者海事管理机构、渔业主管部门按照职责分工调解处理；调解不成的，当事人可以向人民法院提起诉讼。当事人也可以直接向人民法院提起诉讼。

第八十七条　因水污染引起的损害赔偿诉讼，由排污方就法律规定的免责事由及其行为与损害结果之间不存在因果关系承担举证责任。

第八十八条　因水污染受到损害的当事人人数众多的，可以依法由当事人推选代表人进行共同诉讼。

环境保护主管部门和有关社会团体可以依法支持因水污染受到损害的当事人向人民法院提起诉讼。

国家鼓励法律服务机构和律师为水污染损害诉讼中的受害人提供法律援助。

第八十九条　因水污染引起的损害赔偿责任和赔偿金额的纠纷，当事人可以委托环境监测机构提供监测数据。环境监测机构应当接受委托，如实提供有关监测数据。

第九十条　违反本法规定，构成违反治安管理行为的，依法给予治安管理处罚；构成犯罪的，依法追究刑事责任。

第八章　附　　则

第九十一条　本法中下列用语的含义：

（一）水污染，是指水体因某种物质的介入，而导致其化学、物理、生物或者放射性等方面特性的改变，从而影响水的有效利用，危害人体健康或者破坏生态环境，造成水质恶化的现象。

（二）水污染物，是指直接或者间接向水体排放的，能导致水体污染的物质。

（三）有毒污染物，是指那些直接或者间接被生物摄入体内后，可能导致该生物或者其后代发病、行为反常、遗传异变、生理机能失常、机体变形或者死亡的污染物。

（四）渔业水体，是指划定的鱼虾类的产卵场、索饵场、越冬场、洄游通道和鱼虾贝藻类的养殖场的水体。

第九十二条 本法自2008年6月1日起施行。

中华人民共和国防洪法

（1997年8月29日第八届全国人民代表大会常务委员会第二十七次会议通过　1997年8月29日中华人民共和国主席令第88号公布　自1998年1月1日起施行）

目　　录

第一章　总　　则

第一条　为了防治洪水，防御、减轻洪涝灾害，维护人民的生命和财产安全，保障社会主义现代化建设顺利进行，制定本法。

第二条　防洪工作实行全面规划、统筹兼顾、预防为主、综合治理、局部利益服从全局利益的原则。

第三条　防洪工程设施建设，应当纳入国民经济和社会发展计划。

防洪费用按照政府投入同受益者合理承担相结合的原则筹集。

第四条　开发利用和保护水资源，应当服从防洪总体安排，实行兴利与除害相结合的原则。

江河、湖泊治理以及防洪工程设施建设，应当符合流域综合规划，与流域水资源的综合开发相结合。

本法所称综合规划是指开发利用水资源和防治水害的综合规划。

第五条　防洪工作按照流域或者区域实行统一规划、分级实施和流域管理与行政区域管理相结合的制度。

第六条　任何单位和个人都有保护防洪工程设施和依法参加防汛抗洪的义务。

第七条　各级人民政府应当加强对防洪工作的统一领导，组织有关部门、单位，动员社会力量，依靠科技进步，有计划地进行江河、湖泊治理，采取措施加强防洪工程设施建设，巩固、提高防洪能力。

各级人民政府应当组织有关部门、单位，动员社会力量，做好防汛抗洪和洪涝灾害后的恢复与救济工作。

各级人民政府应当对蓄滞洪区予以扶持；蓄滞洪后，应当依照国家规定予以补偿或者救助。

第八条 国务院水行政主管部门在国务院的领导下，负责全国防洪的组织、协调、监督、指导等日常工作。国务院水行政主管部门在国家确定的重要江河、湖泊设立的流域管理机构，在所管辖的范围内行使法律、行政法规规定和国务院水行政主管部门授权的防洪协调和监督管理职责。

国务院建设行政主管部门和其他有关部门在国务院的领导下，按照各自的职责，负责有关的防洪工作。

县级以上地方人民政府水行政主管部门在本级人民政府的领导下，负责本行政区域内防洪的组织、协调、监督、指导等日常工作。县级以上地方人民政府建设行政主管部门和其他有关部门在本级人民政府的领导下，按照各自的职责，负责有关的防洪工作。

第二章 防 洪 规 划

第九条 防洪规划是指为防治某一流域、河段或者区域的洪涝灾害而制定的总体部署，包括国家确定的重要江河、湖泊的流域防洪规划，其他江河、河段、湖泊的防洪规划以及区域防洪规划。

防洪规划应当服从所在流域、区域的综合规划；区域防洪规划应当服从所在流域的流域防洪规划。

防洪规划是江河、湖泊治理和防洪工程设施建设的基本依据。

第十条 国家确定的重要江河、湖泊的防洪规划，由国务院水行政主管部门依据该江河、湖泊的流域综合规划，会同有关部门和有关省、自治区、直辖市人民政府编制，报国务院批准。

其他江河、河段、湖泊的防洪规划或者区域防洪规划，由县级以上地方人民政府水行政主管部门分别依据流域综合规划、区域综合规划，会同有关部门和有关地区编制，报本级人民政府批准，并报上一级人民政府水行政主管部门备案；跨省、自治区、直辖市的江河、河段、湖泊的防洪规划由有关流域管理机构会同江河、河段、湖泊所在地的省、自治区、直辖市人民政府水行政主管部门、有关主管部门拟定，分别经有关省、自治区、直辖市人民政府审查提出意见后，报国务院水行政主管部门批准。

城市防洪规划，由城市人民政府组织水行政主管部门、建设行政主管部门和其他有关部门依据流域防洪规划、上一级人民政府区域防洪规划编制，按照国务院规定的审批程序批准后纳入城市总体规划。

修改防洪规划，应当报经原批准机关批准。

第十一条 编制防洪规划，应当遵循确保重点、兼顾一般，以及防汛和抗旱相结合、工程措施和非工程措施相结合的原则，充分考虑洪涝规律和上下游、左右岸的关系以及国民经济对防洪的要求，并与国土规划和土地利用总体规划相协调。

防洪规划应当确定防护对象、治理目标和任务、防洪措施和实施方案，划定洪泛区、蓄滞洪区和防洪保护区的范围，规定蓄滞洪区的使用原则。

第十二条 受风暴潮威胁的沿海地区的县级以上地方人民政府，应当把防御风暴潮纳入本地区的防洪规划，加强海堤（海塘）、挡潮闸和沿海防护林等防御风暴潮工程体系建设，监督建筑物、构筑物的设计和施工符合防御风暴潮的需要。

第十三条 山洪可能诱发山体滑坡、崩塌和泥石流的地区以及其他山洪多发地区的县级以上地方人民政府，应当组织负责地质矿产管理工作的部门、水行政主管部门和其他有关部门对山体滑坡、崩塌和泥石流隐患进行全面调查，划定重点防治区，采取防治措施。

城市、村镇和其他居民点以及工厂、矿山、铁路和公路干线的布局，应当避开山洪威胁；已经建在受山洪威胁的地方的，应当采取防御措施。

第十四条 平原、洼地、水网圩区、山谷、盆地等易涝地区的有关地方人民政府，应当制定除涝治涝规划，组织有关部门、单位采取相应的治理措施，完善排水系统，发展耐涝农作物种类和品种，开展洪涝、干旱、盐碱综合治理。

城市人民政府应当加强对城区排涝管网、泵站的建设和管理。

第十五条 国务院水行政主管部门应当会同有关部门和省、自治区、直辖市人民政府制定长江、黄河、珠江、辽河、淮河、海河入海河口的整治规划。

在前款入海河口围海造地，应当符合河口整治规划。

第十六条 防洪规划确定的河道整治计划用地和规划建设的堤防用地范围内的土地，经土地管理部门和水行政主管部门会同有关地区核定，报经县级以上人民政府按照国务院规定的权限批准后，可以划定为规划保留区；该规划保留区范围内的土地涉及其他项目用地的，有关土地管理部门和水行政主管部门核定时，应当征求有关部门的意见。

规划保留区依照前款规定划定后，应当公告。

前款规划保留区内不得建设与防洪无关的工矿工程设施；在特殊情况下，国家工矿建设项目确需占用前款规划保留区内的土地的，应当按照国家规定的基本建设程序报请批准，并征求有关水行政主管部门的意见。

防洪规划确定的扩大或者开辟的人工排洪道用地范围内的土地，经省级以上人民政府土地管理部门和水行政主管部门会同有关部门、有关地区核定，报省级以上人民政府按照国务院规定的权限批准后，可以划定为规划保留区，适用前款规定。

第十七条 在江河、湖泊上建设防洪工程和其他水工程、水电站等，应当符合防洪规划的要求；水库应当按照防洪规划的要求留足防洪库容。

前款规定的防洪工程和其他水工程、水电站的可行性研究报告按照国家规定的基本建设程序报请批准时，应当附具有关水行政主管部门签署的符合防洪规划要求的规划同意书。

第三章 治理与防护

第十八条 防治江河洪水，应当蓄泄兼施，充分发挥河道行洪能力和水库、洼淀、湖泊调蓄洪水的功能，加强河道防护，因地制宜地采取定期清淤疏浚等措施，保持行洪畅通。

防治江河洪水，应当保护、扩大流域林草植被，涵养水源，加强流域水土保持综合治理。

第十九条 整治河道和修建控制引导河水流向、保护堤岸等工程，应当兼顾上下游、左右岸的关系，按照规划治导线实施，不得任意改变河水流向。

国家确定的重要江河的规划治导线由流域管理机构拟定，报国务院水行政主管部门批准。

其他江河、河段的规划治导线由县级以上地方人民政府水行政主管部门拟定，报本级人民政府批准；跨省、自治区、直辖市的江河、河段和省、自治区、直辖市之间的省界河道的规划治导线由有关流域管理机构组织江河、河段所在地的省、自治区、直辖市人民政府水行政主管部门拟定，经有关省、自治区、直辖市人民政府审查提出意见后，报国务院水行政主管部门批准。

第二十条 整治河道、湖泊，涉及航道的，应当兼顾航运需要，并事先征求交通主管部门的意见。整治航道，应当符合江河、湖泊防洪安全要求，并事先征求水行政主管部门的意见。

在竹木流放的河流和渔业水域整治河道的，应当兼顾竹木水运和渔业发展的需要，并事先征求林业、渔业行政主管部门的意见。在河道中流放竹木，不得影响行洪和防洪工程设施的安全。

第二十一条 河道、湖泊管理实行按水系统一管理和分级管理相结合的原则，加强防护，确保畅通。

国家确定的重要江河、湖泊的主要河段，跨省、自治区、直辖市的重要河段、湖泊，省、自治区、直辖市之间的省界河道、湖泊以及国（边）界河道、湖泊，由流域管理机构和江河、湖泊所在地的省、自治区、直辖市人民政府水行政主管部门按照国务院水行政主管部门的划定依法实施管理。其他河道、湖泊，由县级以上地方人民政府水行政主管部门按照国务院水行政主管部门或者国务院水行政主管部门授权的机构的划定依法实施管理。

有堤防的河道、湖泊，其管理范围为两岸堤防之间的水域、沙洲、滩地、行洪区和堤防及护堤地；无堤防的河道、湖泊，其管理范围为历史最高洪水位或者设计洪水位之间的水域、沙洲、滩地和行洪区。

流域管理机构直接管理的河道、湖泊管理范围，由流域管理机构会同有关县级以上地方人民政府依照前款规定界定；其他河道、湖泊管理范围，由有关县级以上地方人民政府依照前款规定界定。

第二十二条 河道、湖泊管理范围内的土地和岸线的利用，应当符合行洪、输水的要求。

禁止在河道、湖泊管理范围内建设妨碍行洪的建筑物、构筑物，倾倒垃圾、渣土，从事影响河势稳定、危害河岸堤防安全和其他妨碍河道行洪的活动。

禁止在行洪河道内种植阻碍行洪的林木和高秆作物。

在船舶航行可能危及堤岸安全的河段，应当限定航速。限定航速的标志，由交通主管部门与水行政主管部门商定后设置。

第二十三条 禁止围湖造地。已经围垦的，应当按照国家规定的防洪标准进行治理，有计划地退地还湖。

禁止围垦河道。确需围垦的，应当进行科学论证，经水行政主管部门确认不妨碍行洪、输水后，报省级以上人民政府批准。

第二十四条 对居住在行洪河道内的居民，当地人民政府应当有计划地组织外迁。

第二十五条 护堤护岸的林木，由河道、湖泊管理机构组织营造和管理。护堤护岸林木，不得任意砍伐。采伐护堤护岸林木的，须经河道、湖泊管理机构同意后，依法办理采伐许可手续，并完成规定的更新补种任务。

第二十六条 对壅水、阻水严重的桥梁、引道、码头和其他跨河工程设施，根据防洪标准，有关水行政主管部门可以报请县级以上人民政府按照国务院规定的权限责令建设单位限期改建或者拆除。

第二十七条 建设跨河、穿河、穿堤、临河的桥梁、码头、道路、渡口、管道、缆线、取水、排水等工程设施，应当符合防洪标准、岸线规划、航运要求和其他技术要求，不得危害堤防安全，影响河势稳定、妨碍行洪畅通；其可行性研究报告按照国家规定的基本建设程序报请批准前，其中的工程建设方案应当经有关水行政主管部门根据前述防洪要求审查同意。

前款工程设施需要占用河道、湖泊管理范围内土地，跨越河道、湖泊空间或者穿越河床的，建设单位应当经有关水行政主管部门对该工程设施建设的位置和界限审查批准后，方可依法办理开工手续；安排施工时，应当按照水行政主管部门审查批准的位置和界限进行。

第二十八条 对于河道、湖泊管理范围内依照本法规定建设的工程设施，水行政主管部门有权依法检查；水行政主管部门检查时，被检查者应当如实提供有关的情况和资料。

前款规定的工程设施竣工验收时，应当有水行政主管部门参加。

第四章 防洪区和防洪工程设施的管理

第二十九条 防洪区是指洪水泛滥可能淹及的地区，分为洪泛区、蓄滞洪区和防洪保护区。

洪泛区是指尚无工程设施保护的洪水泛滥所及的地区。

蓄滞洪区是指包括分洪口在内的河堤背水面以外临时贮存洪水的低洼地区及湖泊等。

防洪保护区是指在防洪标准内受防洪工程设施保护的地区。

洪泛区、蓄滞洪区和防洪保护区的范围，在防洪规划或者防御洪水方案中划定，并报请省级以上人民政府按照国务院规定的权限批准后予以公告。

第三十条 各级人民政府应当按照防洪规划对防洪区内的土地利用实行分区管理。

第三十一条 地方各级人民政府应当加强对防洪区安全建设工作的领导，组织有关部门、单位对防洪区内的单位和居民进行防洪教育，普及防洪知识，提高水患意识；按照防洪规划和防御洪水方案建立并完善防洪体系和水文、气象、通信、预警以及洪涝灾害监测系统，提高防御洪水能力；组织防洪区内的单位和居民积极参加防洪工作，因地制宜地采取防洪避洪措施。

第三十二条 洪泛区、蓄滞洪区所在地的省、自治区、直辖市人民政府应当组织有关地区和部门，按照防洪规划的要求，制定洪泛区、蓄滞洪区安全建设计划，控制蓄滞洪区人口增长，对居住在经常使用的蓄滞洪区的居民，有计划地组织外迁，并采取其他必要的安全保护措施。

因蓄滞洪区而直接受益的地区和单位，应当对蓄滞洪区承担国家规定的补偿、救助义务。国务院和有关的省、自治区、直辖市人民政府应当建立对蓄滞洪区的扶持和补偿、救助制度。

国务院和有关的省、自治区、直辖市人民政府可以制定洪泛区、蓄滞洪区安全建设管理办法以及对蓄滞洪区的扶持和补偿、救助办法。

第三十三条 在洪泛区、蓄滞洪区内建设非防洪建设项目，应当就洪水对建设项目可能产生的影响和建设项目对防洪可能产生的影响作出评价，编制洪水影响评价报告，提出防御措施。建设项目可行性研究报告按照国家规定的基本建设程序报请批准时，应当附具有关水行政主管部门审查批准的洪水影响评价报告。

在蓄滞洪区内建设的油田、铁路、公路、矿山、电厂、电信设施和管道，其洪水影响评价报告应当包括建设单位自行安排的防洪避洪方案。建设项目投入生产或者使用时，其防洪工程设施应当经水行政主管部门验收。

在蓄滞洪区内建造房屋应当采用平顶式结构。

第三十四条 大中城市，重要的铁路、公路干线，大型骨干企业，应当列为防洪重点，确保安全。

受洪水威胁的城市、经济开发区、工矿区和国家重要的农业生产基地等，应当重点保护，建设必要的防洪工程设施。

城市建设不得擅自填堵原有河道沟叉、贮水湖塘洼淀和废除原有防洪围堤；确需填堵或者废除的，应当经水行政主管部门审查同意，并报城市人民政府批准。

第三十五条 属于国家所有的防洪工程设施，应当按照经批准的设计，在竣工验收前由县级以上人民政府按照国家规定，划定管理和保护范围。

属于集体所有的防洪工程设施，应当按照省、自治区、直辖市人民政府的规定，划定保护范围。

在防洪工程设施保护范围内，禁止进行爆破、打井、采石、取土等危害防洪工程设施安全的活动。

第三十六条 各级人民政府应当组织有关部门加强对水库大坝的定期检查和监督管理。对未达到设计洪水标准、抗震设防要求或者有严重质量缺陷的险坝，大坝主管部门应当组织有关单位采取除险加固措施，限期消除危险或者重建，有关人民政府应当优先安排所需资金。对可能出现垮坝的水库，应当事先制定应急抢险和居民临时撤离方案。

各级人民政府和有关主管部门应当加强对尾矿坝的监督管理，采取措施，避免因洪水导致垮坝。

第三十七条 任何单位和个人不得破坏、侵占、毁损水库大坝、堤防、水闸、护岸、抽水站、排水渠系等防洪工程和水文、通信设施以及防汛备用的器材、物料等。

第五章 防 汛 抗 洪

第三十八条 防汛抗洪工作实行各级人民政府行政首长负责制，统一指挥、分级分部门负责。

第三十九条 国务院设立国家防汛指挥机构，负责领导、组织全国的防汛抗洪工作，其办事机构设在国务院水行政主管部门。

在国家确定的重要江河、湖泊可以设立由有关省、自治区、直辖市人民政府和该江河、湖泊的流域管理机构负责人等组成的防汛指挥机构，指挥所管辖范围内的防汛抗洪工作，其办事机构设在流域管理机构。

有防汛抗洪任务的县级以上地方人民政府设立由有关部门、当地驻军、人民武装部负责人等组成的防汛指挥机构，在上级防汛指挥机构和本级人民政府的领导下，指挥本地区的防汛抗洪工作，其办事机构设在同级水行政主管部门；必要时，经城市人民政府决定，防汛指挥机构也可以在建设行政主管部门设城市市区办事机构，在防汛指挥机构的统一领导下，负责城市市区的防汛抗洪日常工作。

第四十条　有防汛抗洪任务的县级以上地方人民政府根据流域综合规划、防洪工程实际状况和国家规定的防洪标准，制定防御洪水方案（包括对特大洪水的处置措施）。

长江、黄河、淮河、海河的防御洪水方案，由国家防汛指挥机构制定，报国务院批准；跨省、自治区、直辖市的其他江河的防御洪水方案，由有关流域管理机构会同有关省、自治区、直辖市人民政府制定，报国务院或者国务院授权的有关部门批准。防御洪水方案经批准后，有关地方人民政府必须执行。

各级防汛指挥机构和承担防汛抗洪任务的部门和单位，必须根据防御洪水方案做好防汛抗洪准备工作。

第四十一条　省、自治区、直辖市人民政府防汛指挥机构根据当地的洪水规律，规定汛期起止日期。

当江河、湖泊的水情接近保证水位或者安全流量，水库水位接近设计洪水位，或者防洪工程设施发生重大险情时，有关县级以上人民政府防汛指挥机构可以宣布进入紧急防汛期。

第四十二条　对河道、湖泊范围内阻碍行洪的障碍物，按照谁设障、谁清除的原则，由防汛指挥机构责令限期清除；逾期不清除的，由防汛指挥机构组织强行清除，所需费用由设障者承担。

在紧急防汛期，国家防汛指挥机构或者其授权的流域、省、自治区、直辖市防汛指挥机构有权对壅水、阻水严重的桥梁、引道、码头和其他跨河工程设施作出紧急处置。

第四十三条　在汛期，气象、水文、海洋等有关部门应当按照各自的职责，及时向有关防汛指挥机构提供天气、水文等实时信息和风暴潮预报；电信部门应当优先提供防汛抗洪通信的服务；运输、电力、物资材料供应等有关部门应当优先为防汛抗洪服务。

中国人民解放军、中国人民武装警察部队和民兵应当执行国家赋予的抗洪抢险任务。

第四十四条　在汛期，水库、闸坝和其他水工程设施的运用，必须服从有关的防汛指挥机构的调度指挥和监督。

在汛期，水库不得擅自在汛期限制水位以上蓄水，其汛期限制水位以上的防洪库容的运用，必须服从防汛指挥机构的调度指挥和监督。

在凌汛期，有防凌汛任务的江河的上游水库的下泄水量必须征得有关的防汛指挥机构的同意，并接受其监督。

第四十五条　在紧急防汛期，防汛指挥机构根据防汛抗洪的需要，有权在其管辖范围内调用物资、设备、交通运输工具和人力，决定采取取土占地、砍伐林木、清除阻水障碍物和其他必要的紧急措施；必要时，公安、交通等有关部门按照防汛指挥机构的决定，依法实施陆地和水面交通管制。

依照前款规定调用的物资、设备、交通运输工具等，在汛期结束后应当及时归还；造成损坏或者无法归还的，按照国务院有关规定给予适当补偿或者作其他处理。取土占地、砍伐林木的，在汛期结束后依法向有关部门补办手续；有关地方人民政府对取土后的土地组织复垦，对砍伐的林木组织补种。

第四十六条 江河、湖泊水位或者流量达到国家规定的分洪标准，需要启用蓄滞洪区时，国务院，国家防汛指挥机构，流域防汛指挥机构，省、自治区、直辖市人民政府，省、自治区、直辖市防汛指挥机构，按照依法经批准的防御洪水方案中规定的启用条件和批准程序，决定启用蓄滞洪区。依法启用蓄滞洪区，任何单位和个人不得阻拦、拖延；遇到阻拦、拖延时，由有关县级以上地方人民政府强制实施。

第四十七条 发生洪涝灾害后，有关人民政府应当组织有关部门、单位做好灾区的生活供给、卫生防疫、救灾物资供应、治安管理、学校复课、恢复生产和重建家园等救灾工作以及所管辖地区的各项水毁工程设施修复工作。水毁防洪工程设施的修复，应当优先列入有关部门的年度建设计划。

国家鼓励、扶持开展洪水保险。

第六章 保障措施

第四十八条 各级人民政府应当采取措施，提高防洪投入的总体水平。

第四十九条 江河、湖泊的治理和防洪工程设施的建设和维护所需投资，按照事权和财权相统一的原则，分级负责，由中央和地方财政承担。城市防洪工程设施的建设和维护所需投资，由城市人民政府承担。

受洪水威胁地区的油田、管道、铁路、公路、矿山、电力、电信等企业、事业单位应当自筹资金，兴建必要的防洪自保工程。

第五十条 中央财政应当安排资金，用于国家确定的重要江河、湖泊的堤坝遭受特大洪涝灾害时的抗洪抢险和水毁防洪工程修复。省、自治区、直辖市人民政府应当在本级财政预算中安排资金，用于本行政区域内遭受特大洪涝灾害地区的抗洪抢险和水毁防洪工程修复。

第五十一条 国家设立水利建设基金，用于防洪工程和水利工程的维护和建设。具体办法由国务院规定。

受洪水威胁的省、自治区、直辖市为加强本行政区域内防洪工程设施建设，提高防御洪水能力，按照国务院的有关规定，可以规定在防洪保护区范围内征收河道工程修建维护管理费。

第五十二条 有防洪任务的地方各级人民政府应当根据国务院的有关规定，安排一定比例的农村义务工和劳动积累工，用于防洪工程设施的建设、维护。

第五十三条 任何单位和个人不得截留、挪用防洪、救灾资金和物资。

各级人民政府审计机关应当加强对防洪、救灾资金使用情况的审计监督。

第七章 法律责任

第五十四条 违反本法第十七条规定，未经水行政主管部门签署规划同意书，擅自在江河、湖泊上建设防洪工程和其他水工程、水电站的，责令停止违法行为，补办规划同意书手续；违反规划同意书的要求，严重影响防洪的，责令限期拆除；违反规划同意书的要求，影响防洪但尚可采取补救措施的，责令限期采取补救措施，可以处一万元以上十万元以下的罚款。

第五十五条 违反本法第十九条规定，未按照规划治导线整治河道和修建控制引导河水流向、保护堤岸等工程，影响防洪的，责令停止违法行为，恢复原状或者采取其他补救措施，可以处一万元以上十万元以下的罚款。

第五十六条 违反本法第二十二条第二款、第三款规定，有下列行为之一的，责令停止违法行为，排除阻碍或者采取其他补救措施，可以处五万元以下的罚款：

（一）在河道、湖泊管理范围内建设妨碍行洪的建筑物、构筑物的；

（二）在河道、湖泊管理范围内倾倒垃圾、渣土，从事影响河势稳定、危害河岸堤防安全和其他妨碍河道行洪的活动的；

（三）在行洪河道内种植阻碍行洪的林木和高秆作物的。

第五十七条 违反本法第十五条第二款、第二十三条规定，围海造地、围湖造地、围垦河道的，责令停止违法行为，恢复原状或者采取其他补救措施，可以处五万元以下的罚款；既不恢复原状也不采取其他补救措施的，代为恢复原状或者采取其他补救措施，所需费用由违法者承担。

第五十八条 违反本法第二十七条规定，未经水行政主管部门对其工程建设方案审查同意或者未按照有关水行政主管部门审查批准的位置、界限，在河道、湖泊管理范围内从事工程设施建设活动的，责令停止违法行为，补办审查同意或者审查批准手续；工程设施建设严重影响防洪的，责令限期拆除，逾期不拆除的，强行拆除，所需费用由建设单位承担；影响行洪但尚可采取补救措施的，责令限期采取补救措施，可以处一万元以上十万元以下的罚款。

第五十九条 违反本法第三十三条第一款规定，在洪泛区、蓄滞洪区内建设非防洪建设项目，未编制洪水影响评价报告的，责令限期改正；逾期不改正的，处五万元以下的罚款。

违反本法第三十三条第二款规定，防洪工程设施未经验收，即将建设项目投入生产或者使用的，责令停止生产或者使用，限期验收防洪工程设施，可以处五万元以下的罚款。

第六十条 违反本法第三十四条规定，因城市建设擅自填堵原有河道沟叉、贮水湖塘洼淀和废除原有防洪围堤的，城市人民政府应当责令停止违法行为，限期恢复原状或者采取其他补救措施。

第六十一条 违反本法规定，破坏、侵占、毁损堤防、水闸、护岸、抽水站、排水渠系等防洪工程和水文、通信设施以及防汛备用的器材、物料的，责令停止违法行为，采取补救措施，可以处五万元以下的罚款；造成损坏的，依法承担民事责任；应当给予治安管理处罚的，依照治安管理处罚条例的规定处罚；构成犯罪的，依法追究刑事责任。

第六十二条　阻碍、威胁防汛指挥机构、水行政主管部门或者流域管理机构的工作人员依法执行职务，构成犯罪的，依法追究刑事责任；尚不构成犯罪，应当给予治安管理处罚的，依照治安管理处罚条例的规定处罚。

第六十三条　截留、挪用防洪、救灾资金和物资，构成犯罪的，依法追究刑事责任；尚不构成犯罪的，给予行政处分。

第六十四条　除本法第六十条的规定外，本章规定的行政处罚和行政措施，由县级以上人民政府水行政主管部门决定，或者由流域管理机构按照国务院水行政主管部门规定的权限决定。但是，本法第六十一条、第六十二条规定的治安管理处罚的决定机关，按照治安管理处罚条例的规定执行。

第六十五条　国家工作人员，有下列行为之一，构成犯罪的，依法追究刑事责任；尚不构成犯罪的，给予行政处分：

（一）违反本法第十七条、第十九条、第二十二条第二款、第二十二条第三款、第二十七条或者第三十四条规定，严重影响防洪的；

（二）滥用职权，玩忽职守，徇私舞弊，致使防汛抗洪工作遭受重大损失的；

（三）拒不执行防御洪水方案、防汛抢险指令或者蓄滞洪方案、措施、汛期调度运用计划等防汛调度方案的；

（四）违反本法规定，导致或者加重毗邻地区或者其他单位洪灾损失的。

第八章　附　　则

第六十六条　本法自 1998 年 1 月 1 日起施行。

中华人民共和国河道管理条例

（1988年6月3日国务院第7次常务会议通过　1988年6月10日中华人民共和国国务院令第3号公布　自公布之日起施行）

目　录

第一章　总　则

第一条　为加强河道管理，保障防洪安全，发挥江河湖泊的综合效益，根据《中华人民共和国水法》，制定本条例。

第二条　本条例适用于中华人民共和国领域内的河道（包括湖泊、人工水道、行洪区、蓄洪区，滞洪区）。

河道内的航道，同时适用《中华人民共和国航道管理条例》。

第三条　开发利用江河湖泊水资源和防治水害，应当全面规划、统筹兼顾、综合利用、讲求效益，服从防洪的总体安排，促进各项事业的发展。

第四条　国务院水利行政主管部门是全国河道的主管机关。

各省、自治区、直辖市的水利行政主管部门是该行政区域的河道主管机关。

第五条　国家对河道实行按水系统一管理和分级管理相结合的原则。

长江、黄河、淮河、海河、珠江、松花江、辽河等大江大河的主要河段，跨省、自治区、直辖市的重要河段，省、自治区、直辖市之间的边界河道以及国境边界河道，由国家授权的江河流域管理机构实施管理，或者由上述江河所在省、自治区、直辖市的河道主管机关根据流域统一规划实施管理。其他河道由省、自治区、直辖市或者市、县的河道主管机关实施管理。

第六条　河道划分等级。河道等级标准由国务院水利行政主管部门制定。

第七条　河道防汛和清障工作实行地方人民政府行政首长负责制。

第八条　各级人民政府河道主管机关以及河道监理人员，必须按照国家法律、法规，加强河道管理，执行供水计划和防洪调度命令，维护水工程和人民生命财产安全。

第九条　一切单位和个人都有保护河道堤防安全和参加防汛抢险的义务。

第二章 河道整治与建设

第十条 河道的整治与建设，应当服从流域综合规划，符合国家规定的防洪标准、通航标准和其他有关技术要求，维护堤防安全，保持河势稳定和行洪、航运通畅。

第十一条 修建开发水利、防治水害、整治河道的各类工程和跨河、穿河、穿堤、临河的桥梁、码头、道路、渡口、管道、缆线等建筑物及设施，建设单位必须按照河道管理权限，将工程建设方案报送河道主管机关审查同意后，方可按照基本建设程序履行审批手续。

建设项目经批准后，建设单位应当将施工安排告知河道主管机关。

第十二条 修建桥梁、码头和其他设施，必须按照国家规定的防洪标准所确定的河宽进行，不得缩窄行洪通道。

桥梁和栈桥的梁底必须高于设计洪水位，并按照防洪和航运的要求，留有一定的超高。设计洪水位由河道主管机关根据防洪规划确定。

跨越河道的管道、线路的净空高度必须符合防洪和航运的要求。

第十三条 交通部门进行航道整治，应当符合防洪安全要求，并事先征求河道主管机关对有关设计和计划的意见。

水利部门进行河道整治，涉及航道的，应当兼顾航运的需要，并事先征求交通部门对有关设计和计划的意见。

在国家规定可以流放竹木的河流和重要的渔业水域进行河道、航道整治，建设单位应当兼顾竹木水运和渔业发展的需要，并事先将有关设计和计划送同级林业、渔业主管部门征求意见。

第十四条 堤防上已修建的涵闸、泵站和埋设的穿堤管道、缆线等建筑物及设施，河道主管机关应当定期检查，对不符合工程安全要求的，限期改建。

在堤防上新建前款所指建筑物及设施，必须经河道主管机关验收合格后方可启用，并服从河道主管机关的安全管理。

第十五条 确需利用堤顶或者戗台兼做公路的，必须经上级河道主管机关批准。堤身和堤顶公路的管理和维护办法，由河道主管机关商交通部门制定。

第十六条 城镇建设和发展不得占用河道滩地。城镇规划的临河界限，由河道主管机关会同城镇规划等有关部门确定。沿河城镇在编制和审查城镇规划时，应当事先征求河道主管机关的意见。

第十七条 河道岸线的利用和建设，应当服从河道整治规划和航道整治规划。计划部门在审批利用河道岸线的建设项目时，应当事先征求河道主管机关的意见。

河道岸线的界限，由河道主管机关会同交通等有关部门报县级以上地方人民政府划定。

第十八条 河道清淤和加固堤防取土以及按照防洪规划进行河道整治需要占用的土地，由当地人民政府调剂解决。

因修建水库、整治河道所增加的可利用土地，属于国家所有，可以由县级以上人民政府用于移民安置和河道整治工程。

第十九条 省、自治区、直辖市以河道为边界的，在河道两岸外侧各十公里之内，以及跨省、自治区、直辖市的河道，未经有关各方达成协议或者国务院水利行政主管部门批准，禁止单方面修建排水、阻水、引水、蓄水工程以及河道整治工程。

第三章 河道保护

第二十条 有堤防的河道，其管理范围为两岸堤防之间的水域、沙洲、滩地（包括可耕地）、行洪区，两岸堤防及护堤地。

无堤防的河道，其管理范围根据历史最高洪水位或者设计洪水位确定。

河道的具体管理范围，由县级以上地方人民政府负责划定。

第二十一条 在河道管理范围内，水域和土地的利用应当符合江河行洪、输水和航运的要求；滩地的利用，应当由河道主管机关会同土地管理等有关部门制定规划，报县级以上地方人民政府批准后实施。

第二十二条 禁止损毁堤防、护岸、闸坝等水工程建筑物和防汛设施、水文监测和测量设施、河岸地质监测设施以及通信照明等设施。

在防汛抢险期间，无关人员和车辆不得上堤。

因降雨雪等造成堤顶泥泞期间，禁止车辆通行，但防汛抢险车辆除外。

第二十三条 禁止非管理人员操作河道上的涵闸闸门，禁止任何组织和个人干扰河道管理单位的正常工作。

第二十四条 在河道管理范围内，禁止修建围堤、阻水渠道、阻水道路；种植高秆农作物、芦苇、杞柳、荻柴和树木（堤防防护林除外）；设置拦河渔具；弃置矿渣、石渣、煤灰、泥土、垃圾等。

在堤防和护堤地，禁止建房、放牧、开渠、打井、挖窖、葬坟、晒粮、存放物料、开采地下资源、进行考古发掘以及开展集市贸易活动。

第二十五条 在河道管理范围内进行下列活动，必须报经河道主管机关批准；涉及其他部门的，由河道主管机关会同有关部门批准：

（一）采砂、取土、淘金、弃置砂石或者淤泥；

（二）爆破、钻探、挖筑鱼塘；

（三）在河道滩地存放物料、修建厂房或者其他建筑设施；

（四）在河道滩地开采地下资源及进行考古发掘。

第二十六条 根据堤防的重要程度、堤基土质条件等，河道主管机关报经县级以上人民政府批准，可以在河道管理范围的相连地域划定堤防安全保护区。在堤防安全保护区内，禁止进行打井、钻探、爆破、挖筑鱼塘、采石、取土等危害堤防安全的活动。

第二十七条 禁止围湖造田。已经围垦的，应当按照国家规定的防洪标准进行治理，逐步退田还湖。湖泊的开发利用规划必须经河道主管机关审查同意。

禁止围垦河流，确需围垦的，必须经过科学论证，并经省级以上人民政府批准。

第二十八条 加强河道滩地、堤防和河岸的水土保持工作，防止水土流失、河道淤积。

第二十九条 江河的故道、旧堤、原有工程设施等，非经河道主管机关批准，不得填堵、占用或者拆毁。

第三十条 护堤护岸林木，由河道管理单位组织营造和管理，其他任何单位和个人不得侵占、砍伐或者破坏。

河道管理单位对护堤护岸林木进行抚育和更新性质的采伐及用于防汛抢险的采伐，根据国家有关规定免交育林基金。

第三十一条 在为保证堤岸安全需要限制航速的河段，河道主管机关应当会同交通部门设立限制航速的标志，通行的船舶不得超速行驶。

在汛期，船舶的行驶和停靠必须遵守防汛指挥部的规定。

第三十二条 山区河道有山体滑坡、崩岸、泥石流等自然灾害的河段，河道主管机关应当会同地质、交通等部门加强监测。在上述河段，禁止从事开山采石、采矿、开荒等危及山体稳定的活动。

第三十三条 在河道中流放竹木，不得影响行洪、航运和水工程安全，并服从当地河道主管机关的安全管理。

在汛期，河道主管机关有权对河道上的竹木和其他漂流物进行紧急处置。

第三十四条 向河道、湖泊排污的排污口的设置和扩大，排污单位在向环境保护部门申报之前，应当征得河道主管机关的同意。

第三十五条 在河道管理范围内，禁止堆放、倾倒、掩埋、排放污染水体的物体。禁止在河道内清洗装贮过油类或者有毒污染物的车辆、容器。

河道主管机关应当开展河道水质监测工作，协同环境保护部门对水污染防治实施监督管理。

第四章 河 道 清 障

第三十六条 对河道管理范围内的阻水障碍物，按照“谁设障，谁清除”的原则，由河道主管机关提出清障计划和实施方案，由防汛指挥部责令设障者在规定的期限内清除。逾期不清除的，由防汛指挥部组织强行清除，并由设障者负担全部清障费用。

第三十七条 对壅水、阻水严重的桥梁、引道、码头和其他跨河工程设施，根据国家规定的防洪标准，由河道主管机关提出意见并报经人民政府批准，责成原建设单位在规定的期限内改建或者拆除。汛期影响防洪安全的，必须服从防汛指挥部的紧急处理决定。

第五章 经 费

第三十八条 河道堤防的防汛岁修费，按照分级管理的原则，分别由中央财政和地方财政负担，列入中央和地方年度财政预算。

第三十九条 受益范围明确的堤防、护岸、水闸、圩垸、海塘和排涝工程设施，河道主管机关可以向受益的工商企业等单位和农户收取河道工程修建维护管理费，其标准应当根据工程修建和维护管理费用确定。收费的具体标准和计收办法由省、自治区、直辖市人民政府制定。

第四十条 在河道管理范围内采砂、取土、淘金，必须按照经批准的范围和作业方式进行，并向河道主管机关缴纳管理费。收费的标准和计收办法由国务院水利行政主管部门会同国务院财政主管部门制定。

第四十一条 任何单位和个人，凡对堤防、护岸和其他水工程设施造成损坏或者造成河道淤积的，由责任者负责修复、清淤或者承担维修费用。

第四十二条 河道主管机关收取的各项费用，用于河道堤防工程的建设、管理、维修和设施的更新改造。结余资金可以连年结转使用，任何部门不得截取或者挪用。

第四十三条 河道两岸的城镇和农村，当地县级以上人民政府可以在汛期组织堤防保护区域内的单位和个人义务出工，对河道堤防工程进行维修和加固。

第六章 罚 则

第四十四条 违反本条例规定，有下列行为之一的，县级以上地方人民政府河道主管机关除责令其纠正违法行为、采取补救措施外，可以并处警告、罚款、没收非法所得；对有关责任人员，由其所在单位或者上级主管机关给予行政处分；构成犯罪的，依法追究刑事责任：

（一）在河道管理范围内弃置、堆放阻碍行洪物体的；种植阻碍行洪的林木或者高秆植物的；修建围堤、阻水渠道、阻水道路的；

（二）在堤防、护堤地建房、放牧、开渠、打井、挖窖、葬坟、晒粮、存放物料、开采地下资源、进行考古发掘以及开展集市贸易活动的；

（三）未经批准或者不按照国家规定的防洪标准、工程安全标准整治河道或者修建水工程建筑物和其他设施的；

（四）未经批准或者不按照河道主管机关的规定在河道管理范围内采砂、取土、淘金、弃置砂石或者淤泥、爆破、钻探、挖筑鱼塘的；

（五）未经批准在河道滩地存放物料、修建厂房或者其他建筑设施，以及开采地下资源或者进行考古发掘的；

（六）违反本条例第二十七条的规定，围垦湖泊、河流的；

（七）擅自砍伐护堤护岸林木的；

（八）汛期违反防汛指挥部的规定或者指令的。

第四十五条 违反本条例规定，有下列行为之一的，县级以上地方人民政府河道主管机关除责令纠正违法行为、赔偿损失、采取补救措施外，可以并处警告、罚款；应当给予治安管理处罚的，按照《中华人民共和国治安管理处罚法》的规定处罚；构成犯罪的，依法追究刑事责任：

（一）损毁堤防、护岸、闸坝、水工程建筑物，损毁防汛设施、水文监测和测量设施、河岸地质监测设施以及通信照明等设施；

（二）在堤防安全保护区内进行打井、钻探、爆破、挖筑鱼塘、采石、取土等危害堤防安全的活动的；

（三）非管理人员操作河道上的涵闸闸门或者干扰河道管理单位正常工作的。

第四十六条 当事人对行政处罚决定不服的，可以在接到处罚通知之日起十五日内，向作出处罚决定的机关的上一级机关申请复议，对复议决定不服的，可以在接到复议决定之日起十五日内，向人民法院起诉。当事人也可以在接到处罚通知之日起十五日内，直接向人民法院起诉。当事人逾期不申请复议或者不向人民法院起诉又不履行处罚决定的，由作出处罚决定的机关申请人民法院强制执行。对治安管理处罚不服的，按照《中华人民共和国治安管理处罚法》的规定办理。

第四十七条　对违反本条例规定，造成国家、集体、个人经济损失的，受害方可以请求县级以上河道主管机关处理。受害方也可以直接向人民法院起诉。

当事人对河道主管机关的处理决定不服的，可以在接到通知之日起，十五日内向人民法院起诉。

第四十八条　河道主管机关的工作人员以及河道监理人员玩忽职守、滥用职权、徇私舞弊的，由其所在单位或者上级主管机关给予行政处分；对公共财产、国家和人民利益造成重大损失的，依法追究刑事责任。

第七章　附　　则

第四十九条　各省、自治区、直辖市人民政府，可以根据本条例的规定，结合本地区的实际情况，制定实施办法。

第五十条　本条例由国务院水利行政主管部门负责解释。

第五十一条　本条例自发布之日起施行。

附录二　第一次全国水利普查公报

中华人民共和国水利部
中华人民共和国国家统计局
2013年3月26日

根据国务院决定，2010—2012年开展第一次全国水利普查，普查的标准时点为2011年12月31日，普查时期为2011年度。普查范围为中华人民共和国境内（未含香港特别行政区、澳门特别行政区和台湾地区）河流湖泊、水利工程、重点经济社会取用水户以及水利单位等。普查主要内容包括河流湖泊基本情况、水利工程基本情况、经济社会用水情况、河流湖泊治理保护情况、水土保持情况、水利行业能力建设情况。本次普查按照“在地原则”，以县级行政区划为基本工作单元，采取全面调查、抽样调查、典型调查和重点调查等多种调查形式进行。

国务院第一次全国水利普查领导小组办公室采用二阶段分层抽样法，在全国31个省级水利普查区内进行了事后质量抽查。抽查结果显示，水利普查对象综合漏报率为0.11‰，指标汇总数据的平均误差率为6.20‰，数据质量符合预期目标。

经国务院批准，现将水利普查主要成果公布如下。

目　录

一、河湖基本情况

河流。共有流域面积50平方公里及以上河流45203条，总长度为150.85万公里；流域面积100平方公里及以上河流22909条，总长度为111.46万公里；流域面积1000平方公里及以上河流2221条，总长度为38.65万公里；流域面积10000平方公里及以上河流228条，总长度为13.25万公里（详见表1）。

湖泊。常年水面面积1平方公里及以上湖泊2865个，水面总面积7.80万平方公里（不含跨国界湖泊境外面积）（详见表2）。其中：淡水湖1594个，咸水湖945个，盐湖166个，其他160个。

表 1　河流分流域数量汇总表

流域（区域）＼流域面积	50 平方公里及以上（条）	100 平方公里及以上（条）	1000 平方公里及以上（条）	10000 平方公里及以上（条）
合　计	45203	22909	2221	228
黑龙江	5110	2428	224	36
辽河	1457	791	87	13
海河	2214	892	59	8
黄河流域	4157	2061	199	17
淮河	2483	1266	86	7
长江流域	10741	5276	464	45
浙闽诸河	1301	694	53	7
珠江	3345	1685	169	12
西南西北外流区诸河	5150	2467	267	30
内流区诸河	9245	5349	613	53

表 2　湖泊分流域数量汇总表

流域（区域）＼湖泊面积	1 平方公里及以上（个）	10 平方公里及以上（个）	100 平方公里及以上（个）	1000 平方公里及以上（个）
合　计	2865	696	129	10
黑龙江	496	68	7	2
辽河	58	1	0	0
海河	9	3	1	0
黄河流域	144	23	3	0
淮河	68	27	8	2
长江流域	805	142	21	3
浙闽诸河	9	0	0	0
珠江	18	7	1	0
西南西北外流区诸河	206	33	8	0
内流区诸河	1052	392	80	3

二、水利工程基本情况

水库。共有水库 98002 座，总库容 9323.12 亿立方米（详见表 3）。其中：已建水库 97246 座，总库容 8104.10 亿立方米；在建水库 756 座，总库容 1219.02 亿立方米。

表 3　不同规模水库数量和总库容汇总表

水库规模	合　计	大　型			中　型	小　型		
		小计	大（1）	大（2）		小计	小（1）	小（2）
数量（座）	98002	756	127	629	3938	93308	17949	75359
总库容（亿立方米）	9323.12	7499.85	5665.07	1834.78	1119.76	703.51	496.38	207.13

水电站。共有水电站 46758 座，装机容量 3.33 亿千瓦（详见表 4）。其中：在规模以上水电站中，已建水电站 20866 座，装机容量 2.17 亿千瓦；在建水电站 1324 座，装机容量 1.10 亿千瓦。

表 4　　不同规模水电站数量和装机容量汇总表

水电站规模		数量（座）	装机容量（万千瓦）
合计		46758	33288.93
规模以上（装机容量≥500 千瓦）	小计	22190	32729.79
	大（1）型	56	15485.50
	大（2）型	86	5178.46
	中型	477	5242.00
	小（1）型	1684	3461.38
	小（2）型	19887	3362.45
规模以下（装机容量<500 千瓦）		24568	559.14

水闸。过闸流量 1 立方米每秒及以上水闸 268476 座，橡胶坝 2685 座（详见表 5）。其中：在规模以上水闸中，已建水闸 96226 座，在建水闸 793 座；分（泄）洪闸 7919 座，引（进）水闸 10970 座，节制闸 55137 座，排（退）水闸 17198 座，挡潮闸 5795 座。

表 5　　不同规模水闸数量汇总表

水闸规模		数量（座）	比例（%）
合计		268476	
规模以上（过闸流量≥5 立方米每秒）	小计	97019	100
	大型	860	0.9
	中型	6332	6.5
	小型	89827	92.6
规模以下（1 立方米每秒≤过闸流量<5 立方米每秒）		171457	

堤防。堤防总长度为 413679 公里（详见表 6）。5 级及以上堤防长度为 275495 公里，其中：已建堤防长度为 267532 公里，在建堤防长度为 7963 公里。

表 6　　不同级别堤防长度汇总表

堤防级别	合计	1 级	2 级	3 级	4 级	5 级	5 级以下
长度（公里）	413679	10739	27286	32669	95523	109278	138184
比例（%）	100	2.6	6.6	7.9	23.1	26.4	33.4

泵站。共有泵站 424451 座（详见表 7）。其中：在规模以上泵站中，已建泵站 88365 座，在建泵站 698 座。

表 7　　不同规模泵站数量汇总表

泵站规模		数量（座）
合计		424451
规模以上（装机流量≥1 立方米每秒或装机流量≥50 千瓦）	小计	89063
	大型	299
	中型	3714
	小型	85050
规模以下（装机流量<1 立方米每秒且装机功率<50 千瓦）		335388

农村供水。共有农村供水工程 5887.46 万处，其中：集中式供水工程 92.25 万处，分散式供水工程 5795.21 万处。农村供水工程总受益人口 8.12 亿人，其中：集中式供水工程受益人口 5.49 亿人，分散式供水工程受益人口 2.63 亿人。

塘坝窖池。共有塘坝 456.51 万处，总容积 303.17 亿立方米；窖池 689.31 万处，总容积 2.52 亿立方米。

灌溉面积。共有灌溉面积 10.02 亿亩，其中：耕地灌溉面积 9.22 亿亩，园林草地等非耕地灌溉面积 0.80 亿亩。

灌区建设。共有设计灌溉面积 30 万亩及以上的灌区 456 处，灌溉面积 2.80 亿亩；设计灌溉面积 1 万（含）～30 万亩的灌区 7316 处，灌溉面积 2.23 亿亩；50（含）～1 万亩的灌区 205.82 万处，灌溉面积 3.42 亿亩。

地下水取水井。共有地下水取水井 9749 万眼，地下水取水量共 1084 亿立方米（详见表 8）。

表 8　　不同规模地下水取水井数量和取水量汇总表

取水井类型			数量（万眼）	取水量（亿立方米）
合计			9749	1084
机电井	小计		5383	1040
	灌溉	小计	848	753
		井管内径≥200 毫米	407	613
		井管内径＜200 毫米	441	140
	供水	小计	4535	287
		日取适量≥20 立方米	39	217
		日取适量＜20 立方米	4496	70
人力井			4366	44

地下水水源地。共有地下水水源地 1847 处（详见表 9）。

表 9　　不同规模地下水水源地数量汇总表

地下水水源地规模	数量（个）	比例（%）
合计	1847	100
小型水源地（0.5 万立方米≤日取水量＜1 万立方米）	824	44.6
中型水源地（1 万立方米≤日取水量＜5 万立方米）	870	47.1
大型水源地（5 万立方米≤日取水量＜15 万立方米）	137	7.4
特大型水源地（15 万立方米≤日取水量）	16	0.9

三、经济社会用水情况

经济社会年度用水量为 6213.2 亿立方米，其中：居民生活用水 473.6 亿立方米，农业用水 4168.2 亿立方米，工业用水 1203.0 亿立方米，建筑业用水 19.9 亿立方米第三产业用水 242.1 亿立方米，生态环境用水 106.4 亿立方米。

四、河湖开发治理情况

河湖取水口。共有河湖取水口 638908 个（详见表 10）。

表 10 **不同规模河湖取水口数量汇总表**

河湖取水口规模	数 量（个）	比例（%）
合 计	638908	100
规模以上（农业取水流量≥0.20 立方米每秒其他用途年取水流量 15 万立方米每秒）	121848	19.1
规模以下（农业取水流量<0.20 立方米每秒其他用途年取水流量<15 万立方米每秒）	517060	80.9

地表水水源地。共有地表水水源地 11662 处（详见表 11）。

表 11 **不同水源类型地表水水源地数量汇总表**

地表水水源地类型	数量（处）	比例（%）
合 计	11662	100
河流型	7107	60.9
湖泊型	169	1.5
水库型	4386	37.6

治理保护河流。全国有防洪任务的河段长度为 373910 公里。其中：已治理河段总长度为 123571 公里，占有防洪任务河段总长度的 33.0%；在已治理河段中，治理达标河段长度为 64624 公里。

五、水土保持情况

土壤侵蚀。土壤水力、风力侵蚀总面积 294.91 万平方公里（详见表 12）。

表 12 **土壤水力、风力侵蚀面积汇总表**

土壤侵蚀类型	面积（万平方公里）	比例（%）
合 计	294.91	100
水力侵蚀	129.32	43.85
风力侵蚀	165.59	56.15

水力侵蚀面积 129.32 万平方公里，按侵蚀强度分，轻度 66.76 万平方公里，中度 35.14 万平方公里，强烈 16.87 万平方公里，极强烈 7.63 万平方公里，剧烈 2.92 万平方公里。风力侵蚀面积 165.59 万平方公里，按侵蚀强度分，轻度 71.60 万平方公里，中度 21.74 万平方公里，强烈 21.82 万平方公里，极强烈 22.04 万平方公里，剧烈 28.39 万平方公里。

侵蚀沟道。西北黄土高原区侵蚀沟道 666719 条，东北黑土区侵蚀沟道 295663 条。

水土保持措施面积。水土保持措施面积为 99.16 万平方公里，其中：工程措施 20.03 万平方公里，植物措施 77.85 万平方公里，其他措施 1.28 万平方公里。

淤地坝。共有淤地坝 58446 座，淤地面积 927.57 平方公里，其中：库容在 50 万～500 万立方米的骨干淤地坝 5655 座，总库容 57.01 亿立方米。

六、水利行业能力建设情况

水利行政机关及其管理的企（事）业单位 43632 个，从业人员 133.63 万人，其中：大专及以上学历人员 58.97 万人，高中（中专）及以下学历人员 74.66 万人。

乡镇水利管理单位 29416 个，从业人员 20.55 万人，其中：具有专业技术职称的人员为 10.20 万人。

注释

［1］　本公报中数据均为初步汇总数。

［2］　工程规模、等级的划分如下：

1. 水库

大（1）型水库：总库容≥10 亿立方米；大（2）型水库：1 亿立方米≤总库容＜10 亿立方米；中型水库：0.1 亿立方米≤总库容＜1 亿立方米；小（1）型水库：0.01 亿立方米≤总库容＜0.1 亿立方米；小（2）型水库：0.001 亿立方米≤总库容＜0.01 亿立方米。

2. 水电站

大（1）型水电站：装机容量≥120 万千瓦；大（2）型水电站：30 万千瓦≤装机容量＜120 万千瓦；中型水电站：5 万千瓦≤装机容量＜30 万千瓦；小（1）型水电站：1 万千瓦≤装机容量＜5 万千瓦；小（2）型水电站：装机容量＜1 万千瓦。

3. 水闸

大型水闸：过闸流量≥1000 立方米每秒；中型水闸：100 立方米每秒≤过闸流量＜1000 立方米每秒；小型水闸：过闸流量＜100 立方米每秒。

4. 堤防

1 级：防洪（潮）［重现期（年）］≥100；2 级：50≤防洪（潮）［重现期（年）］＜100；3 级：30≤防洪（潮）［重现斯（年）］＜50；4 级：20≤防洪（潮）［重现期（年）］＜30；5 级：10≤防洪（潮）［重现期（年）］＜20；5 级以下：防洪（潮）［重现期（年）］＜10。

5. 泵站

大型泵站：装机流量≥50 立方米每秒或装机功率≥1 万千瓦；中型泵站：10 立方米每秒≤过闸流量＜50 立方米每秒或 0.1 万千瓦≤装机功率＜1 万千瓦；小型泵站：装机流量＜10 立方米每秒或装机功率＜0.1 万千瓦。

［3］　1 公顷＝15 亩。

★本书相关内容涉及数据与公报内容不符时以公报为准。

附录三　世界水日、中国水周相关介绍

（一）世界水日

1993 年 1 月 18 日，第四十七届联合国大会作出决议，确定每年的 3 月 22 日为“世界水日”。用以开展广泛的宣传教育，提高公众对开发和保护水资源的认识。每年世界水日，都有一个特定的主题。

世界水日的宗旨：

（1）应对与饮用水供应有关的问题；

（2）增进公众对保护水资源和饮用水供应的重要性的认识；

（3）通过组织世界水日活动加强各国政府、国际组织、非政府机构和私营部门的参与和合作。

世界水日主题

1994 年：关心水资源人人有责

1995 年：妇女和水

1996 年：为干渴的城市供水

1997 年：水的短缺

1998 年：地下水——看不见的资源

1999 年：我们（人类）永远生活在缺水状态之中

2000 年：卫生用水

2001 年：21 世纪的水

2002 年：水与发展

2003 年：水——人类的未来

2004 年：水与灾害

2005 年：生命之水

2006 年：水与文化

2007 年：应对水短缺

2008 年：涉水卫生

2009 年：跨界水——共享的水、共享的机遇

2010 年：关注水质、抓住机遇、应对挑战

2011 年：城市水资源管理

2012 年：水与粮食安全

2013 年：水合作

（二）中国水周

1988 年，《中华人民共和国水法》颁布。中国水利部从 1989 年开始，每年 7 月 1 日至 7 日为“水法宣传周”。自 1993 年“世界水日”诞生后，从 1994 年起，水利部决定

“水法宣传周”从每年的“世界水日”即 3 月 22 日开始，至 3 月 28 日为止，每年的中国水周也都有特定的宣传主题。

中国水周主题

1996 年：依法治水，科学管水，强化节水

1997 年：水与发展

1998 年：依法治水——促进水资源可持续利用

1999 年：江河治理是防洪之本

2000 年：加强节约和保护，实现水资源的可持续利用和保护

2001 年：建设节水型社会，实现可持续发展

2002 年：以水资源的可持续利用支持经济社会的可持续发展

2003 年：依法治水，实现水资源可持续利用

2004 年：人水和谐

2005 年：保障饮水安全，维护生命健康

2006 年：转变用水观念，创新发展模式

2007 年：水利发展与和谐社会

2008 年：发展水利，改善民生

2009 年：落实科学发展观，节约保护水资源

2010 年：严格水资源管理，保障可持续发展

2011 年：严格管理水资源，推进水利新跨越

2012 年：大力加强农田水利，保障国家粮食安全

2013 年：节约保护水资源，大力建设生态文明

（三）全国城市节水宣传周

从 1992 年开始，每年 5 月 15 日所在的那一周为“全国城市节水宣传周”。

（四）保护母亲河日

从 2002 年开始，每年 3 月 9 日被确定为“保护母亲河日”。保护母亲河行动，是共青团组织青年以保护哺育中华民族和一方人民的“母亲河”——黄河、长江及其他主要江河为主题，在“母亲河”流域以小流域为单元，大力开展治理水土流失、保护生态环境，倡导和树立绿色文明意识和可持续发展意识，推动国家生态工程建设，为母亲河更好地造福于中华民族和实现全球性生态平衡做贡献的一项重要工作。

参 考 文 献

[1] 叶勋，等．水法与水政概论［M］．北京：法律出版社，1992.

[2] 宋明南，等．中国水法教程［M］．南京：河海大学出版社，1992.

[3] 陈柏荣．水政水资源管理［M］．北京：中国水利水电出版社，2005.

[4] 樊万辉．水法规教程［M］．郑州：黄河水利出版社，2004.

[5] 林冬妹．水利法律法规教程［M］．北京：中国水利水电出版社，2004.

[6] 许武成．水资源计算与管理［M］．北京：科学出版社，2011.

[7] 张立中．水资源管理（第二版）［M］．北京：中央广播电视大学出版社，2006.

[8] 钱燮铭，裘江海．水政监察实务［M］．北京：中国水利水电出版社，2000.

[9] 郑月芳．河道管理［M］．中国水利水电出版社，2007.

[10] 水利部水利建设与管理总站编．水利工程建设管理法规［M］．北京：中国计划出版社，2005.

[11] 王文生．水行政执法培训教材［M］．北京：中国水利水电出版社，2008.

[12] 刘俊肖．环境与自然资源保护法［M］．北京：中国水利水电出版社，2006.

[13] 张炳彦，赵富生．浅谈水土保持监督检查［J］．中国水土保持，1998（7）：29－30.

[14] 闫淑娟，谢海滨，侯洪学．关于新《水土保持法》的思考和认识［J］．水土保持，2011，5（16）：16－17.

[15] 邬福肇．中华人民共和国防洪法释义［M］．北京：法律出版社，1999.

[16] 邓玉梅．建立科学完善的防洪减灾体系［J］．中国水利，1999.

[17] 邓坚，李坤刚，徐林柱．建立健全防洪减灾体系，保障经济社会可持续发展——《全国防洪减灾“十五”计划及2010年规划》简介［J］．中国水利，2001（10）.

[18] 秦德智．我国防洪减灾法律保障体系建设探讨［J］．科技进步与对策，2004（6）：25－27.

[19] 程晓陶．21世纪我国防洪减灾领域重大科技问题的展望［J］．水利水电技术，2001，（11）.

[20] 何少斌，孙又欣，吴荣飞，等．我国防洪法的理性分析［J］．中国防汛抗旱，2007，（4）：54－57.

[21] 毛革．关于防洪区若干问题的探讨［J］．水利发展研究，2004，（6）：27－29.

[22] 《中华人民共和国水土保持法》释义（一）［M］．《水利讲坛》2011.7.

[23] 《中华人民共和国水土保持法》释义（二）［M］．《水利讲坛》2011.7.

[24] 《中华人民共和国水土保持法》释义（三）［M］．《水利讲坛》2011.8.

[25] 《中华人民共和国水土保持法》释义（四）［M］．《水利讲坛》2011.9.